응용
광학
해설

안승준 · 안성준 · 한동환

머리말

　19세기말 인류가 원자의 구조에 대해 알아내기 시작하면서 현대과학은 그야말로 폭발적으로 발전하기 시작했고, 오늘날 우리는 찬란한 물질문명의 혜택 속에 살고 있다. 지난 150년 동안 문명의 진보는 그 이전 수천 년 역사 동안 인류가 이루었던 모든 과학기술의 성취를 뛰어넘는다는 점은 의심할 여지가 없는 사실이다.

　수많은 과학기술혁명 중 하나로서 우리가 원자의 핵을 이용하여 에너지를 생산하는 원자력발전을 예로 들 수 있다. 핵연료봉은 질량이 1 그램이 감소할 때마다 얼음 3천만 킬로그램을 녹이고 끓여서 증발시킬 만큼 큰 에너지를 만들어낸다. 그러나 이러한 엄청난 성취도 전자(電子)가 불러온 변화에 비하면 오히려 왜소해 보일 지경이다. 전자의 발견 이후 인간은 그것을 이용하는 전자소자들을 만들기 시작했다. 진공관에 이어 반도체를 이용한 트랜지스터가 나타난 이후 오늘날에는 동전만한 면적 위에 수십억 개의 트랜지스터를 집적시킨 반도체소자가 일상생활에 사용되고 있다. 이 과정에서 디지털회로 및 통신기술, 컴퓨터, 인터넷, 인공지능, 자율주행 등이 등장하여 우리의 일상을 획기적으로 변화시키고 있다. 그러므로 지난 100년을 가히 전자의 시대라고 부를 만하며, 그 모든 것은 1897년에 발견된 전자로부터 시작되었다고 할 것이다.

　반면 인류가 빛을 이용한 역사는 매우 오래 되었다. 수천 년 전부터 인류는 별빛을 관측했으며, 고대 그리스인들은 빛과 시각(vision)에 대한 이론을 가졌으며 이는 로마시대에는 보다 체계적인 기하광학 이론으로 이어졌다. 또한 고대 이집트와 메소포타미아에서는 렌즈를 개발했으며, 아르키메데스는 청동거울로 햇빛을 반사시켜 전함 위의 로마 병사들의 시야를 가리거나 또는 햇빛 에너지를 집약시켜 배를 불태우기도 했다.

　수천 년 동안 인간의 생활에 밀접하게 관여되었던 빛과 관련된 기술들은 제임스 맥스웰이 전자기파에 관해 거의 모든 것을 설명할 수 있는 맥스웰방정식을 완성하면서 완전히 새로운 단계로 도약할 발판을 마련하게 되었다. 그 유명한 방정식에 의해 인류는 비로소 빛을 전자기파의 작은 부분으로 인식할 수 있었고, 또한 빛이 자연계에서 일으키는 모든 현상을 이해하는 것은 물론 예측할 능력을 가지게 되었다.

최근에도 지속되는 기하광학의 눈부신 발전은 휴대폰에 고성능 카메라의 탑재가 가능하게 하고, 레이저는 온갖 아름다운 쇼에 화려한 볼거리를 제공하는 것은 물론 피부미용이나 의학적 치료에 혁명을 일으켰다. 휴대폰이나 TV를 통해 즐길 수 있는 넷플릭스를 비롯한 인터넷 방송과 엄청난 규모의 인터넷게임들의 이면에는 1990년대 중반에 등장한 파장분할다중화(WDM: Wavelength Division Multiplexing)이라는 획기적인 초고속광통신 기술이 튼튼히 그 하부구조를 떠받치고 있다. 그러므로 지난 세기는 빛과 전자의 시대로 부른다고 하더라도 크게 문제가 될 것이 없으며, 두 기술 사이의 결합은 날이 갈수록 더욱 더 가속화되고 있다.

이 교재는 21세기에도 가장 핵심적인 기술로 그 위상을 공고히 유지할 광기술의 근간을 이해하기 위한 기하광학과 파동광학, 그리고 레이저 등에 관한 이론적인 토대를 제공하는 것을 그 목적으로 하고 있다. 교재의 내용을 따라 조금씩 배워나가는 도중에 여러분은 우리 생활과 광학이 얼마나 밀접하게 관련되어 있는 지, 또한 빛과 관련된 현상들이 얼마나 정확하게 이론적으로 설명될 수 있는 지를 보며 놀랄 것이다. 본 교재를 끝까지 공부한 여러분은 미래에 등장할 첨단 광학기술을 개발하는데 필요한 든든한 이론적 토대를 갖춘 고급인력으로서의 자질을 갖추게 될 것이다. 여러분이 혼자 힘으로도 공부를 끝까지 마칠 수 있게 도와주기 위해 저자들은 모든 문제에 대해 상세한 풀이를 제공하였다.

끝으로 본 교재가 출간되도록 협력해 주신 (주) 북스 힐 조승식 사장님과 임직원 여러분께 감사드립니다.

2020년 10월 5일
저자 일동

차 례

Chapter 1. 서 론

Chapter 2. 빛의 성질

Chapter 5. 빛의 간섭

Chapter 6. 편광과 반사

Chapter 7. 박막의 다중간섭

CHAPTER 1 서 론

    광학은 과학과 공학에 널리 응용되는 학문 중의 하나이다. 광학을 공부하는데 있어서 가장 중요한 것은 기본 개념을 명확히 파악하고 이것을 바탕으로 응용문제에 잘 적용할 수 있는 능력을 기르는 것이다. 또한 광학은 빛에 대한 자연현상을 논리적으로 기술하는 학문이며, 광학에서 기술되는 모든 법칙이나 원리가 수학적 표현으로 나타나기 때문에 물리적 개념을 이해하기 위하여 기본적인 수학적 지식이 필요하다.

    광학을 공부하는 과정에서 새로운 개념의 파악과 이에 필요한 수학적 지식의 습득은 반드시 필요하지만 chapter 1에서는 광학에 필요한 아주 기본적인 수학적 지식만을 소개하고자 한다. 광학에서 많이 사용되는 벡터, 좌표계, 삼각함수, 복소수, 그리고 멱급수 전개에 대한 기본 사항을 학습함으로써, 광학을 공부하는데 있어서 수식을 이해하고 해석하는 기본적인 소양을 갖추도록 하였다.

1.1 벡터

벡터는 크기와 방향을 모두 가지는 것으로 변위, 속도, 가속도, 힘, 전기장, 자기장 등이 있다. 반면에 스칼라는 크기만을 가지는 양이다. 스칼라는 수치 (그리고 단위)만 주어지면 완전히 결정되는 양으로 온도, 시간, 일 등이 있다. 벡터를 표시할 때, 그림 1-1과 같이 $\vec{A}$로 쓰고 벡터 A라고 읽는다. 벡터가 시작되는 점을 작용점이라고 하고 화살표의 길이는 벡터 $\vec{A}$의 크기를 나타내며 화살표의 방향은 벡터의 방향을 표시한다.

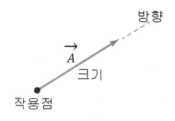

그림 1-1. 벡터의 표시

■ 벡터의 곱

두 개의 벡터를 곱하는 방법은 두 가지가 있다. 그 중에 하나는 **스칼라 곱** (salar product) 또는 내적이라고 하며 곱의 결과가 스칼라가 된다. 다른 하나는 벡터 곱(vector product) 또는 외적이라고 하며 곱의 결과는 벡터가 된다.

스칼라 곱

두 벡터 $\vec{A}$와 $\vec{B}$의 스칼라 곱은 $\vec{A} \cdot \vec{B}$로 표기하며 벡터 $\vec{A}$의 크기와 벡터 $\vec{B}$의 크기를 곱한 후, 벡터 $\vec{A}$와 $\vec{B}$ 사이의 각도 θ의 코사인을 곱한 것으로 정의 하며 다음과 같이 쓸 수 있다.

$$\vec{A} \cdot \vec{B} = AB\cos\theta \tag{1-1}$$

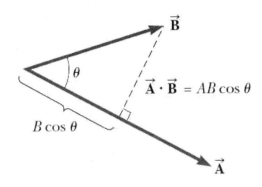

그림 1-2. 두 벡터 $\vec{A}$와 $\vec{B}$의 스칼라 곱 $\vec{A} \cdot \vec{B}$의 크기

3차원의 두 벡터 $\vec{A}$와 $\vec{B}$를 $\vec{A} = A_x \hat{i} + A_y \hat{j} + A_z \hat{k}$와 $\vec{B} = B_x \hat{i} + B_y \hat{j} + B_z \hat{k}$로 정의한 다음 벡터 $\vec{A}$와 $\vec{B}$의 스칼라 곱을 계산하면

$$\vec{A} \cdot \vec{B} = A_x B_x + A_y B_y + A_z B_z$$

이고 $\vec{A} = \vec{B}$인 특별한 경우는

$$\vec{A} \cdot \vec{A} = A_x^2 + A_y^2 + A_z^2$$

임을 알 수 있다.

예제 1.1 벡터의 스칼라 곱

두 벡터 $\vec{A}$와 $\vec{B}$를 $\vec{A} = 3\hat{i} + 6\hat{j} + 9\hat{k}$와 $\vec{B} = -2\hat{i} + 3\hat{j} + \hat{k}$로 정의하고

(1) 벡터 $\vec{A}$와 $\vec{B}$의 크기

(2) 벡터 $\vec{A}$와 $\vec{B}$의 스칼라 곱 $\vec{A} \cdot \vec{B}$

(3) 벡터 $\vec{A}$와 $\vec{B}$의 사이각 θ를 구하시오.

풀이 (1) $A = \sqrt{A_x^2 + A_y^2 + A_z^2} = \sqrt{3^2 + 6^2 + 9^2} = 3\sqrt{14}$ 이고

$$B = \sqrt{B_x^2 + B_y^2 + B_z^2} = \sqrt{(-2)^2 + 3^2 + 1^2} = \sqrt{14} \text{ 이다.}$$

(2) $\vec{A} \cdot \vec{B} = (3\hat{i} + 6\hat{j} + 9\hat{k}) \cdot (-2\hat{i} + 3\hat{j} + \hat{k}) = 21$

(3) $\vec{A} \cdot \vec{B} = AB\cos\theta$

$$\cos\theta = \frac{\vec{A} \cdot \vec{B}}{AB} = \frac{21}{3\sqrt{14}\sqrt{14}} = \frac{1}{2}$$

따라서 $\theta = 60°$ 임을 알 수 있다.

벡터 곱

두 벡터 $\vec{A}$와 $\vec{B}$의 벡터 곱은 $\vec{A} \times \vec{B}$로 표기하며 $\vec{A} \times \vec{B}$는 크기가 $AB\sin\theta$인 제3의 벡터 $\vec{C}$로 정의된다. 여기서 A는 벡터 $\vec{A}$의 크기, B는 벡터 $\vec{B}$의 크기, 그리고 θ는 벡터 $\vec{A}$와 $\vec{B}$ 사이의 각도이며 다음과 같이 쓸 수 있다.

$$\vec{A} \times \vec{B} = \vec{C} = AB\sin\theta\,\hat{n} \tag{1-2}$$

벡터 $\vec{C}$의 크기는 $C = AB\sin\theta$이며 $\hat{n}$은 벡터 $\vec{C}$의 단위벡터이다.

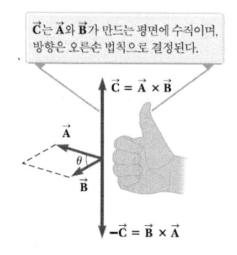

그림 1-3. 두 벡터 $\vec{A}$와 $\vec{B}$의 벡터 곱 $\vec{A} \times \vec{B}$의 크기와 방향

3차원의 두 벡터 $\vec{A}$와 $\vec{B}$를 $\vec{A} = A_x\hat{i} + A_y\hat{j} + A_z\hat{k}$와 $\vec{B} = B_x\hat{i} + B_y\hat{j} + B_z\hat{k}$로 정의한 다음 벡터 $\vec{A}$와 $\vec{B}$의 벡터 곱을 계산하면

$$\vec{A} \times \vec{B} = \left(A_x\hat{i} + A_y\hat{j} + A_z\hat{k}\right) \times \left(B_x\hat{i} + B_y\hat{j} + B_z\hat{k}\right) \tag{1-3}$$

$$= \left(A_yB_z - A_zB_y\right)\hat{i} + \left(A_zB_x - A_xB_z\right)\hat{j} + \left(A_xB_y - A_yB_x\right)\hat{k}$$

의 결과를 얻을 수 있다.

예제 1.2   벡터의 벡터 곱

두 벡터 $\vec{A} = 3\hat{i} + 6\hat{j} + 9\hat{k}$와 $\vec{B} = -2\hat{i} + 3\hat{j} + \hat{k}$의 벡터 곱을 구하고 그 크기를 계산하시오.

풀이

$$\vec{A} \times \vec{B} = \left(3\hat{i} + 6\hat{j} + 9\hat{k}\right) \times \left(-2\hat{i} + 3\hat{j} + \hat{k}\right)$$

$$= -6(\hat{i} \times \hat{i}) + 9(\hat{i} \times \hat{j}) + 3(\hat{i} \times \hat{k}) - 12(\hat{j} \times \hat{i}) + 18(\hat{j} \times \hat{j}) + 6(\hat{j} \times \hat{k})$$
$$- 18(\hat{k} \times \hat{i}) + 27(\hat{k} \times \hat{j}) + 9(\hat{k} \times \hat{k})$$

$$= 9\hat{k} - 3\hat{j} + 12\hat{k} + 6\hat{i} - 18\hat{j} - 27\hat{i}$$

$$= -21\hat{i} - 21\hat{j} + 21\hat{k}$$

$\vec{A} \times \vec{B}$의 크기는
$$|\vec{A} \times \vec{B}| = |-21\hat{i} - 21\hat{j} + 21\hat{k}|$$

$$= \sqrt{(-21)^2 + (-21)^2 + 21^2}$$

$$= 21\sqrt{3}$$

이 된다.

■ 벡터의 미분연산자

$\dfrac{\partial \phi}{\partial x}\hat{i} + \dfrac{\partial \phi}{\partial y}\hat{j} + \dfrac{\partial \phi}{\partial z}\hat{k}$를 함수 ϕ의 기울기(gradient)라고 하며 $\overrightarrow{\nabla}\phi$ 또는 $\mathrm{grad}\,\phi$로 표기한다. 벡터 $\left(\dfrac{\partial}{\partial x}\hat{i} + \dfrac{\partial}{\partial y}\hat{j} + \dfrac{\partial}{\partial z}\hat{k} \right)$를 미분연산자 $\overrightarrow{\nabla}$로 정의하며 del 또는 nabla라고 읽고 해밀턴(Hamilton) 연산자라고도 한다.

$$\overrightarrow{\nabla} = \frac{\partial}{\partial x}\hat{i} + \frac{\partial}{\partial y}\hat{j} + \frac{\partial}{\partial z}\hat{k} \tag{1-4}$$

식 (1-4)는 스칼라 함수나 벡터 함수를 미분하는 연산자이며 스칼라의 기울기(gradient), 벡터의 발산(divergence), 벡터의 회전(curl 혹은 rotation)을 정의하는데 널리 사용되고 있다. 임의의 공간에 있는 점 $(x,\ y,\ z)$에서 미분 가능한 벡터 $\overrightarrow{V}$를 다음과 같이 정의하자.

$$\overrightarrow{V}(x,\ y,\ z) = V_x\hat{i} + V_y\hat{j} + V_z\hat{k}$$

벡터의 연산자 $\overrightarrow{\nabla}$과 벡터 $\overrightarrow{V}$의 스칼라 곱을 벡터 $\overrightarrow{V}$의 **발산**(divergence)이라고 하며 $\overrightarrow{\nabla} \cdot \overrightarrow{V}$ 또는 $\mathrm{div}\,\overrightarrow{V}$로 표기하고 다음과 같이 정의한다.

$$\overrightarrow{\nabla} \cdot \overrightarrow{V} = \left(\frac{\partial}{\partial x}\hat{i} + \frac{\partial}{\partial y}\hat{j} + \frac{\partial}{\partial z}\hat{k} \right) \cdot \left(V_x\hat{i} + V_y\hat{j} + V_z\hat{k} \right) \tag{1-5}$$

$$= \frac{\partial V_x}{\partial x} + \frac{\partial V_y}{\partial y} + \frac{\partial V_z}{\partial z}$$

그리고 벡터의 연산자 $\overrightarrow{\nabla}$과 벡터 $\overrightarrow{V}$의 벡터 곱을 벡터 $\overrightarrow{V}$의 **회전**(curl 또는 rotation)이라고 하며 $\overrightarrow{\nabla} \times \overrightarrow{V}$ 또는 $\mathrm{curl}\,\overrightarrow{V}$로 표기하고 다음과 같이 정의한다.

$$\vec{\nabla} \times \vec{V} = \left(\frac{\partial}{\partial x} \hat{i} + \frac{\partial}{\partial y} \hat{j} + \frac{\partial}{\partial z} \hat{k} \right) \times \left(V_x \hat{i} + V_y \hat{j} + V_z \hat{k} \right) \qquad \text{(1-6)}$$

$$= \begin{vmatrix} \hat{i} & \hat{j} & \hat{k} \\ \dfrac{\partial}{\partial x} & \dfrac{\partial}{\partial y} & \dfrac{\partial}{\partial z} \\ V_x & V_y & V_z \end{vmatrix}$$

$$= \left(\frac{\partial V_z}{\partial y} - \frac{\partial V_y}{\partial z} \right) \hat{i} + \left(\frac{\partial V_x}{\partial z} - \frac{\partial V_z}{\partial x} \right) \hat{j} + \left(\frac{\partial V_y}{\partial x} - \frac{\partial V_x}{\partial y} \right) \hat{k}$$

예제 1.3 벡터의 미분연산자(1)

스칼라 함수 $\phi = xyz$에 대하여 점 $(1, 1, 1)$에서의 $\vec{\nabla} \phi$를 계산하시오.

풀이

$$\vec{\nabla} \phi = \frac{\partial \phi}{\partial x} \hat{i} + \frac{\partial \phi}{\partial y} \hat{j} + \frac{\partial \phi}{\partial z} \hat{k} = \frac{\partial (xyz)}{\partial x} \hat{i} + \frac{\partial (xyz)}{\partial y} \hat{j} + \frac{\partial (xyz)}{\partial z} \hat{k}$$

$$= yz\hat{i} + xz\hat{j} + xy\hat{k}$$

이다. 따라서 점 $(1, 1, 1)$에서의 $\vec{\nabla} \phi$는

$$\vec{\nabla} \phi = \hat{i} + \hat{j} + \hat{k}$$

이다.

예제 1.4　벡터의 미분연산자(2)

스칼라 함수 $\phi = x^2 y + xz$ 상의 점 $(1, 2, -1)$에서 벡터 $\vec{A} = 2\hat{i} - 2\hat{j} + \hat{k}$ 방향에 대한 $\vec{\nabla}\phi$의 크기를 구하시오.

풀이 벡터 $\vec{A}$의 단위벡터 $\hat{n}$은 $\hat{n} = \dfrac{\vec{A}}{A}$이다.

$$A = \sqrt{2^2 + (-2)^2 + 1} = 3$$

$$\hat{n} = \frac{1}{3}\left(2\hat{i} - 2\hat{j} + \hat{k}\right)$$

이며 $\vec{\nabla}\phi$는

$$\vec{\nabla}\phi = \frac{\partial \phi}{\partial x}\hat{i} + \frac{\partial \phi}{\partial y}\hat{j} + \frac{\partial \phi}{\partial z}\hat{k} = (2xy + z)\hat{i} + x^2\hat{j} + x\hat{k}$$

이므로 점 $(1, 2, -1)$에서 $\vec{\nabla}\phi = 3\hat{i} + \hat{j} + \hat{k}$이다. 따라서 벡터 $\vec{A}$ 에 방향에 대한 $\vec{\nabla}\phi$의 크기는

$$\frac{d\phi}{ds} = \vec{\nabla}\phi \cdot \hat{n} = (3, 1, 1) \cdot \frac{1}{3}(2, -2, 1)$$

$$= 2 - \frac{2}{3} + \frac{1}{3}$$

$$= \frac{5}{3}$$

이 된다.

1.2 좌표계

직각좌표계(rectangular coordinate system)는 우리가 지금까지 가장 많이 사용해온 좌표계 중의 하나이다. 직각좌표계 외에도 극좌표계, 원통좌표계, 구좌표계 등 여러 가지 좌표계가 있다. 좌표계를 설정하는 중요한 목적은 공간에서 임의의 점에 대한 위치를 정확하게 표현하고, 임의의 점에서 벡터의 크기와 방향을 명확하고 간단하게 나타내기 위함이다. 즉 스칼라와 벡터를 정확하고 간단하게 표현하는데 중요한 목적이 있다. 기술하고자 하는 대상의 기하학적인 특징에 적합한 다양한 좌표계가 개발되어 있어서, 좌표계를 적절하게 선택함으로써 물리학적 원리의 이해는 물론 문제 해결을 더 용이하게 할 수 있다.

직교곡선좌표계에서 임의의 위치 벡터 $\vec{r}=\vec{r}(u_1,\ u_2,\ u_3)$에 대한 미소변위 $\vec{dr}$ 은 $\vec{dr}=\dfrac{\partial \vec{r}}{\partial u_1}du_1+\dfrac{\partial \vec{r}}{\partial u_2}du_2+\dfrac{\partial \vec{r}}{\partial u_3}du_3=h_1\,du_1\,\hat{e_1}+h_2\,du_2\,\hat{e_2}+h_3\,du_3\,\hat{e_3}$ 이다. 스칼라 함수 Φ와 이것을 이용하여 $\vec{\nabla}\Phi,\ \vec{\nabla}\cdot\vec{r},\ \vec{\nabla}\times\vec{r},\ \nabla^2\Phi$의 값을 계산하면 식 (1-7)과 같다.

$$\vec{\nabla}\Phi=\frac{1}{h_1}\frac{\partial \Phi}{\partial u_1}\hat{e_1}+\frac{1}{h_2}\frac{\partial \Phi}{\partial u_2}\hat{e_2}+\frac{1}{h_3}\frac{\partial \Phi}{\partial u_3}\hat{e_3} \tag{1-7}$$

$$\vec{\nabla}\cdot\vec{r}=\frac{1}{h_1h_2h_3}\left\{\frac{\partial}{\partial u_1}\left(h_2h_3r_1\right)+\frac{\partial}{\partial u_2}\left(h_3h_1r_2\right)+\frac{\partial}{\partial u_3}\left(h_1h_2r_3\right)\right\}$$

$$\vec{\nabla}\times\vec{r}=\frac{1}{h_1h_2h_3}\begin{vmatrix} h_1\hat{e_1} & h_2\hat{e_2} & h_3\hat{e_3} \\ \dfrac{\partial}{\partial u_1} & \dfrac{\partial}{\partial u_2} & \dfrac{\partial}{\partial u_3} \\ h_1r_1 & h_2r_2 & h_3r_3 \end{vmatrix}$$

$$\nabla^2\Phi=\frac{1}{h_1h_2h_3}\left\{\frac{\partial}{\partial u_1}\left(\frac{h_2h_3}{h_1}\frac{\partial \Phi}{\partial u_1}\right)+\frac{\partial}{\partial u_2}\left(\frac{h_3h_1}{h_2}\frac{\partial \Phi}{\partial u_2}\right)+\frac{\partial}{\partial u_3}\left(\frac{h_1h_2}{h_3}\frac{\partial \Phi}{\partial u_3}\right)\right\}$$

예제 1.5 임의의 스칼라 함수 Φ의 기울기

원통좌표와 구좌표에서 함수 Φ의 기울기를 구하시오.

풀이 원통좌표와 구좌표에서 함수 Φ의 기울기는 다음과 같다.

$$\vec{\nabla}\Phi = \frac{\partial \Phi}{\partial r}\hat{r} + \frac{1}{r}\frac{\partial \Phi}{\partial \phi}\hat{\phi} + \frac{\partial \Phi}{\partial z}\hat{z}$$

$$\vec{\nabla}\Phi = \frac{\partial \Phi}{\partial r}\hat{r} + \frac{1}{r}\frac{\partial \Phi}{\partial \theta}\hat{\theta} + \frac{1}{r\sin\theta}\frac{\partial \Phi}{\partial \phi}\hat{\phi}$$

예제 1.6 임의의 벡터 $\vec{A}$의 발산

원통좌표와 구좌표에서 벡터 함수 $\vec{A}$의 발산을 구하시오.

풀이 원통좌표에서 벡터 함수 $\vec{A}$의 발산은

$$\vec{\nabla}\cdot\vec{A} = \frac{1}{r}\left\{\frac{\partial}{\partial r}\left(rA_r\right) + \frac{\partial}{\partial \phi}\left(A_\phi\right) + \frac{\partial}{\partial z}\left(rA_z\right)\right\}$$

$$= \frac{A_r}{r} + \frac{\partial A_r}{\partial r} + \frac{1}{r}\frac{\partial A_\phi}{\partial \phi} + \frac{\partial A_z}{\partial z}$$

이고 구좌표에서 벡터 함수 $\vec{A}$의 발산은 다음과 같다.

$$\vec{\nabla}\cdot\vec{A} = \frac{1}{r^2\sin\theta}\left\{\frac{\partial}{\partial r}\left(r^2\sin\theta A_r\right) + \frac{\partial}{\partial \theta}\left(r\sin\theta A_\theta\right) + \frac{\partial}{\partial \phi}\left(rA_\phi\right)\right\}$$

$$= \frac{2}{r}A_r + \frac{\partial A_r}{\partial r} + \frac{A_\theta}{r}\cot\theta + \frac{1}{r}\frac{\partial A_\theta}{\partial \theta} + \frac{1}{r\sin\theta}\frac{\partial A_\phi}{\partial \phi}$$

예제 1.7 임의의 스칼라 함수 Φ의 라플라시안

원통좌표와 구좌표에서 스칼라 함수 Φ의 라플라시안을 구하시오.

풀이

원통좌표에서의 스칼라 함수 Φ의 라플라시안은

$$\nabla^2\Phi = \frac{1}{r}\left\{\frac{\partial}{\partial r}\left(r\frac{\partial\Phi}{\partial r}\right) + \frac{\partial}{\partial\phi}\left(\frac{1}{r}\frac{\partial\Phi}{\partial\phi}\right) + \frac{\partial}{\partial z}\left(r\frac{\partial\Phi}{\partial z}\right)\right\}$$

$$= \frac{1}{r}\frac{\partial\Phi}{\partial r} + \frac{\partial^2\Phi}{\partial r^2} + \frac{1}{r^2}\frac{\partial^2\Phi}{\partial\phi^2} + \frac{\partial^2\Phi}{\partial z^2}$$

이고 구좌표에서의 스칼라 함수 Φ의 라플라시안은

$$\nabla^2\Phi = \frac{1}{r^2\sin\theta}\left\{\frac{\partial}{\partial r}\left(r^2\sin\theta\frac{\partial\Phi}{\partial r}\right) + \frac{\partial}{\partial\theta}\left(\sin\theta\frac{\partial\Phi}{\partial\theta}\right) + \frac{\partial}{\partial\phi}\left(\frac{1}{\sin\theta}\frac{\partial\Phi}{\partial\phi}\right)\right\}$$

$$= \frac{1}{r^2}\frac{\partial}{\partial r}\left(r^2\frac{\partial\Phi}{\partial r}\right) + \frac{1}{r^2\sin\theta}\frac{\partial}{\partial\theta}\left(\sin\theta\frac{\partial\Phi}{\partial\theta}\right) + \frac{1}{r^2\sin^2\theta}\frac{\partial^2\Phi}{\partial\phi^2}$$

$$= \frac{2}{r^2}\frac{\partial\Phi}{\partial r} + \frac{\partial^2\Phi}{\partial r^2} + \frac{\cot\theta}{r^2}\frac{\partial\Phi}{\partial r} + \frac{1}{r^2}\frac{\partial^2\Phi}{\partial\theta^2} + \frac{1}{r^2\sin^2\theta}\frac{\partial^2\Phi}{\partial\phi^2}$$

이다.

1.3 삼각함수

■ 일반각의 삼각함수

그림 1-4와 같이 길이 r인 반경 OP가 x축의 양의 방향과 이루는 각을 θ라 하고 점 P의 좌표를 (x, y)라 할 때, $\dfrac{x}{r}$, $\dfrac{y}{x}$, $\dfrac{r}{y}$, $\dfrac{r}{x}$, $\dfrac{x}{y}$는 θ의 함수이다. 이 함수들을 통칭하여 삼각함수라 하며

$$\sin\theta = \frac{y}{r}, \ \cos\theta = \frac{x}{r}, \ \tan\theta = \frac{y}{x} \tag{1-8}$$

를 각각 각 θ의 사인(sine)함수, 코사인(cosine)함수, 그리고 탄젠트(tangent) 함수라고 정의한다.

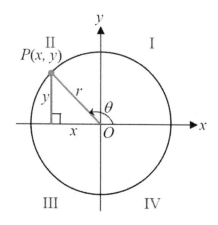

그림 1-4. 삼각함수의 정의

그리고 그들의 역수인

$$\csc\theta = \frac{1}{\sin\theta} = \frac{r}{y}, \ \sec\theta = \frac{1}{\cos\theta} = \frac{r}{x}, \ \cot\theta = \frac{1}{\tan\theta} = \frac{x}{y} \tag{1-9}$$

를 각각 코시컨트(cosecant)함수, 시컨트(secant)함수, 그리고 코탄젠트 (cotangent)함수라고 정의하며 이들 모두를 각 θ의 삼각함수라고 한다.

예제 1.8 삼각함수 계산(1)

$\sin\dfrac{25}{6}\pi+\cos\dfrac{17}{3}\pi+\tan\dfrac{11}{4}\pi$의 값을 계산하시오.

풀이

$$\sin\frac{25}{6}\pi=\sin\left(\frac{\pi}{2}\times8+\frac{\pi}{6}\right)=\sin\frac{\pi}{6}=\frac{1}{2}$$

$$\cos\frac{17}{3}\pi=\cos\left(\frac{\pi}{2}\times11+\frac{\pi}{6}\right)=\sin\frac{\pi}{6}=\frac{1}{2}$$

$$\tan\frac{11}{4}\pi=\tan\left(\frac{\pi}{2}\times5+\frac{\pi}{4}\right)=-\cot\frac{\pi}{4}=-1$$

따라서 $\sin\dfrac{25}{6}\pi+\cos\dfrac{17}{3}\pi+\tan\dfrac{11}{4}\pi=\dfrac{1}{2}+\dfrac{1}{2}-1=0$

이다.

■ 삼각함수의 덧셈정리와 여러 가지 공식

덧셈정리

$$\sin(\alpha\pm\beta)=\sin\alpha\cos\beta\pm\cos\alpha\sin\beta$$

$$\cos(\alpha\pm\beta)=\cos\alpha\cos\beta\mp\sin\alpha\sin\beta$$

$$\tan(\alpha\pm\beta)=\frac{\tan\alpha\pm\tan\beta}{1\mp\tan\alpha\tan\beta}$$

합, 차 및 곱의 공식

$$\sin\alpha\cos\beta = \frac{1}{2}\{\sin(\alpha+\beta)+\sin(\alpha-\beta)\}$$ (1-10)

$$\cos\alpha\sin\beta = \frac{1}{2}\{\sin(\alpha+\beta)-\sin(\alpha-\beta)\}$$

$$\cos\alpha\cos\beta = \frac{1}{2}\{\cos(\alpha+\beta)+\cos(\alpha-\beta)\}$$

$$\sin\alpha\sin\beta = -\frac{1}{2}\{\cos(\alpha+\beta)-\cos(\alpha-\beta)\}$$

$$\sin A + \sin B = 2\sin\frac{A+B}{2}\cos\frac{A-B}{2}$$ (1-11)

$$\sin A - \sin B = 2\cos\frac{A+B}{2}\sin\frac{A-B}{2}$$

$$\cos A + \cos B = 2\cos\frac{A+B}{2}\cos\frac{A-B}{2}$$

$$\cos A - \cos B = -2\sin\frac{A+B}{2}\sin\frac{A-B}{2}$$

예제 1.9 삼각함수 계산(2)

$\dfrac{\sin55°\sin35°}{\cos80°+\cos40°}$ 의 값을 계산하시오.

풀이

$$\frac{\sin55°\sin35°}{\cos80°+\cos40°} = \frac{-\frac{1}{2}\{\cos(55°+35°)-\cos(55°-35°)\}}{2\cos\frac{(80°+40°)}{2}\cos\frac{(80°-40°)}{2}}$$

$$= \frac{-(\cos90°-\cos20°)}{4\cos60°\cos20°}$$

$$= \frac{\cos20°}{4\cdot\frac{1}{2}\cos20°}$$

$$= \frac{1}{2}$$

1.4 복소수

유리수와 무리수를 합하여 실수라고 한다. 실수는 real number라고 해서 "실제로 존재하는 수"라는 의미이다. 이러한 의미로 "실제로 존재하지 않는 수"를 허수(imaginary number)라고 하며 실수와 허수를 합하여 **복소수**라고 한다. 이차방정식 $az^2 + bz + c = 0$의 일반해는

$$z = \frac{-b \pm \sqrt{b^2 - 4ac}}{2a} \tag{1-12}$$

로 주어진다. 만약 판별식 $D(= b^2 - 4ac)$가 음수이면 음수의 제곱근을 알아야 z의 값을 구할 수 있다. 양수만이 제곱근을 가질 수 있으므로 제곱근이 음수인 허수를 정의하기 전에는 $D < 0$인 경우 식 (1-12)를 사용할 수 없다. 따라서 제곱해서 -1이 되는 수, 즉 $\sqrt{-1}$을 i로 정의하고 **허수단위**라고 한다.

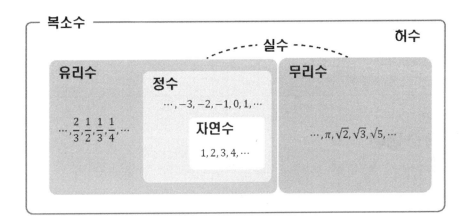

그림 1-5. 복소수의 정의

■ 복소수의 실수부와 허수부

a와 b를 임의의 실수라고 할 때, 복소수는 일반적으로 $z = a + ib$로 표현한다. 이때 $a = \mathrm{Re}(z)$를 실수부라 하고, $b = \mathrm{Im}(z)$을 허수부라고 한다. 대수학에

서는 보통 복소수를 $z = a + ib$로 표기한다. 그러나 복소수를 다른 측면에서 생각할 수도 있다. 앞에서 언급한 바와 같이 복소수는 실수부와 허수부로 되어 있으며 이들은 실수이다. 따라서 $z = a + ib$ 대신에 (a, b)로 표현할 수도 있다. 이러한 표현은 복소수를 기하학적으로 표현하는데 매우 유용하다.

예제 1.10 복소수의 순환

복소수의 순환성질을 이용하여 i^{42}의 값을 계산하시오.

풀이 $i = \sqrt{-1}$, $i^2 = -1$, $i^3 = i^2 i = -i$, $i^4 = i^2 i^2 = 1$이므로

$$i^{42} = \left(i^4\right)^{10} i^2$$

$$= i^2$$

$$= -1$$

이다.

■ 복소평면

일반적으로 임의의 복소수 $z = a + ib$는 (x, y) 평면에서 점 (x, y)로 표현할 수 있다. 또한 (x, y) 평면에 있는 임의의 점 (x, y)는 $x + iy$ 또는 (x, y)로 표기할 수 있다. 이러한 목적으로 (x, y) 평면이 사용될 때 우리는 이것을 **복소평면**이라고 한다. 점의 위치를 나타내는 방법으로 직각좌표 (x, y) 대신에 극좌표인 (r, θ)를 사용해서 표현할 수도 있다. 여기서 r은 원점에서부터 복소수까지의 거리, θ는 $+x$축과 r(파란선)이 이루는 각(angle)이면서 측정한 각을 양($+$)의 값으로 한다. 반대로 $+x$축에서 출발하여 r까지다. θ를 측정할 때는 $+x$축을 기준으로 r까지 반시계 방향으로 돌 시계 방향으로 돌면서 측정한 각은 음($-$)의 부호를 붙인다. 이를 **복소수의 극형식(polar form)**이라고

한다. 그림 1-6에서 보는 바와 같이 직각좌표와 극좌표 상호간에는 다음과 같은 상관관계가 있다.

$$x = r\cos\theta \tag{1-13}$$
$$y = r\sin\theta$$

식 (1-13)에 의해 복소수 $z = x + iy$는
$$z = x + iy = r\cos\theta + ir\sin\theta = r(\cos\theta + i\sin\theta)$$

로 나타낼 수 있다. 뒷부분(1.5 멱급수 전개)에서 자세히 언급하겠지만 $\cos\theta + i\sin\theta$는 $e^{i\theta}$와 같은 지수함수의 형태로 표현할 수 있다. 따라서 복소수는 다음과 같이 나타낼 수도 있다.

$$z = x + iy = r(\cos\theta + i\sin\theta) = re^{i\theta} \tag{1-14}$$

식 (1-14)와 같이 지수함수를 이용하여 복소수를 표현한 것을 복소수의 지수형식이라고 한다.

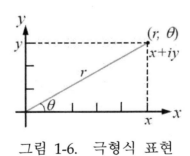

그림 1-6. 극형식 표현

예제 1.11 복소수의 지수형식(1)

복소평면 상의 점 $\left(1,\ \sqrt{3}\right)$을 직사각형식과 지수형식으로 표현하시오.

풀이 $r=\sqrt{x^2+y^2}$ 이므로 $r=\sqrt{1^2+\left(\sqrt{3}\right)^2}=2$이다. 그리고 $\cos\theta$와 $\sin\theta$는

$$\cos\theta=\frac{1}{2},\ \sin\theta=\frac{\sqrt{3}}{2}$$

이며 $\theta=\pi/3$임을 알 수 있다. 따라서 점 $\left(1,\ \sqrt{3}\right)$는 다음과 같이 나타낼 수 있다.

$$\begin{aligned}\left(1,\ \sqrt{3}\right)&=1+i\sqrt{3}\\&=2\left(\cos\frac{\pi}{3}+i\sin\frac{\pi}{3}\right)\\&=2e^{i\pi/3}\end{aligned}$$

예제 1.12 복소수의 지수형식(2)

복소수 $z=-1-i$를 지수형식으로 표현하시오.

풀이 $r=\sqrt{x^2+y^2}$ 이므로 $r=\sqrt{(-1)^2+(-1)^2}=\sqrt{2}$ 이다. 그리고 $\cos\theta$와 $\sin\theta$는

$$\cos\theta=-\frac{1}{\sqrt{2}},\ \sin\theta=-\frac{1}{\sqrt{2}}$$

이며 $\theta=5\pi/4$임을 알 수 있다. 따라서 복소수 $z=-1-i$은 다음과 같이 나타낼 수 있다.

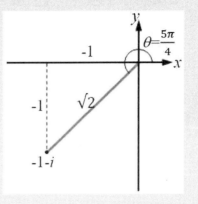

$$z=-1-i=\sqrt{2}\left(\cos\frac{5\pi}{4}+i\sin\frac{5\pi}{4}\right)$$

$$=\sqrt{2}\,e^{i\frac{5\pi}{4}}$$

예제 1.13 복소수의 사칙계산

두 복소수 $4+3i$, $-2+i$에 대한 덧셈, 뺄셈, 곱셈 및 나눗셈을 계산하시오.

풀이 $(4+3i)+(-2+i)=(4-2)+(3+1)i=2+4i$

$$(4+3i)-(-2+i)=(4+2)+(3-1)i=6+2i$$

$$(4+3i)\times(-2+i)=-8+4i-6i+3i^2=-11-2i$$

$$\frac{(4+3i)}{(-2+i)}=\frac{(4+3i)(-2-i)}{(-2+i)(-2-i)}=\frac{-8-4i-6i-3i^2}{(-2)^2-(i)^2}$$

$$=\frac{-5-10i}{5}$$

$$=-1-2i$$

1.5 멱급수 전개

임의의 함수 $f(x)$를 $(x-a)$의 멱급수를 이용하여 전개(expansion)함으로써 얻어진 식을 Taylor 급수라고 한다. 일반적으로 Taylor 급수는 $(x-a)$의 멱급수이며 a는 상수이다. 임의의 함수 $f(x)$를 $(x-a)$의 멱급수로 전개하면

$$f(x) = \sum_{n=0}^{\infty} c_n (x-a)^n = c_0 + c_1(x-a) + c_2(x-a)^2 + c_3(x-a)^3 + \cdots \qquad (1\text{-}15)$$

이며, 여기서 계수 c_0, c_1, c_2, $\cdots$, c_n, $\cdots$을 구하면 $(x-a)$의 멱급수로 전개된 함수 $f(x)$를 얻을 수 있다. 함수 $f(x)$의 $(x-a)$에 대한 멱급수 전개는 다음과 같이 나타낼 수 있다.

$$f(x) = \sum_{n=0}^{\infty} c_n (x-a)^n = c_0 + c_1(x-a) + c_2(x-a)^2 + c_3(x-a)^3 + \cdots \qquad (1\text{-}16)$$

$$= f(a) + f'(a)(x-a) + \frac{1}{2!}f''(a)(x-a)^2 + \frac{1}{3!}f'''(a)(x-a)^3 + \cdots$$

$$= \sum_{n=0}^{\infty} \frac{1}{n!} f^{(n)}(a)(x-a)^n$$

임의의 함수 $f(x)$를 $(x-a)$의 멱급수로 전개한 식 (1-16)을 함수 $f(x)$의 Taylor 전개라고 한다. 특히 $a=0$인 경우, 즉 함수 $f(x)$의 x에 대한 멱급수 전개를 Maclaurin 전개라고 한다.

예제 1.15 함수 e^{ix}의 Maclaurin 전개 (1)

함수 e^{ix}를 x에 대한 멱급수로 나타내시오.

풀이 함수 e^{ix}를 x에 대한 멱급수 전개하면

$$f(x) = \sum_{n=0}^{\infty} c_n x^n = c_0 + c_1 x + c_2 x^2 + c_3 x^3 + \cdots$$

$$= f(0) + f'(0)x + \frac{1}{2!}f''(0)x^2 + \frac{1}{3!}f'''(0)x^3 + \cdots$$

$$= \sum_{n=0}^{\infty} \frac{1}{n!} f^{(n)}(0) x^n$$

이다. $f(x) = e^{ix}$이므로

$$f(x) = e^{ix} = c_0 + c_1 x + c_2 x^2 + c_3 x^3 + \cdots$$

$$f(0) = 1 = c_0$$

$$f'(x) = ie^{ix} \ \rightarrow f'(0) = i$$

$$f''(x) = -e^{ix} \rightarrow f''(0) = -1$$

$$f'''(x) = -ie^{ix} \rightarrow f'''(0) = -i$$

$$f^{(4)}(x) = e^{ix} \ \rightarrow f^{(4)}(0) = 1$$

이다. 따라서

$$e^{ix} = c_0 + c_1 x + c_2 x^2 + c_3 x^3 + \cdots$$

$$= f(0) + f'(0)x + \frac{1}{2!}f''(0)x^2 + \frac{1}{3!}f'''(0)x^3 + \cdots$$

$$= 1 + ix - \frac{1}{2!}x^2 - i\frac{1}{3!}x^3 + \frac{1}{4!}x^4 + i\frac{1}{5!}x^5 + \cdots$$

※ $f^{(5)}(x) = f'(x)$, $f^{(6)}(x) = f''(x), \cdots$가 되어 고차 도함수의 값이 반복적으로 $f'(x) \sim f^{(4)}(x)$ 값과 같은 값을 가지게 된다.

예제 1.16 함수 e^{-ix}의 Maclaurin 전개 (2)

함수 e^{-ix}를 x에 대한 멱급수로 나타내시오.

풀이 함수 e^{-ix}를 x에 대한 멱급수 전개하면

$$f(x) = \sum_{n=0}^{\infty} c_n x^n = c_0 + c_1 x + c_2 x^2 + c_3 x^3 + \cdots$$

$$= f(0) + f'(0)x + \frac{1}{2!}f''(0)x^2 + \frac{1}{3!}f'''(0)x^3 + \cdots$$

$$= \sum_{n=0}^{\infty} \frac{1}{n!}f^{(n)}(0)x^n$$

이다. $f(x) = e^{-ix}$이므로

$$f(x) = e^{-ix} = c_0 + c_1 x + c_2 x^2 + c_3 x^3 + \cdots$$

$$f(0) = 1 = c_0$$

$$f'(x) = -ie^{-ix} \to f'(0) = -i$$

$$f''(x) = -e^{-ix} \rightarrow f''(0) = -1$$

$$f'''(x) = ie^{-ix} \rightarrow f'''(0) = i$$

$$f^{(4)}(x) = e^{-ix} \rightarrow f^{(4)}(0) = 1$$

따라서 예제 1.15에서와 마찬가지로

$$e^{-ix} = c_0 + c_1 x + c_2 x^2 + c_3 x^3 + c_4 x^4 + \cdots$$

$$= f(0) + f'(0)x + \frac{1}{2!}f''(0)x^2 + \frac{1}{3!}f'''(0)x^3 + \cdots$$

$$= 1 - ix - \frac{1}{2!}x^2 + i\frac{1}{3!}x^3 + \frac{1}{4!}x^4 - i\frac{1}{5!}x^5 + \cdots$$

이다.

예제 1.17 함수 $\cos x$와 $\sin x$의 Maclaurin 전개 (3)

함수 $\cos x$와 $\sin x$를 x에 대한 멱급수로 나타내시오.

풀이 함수 $\cos x$를 x에 대한 멱급수 전개하면

$$f(x) = \sum_{n=0}^{\infty} c_n x^n = c_0 + c_1 x + c_2 x^2 + c_3 x^3 + \cdots$$

$$= f(0) + f'(0)x + \frac{1}{2!}f''(0)x^2 + \frac{1}{3!}f'''(0)x^3 + \cdots$$

$$= \sum_{n=0}^{\infty} \frac{1}{n!}f^{(n)}(0)x^n$$

이다. $f(x) = \cos x$이므로

$$f(x) = \cos x = c_0 + c_1 x + c_2 x^2 + c_3 x^3 + \cdots$$

$$f(0) = 1 = c_0$$

$$f'(x) = -\sin x \to f'(0) = 0$$

$$f''(x) = -\cos x \to f''(0) = -1$$

$$f'''(x) = \sin x \to f'''(0) = 0$$

$$f^{(4)}(x) = \cos x \to f^{(4)}(x) = 1$$

이다. 따라서 $\cos x$의 x에 대한 멱급수 전개는 다음과 같이 표현할 수 있다.

$$\cos x = c_0 + c_1 x + c_2 x^2 + c_3 x^3 + c_4 x^4 + \cdots$$

$$= f(0) + f'(0)x + \frac{1}{2!}f''(0)x^2 + \frac{1}{3!}f'''(0)x^3 + \cdots$$

$$= 1 - \frac{1}{2!}x^2 + \frac{1}{4!}x^4 - \frac{1}{6!}x^6 + \cdots$$

같은 방법으로 $\sin x$를 x에 대하여 멱급수 전개하면

$$\sin x = c_0 + c_1 x + c_2 x^2 + c_3 x^3 + c_4 x^4 + \cdots$$

$$= f(0) + f'(0)x + \frac{1}{2!}f''(0)x^2 + \frac{1}{3!}f'''(0)x^3 + \cdots$$

$$= x - \frac{1}{3!}x^3 + \frac{1}{5!}x^5 - \frac{1}{7!}x^7 + \cdots$$

이다.

연습문제

벡터

1. 벡터 $\vec{A}$와 $\vec{B}$가 다음과 같이 주어질 때, 다음을 계산하시오.

$$\vec{A} = 2\hat{i} - 3\hat{j}, \ \ \vec{B} = -\hat{i} + 2\hat{j}$$

(1) $\vec{A} + \vec{B}$ (2) $\vec{A} - \vec{B}$ (3) $|\vec{A} + \vec{B}|$ (4) $|\vec{A} - \vec{B}|$

(5) $|\vec{A}|$ (6) $|\vec{B}|$ (7) $\vec{A} \cdot \vec{B}$ (8) 벡터 $\vec{A}$와 $\vec{B}$가 이루는 각

풀이

(1) $\vec{A} + \vec{B} = (2\hat{i} - 3\hat{j}) + (-\hat{i} + 2\hat{j})$

$\qquad\qquad = (2 - 1)\hat{i} + (-3 + 2)\hat{j}$

$\qquad\qquad = \hat{i} - \hat{j}$

(2) $\vec{A} - \vec{B} = (2\hat{i} - 3\hat{j}) - (-\hat{i} + 2\hat{j})$

$\qquad\qquad = (2 + 1)\hat{i} + (-3 - 2)\hat{j}$

$\qquad\qquad = 3\hat{i} - 5\hat{j}$

(3) $\vec{A} + \vec{B} = \hat{i} - \hat{j}$ 이므로

$$|\vec{A} + \vec{B}| = \sqrt{(\vec{A} + \vec{B})_x^2 + (\vec{A} + \vec{B})_y^2}$$

$$= \sqrt{1^2 + (-1)^2} = \sqrt{2}$$

(4) $\vec{A} - \vec{B} = 3\hat{i} - 5\hat{j}$ 이므로

$$|\vec{A}-\vec{B}| = \sqrt{(\vec{A}-\vec{B})_x^2 + (\vec{A}-\vec{B})_y^2}$$

$$= \sqrt{3^2 + (-5)^2} = \sqrt{34}$$

(5) $|\vec{A}| = \sqrt{A_x^2 + A_y^2} = \sqrt{2^2 + (-3)^2}$

$$= \sqrt{4+9} = \sqrt{13}$$

(6) $|\vec{B}| = \sqrt{B_x^2 + B_y^2} = \sqrt{(-1)^2 + 2^2}$

$$= \sqrt{1+4} = \sqrt{5}$$

(7) $\vec{A} \cdot \vec{B} = (2\hat{i} - 3\hat{j}) \cdot (-\hat{i} + 2\hat{j})$

$$= 2\times(-1)\hat{i} \cdot \hat{i} + 2\times 2\hat{i} \cdot \hat{j} + (-3)\times(-1)\hat{j} \cdot \hat{i} + (-3)\times 2\hat{j} \cdot \hat{j}$$

$$= -2 - 6$$

$$= -8$$

(8) $\vec{A} \cdot \vec{B} = AB\cos\theta$에서

$$\cos\theta = \frac{\vec{A} \cdot \vec{B}}{AB} = \frac{-8}{\sqrt{5}\sqrt{13}}$$

$$\theta = \cos^{-1}\left(\frac{-8}{\sqrt{5}\sqrt{13}}\right)$$

2. 벡터 $\vec{A}$와 $\vec{B}$가 다음과 같이 주어질 때, 다음을 계산하시오.

$$\vec{A} = 2\hat{i} - 3\hat{j}, \quad \vec{B} = -\hat{i} + 2\hat{j}$$

(1) $\vec{A}\times\vec{B}$　　(2) $\vec{B}\times\vec{A}$　　(3) $\vec{A}\times\vec{B}$의 방향

풀이

(1) $\vec{A}\times\vec{B} = (2\hat{i}-3\hat{j})\times(-\hat{i}+2\hat{j})$

$= \{2\times(-1)\}\hat{i}\times\hat{i}+(2\times2)\hat{i}\times\hat{j}+\{(-3)\times(-1)\}\hat{j}\times\hat{i}$
$\quad +\{(-3)\times2\}\hat{j}\times\hat{j}$

$= 4\hat{k}-3\hat{k}$

$= \hat{k}$

(2) $\vec{B}\times\vec{A} = (-\hat{i}+2\hat{j})\times(2\hat{i}-3\hat{j})$

$= \{(-1)\times2\}\hat{i}\times\hat{i}+\{(-1)\times(-3)\}\hat{i}\times\hat{j}+(2\times2)\hat{j}\times\hat{i}$
$\quad +\{2\times(-3)\}\hat{j}\times\hat{j}$

$= 3\hat{k}-4\hat{k}$

$= -\hat{k}$

(3) $\vec{A}\times\vec{B}$의 방향 : $\vec{A}\times\vec{B}=\hat{k}$이므로 z축 방향

3. 그림과 같이 벡터 $\vec{A}$의 크기는 35.0이고 방향은 x축으로부터 반시계 방향으로 325°이다. 벡터 $\vec{A}$의 x성분과 y성분을 구하시오.

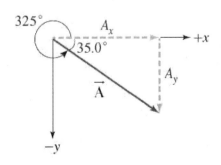

풀이

$$A_x = |\vec{A}|\cos\theta = 35.0 \times \cos 35°$$

$$A_y = |\vec{A}|\sin\theta = -35.0 \times \sin 35°$$

$(-)$ 부호는 θ가 4 상한 각을 의미한다.

$$\cos 325° = \cos(2\pi - 35°) = \cos 35°$$

$$\sin 325° = \sin(2\pi - 35°) = -\sin 35°$$

4. 그림과 같이 두 벡터 $\vec{A}$와 $\vec{B}$가 있다. 벡터 $\vec{A}$는 x축과 $60°$ 방향으로 길이가 14 cm이고 벡터 $\vec{B}$는 $20°$ 방향으로 길이가 20 cm이다. 두 벡터의 합벡터 $\vec{C}$의 길이와 x축과 이루는 각을 구하시오.

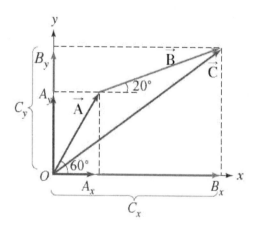

풀이

$$A_x = |\vec{A}|\cos 60° = 14 \times \cos 60°$$

$$A_y = |\vec{A}|\sin 60° = 14 \times \sin 60°$$

$$B_x = |\vec{B}|\cos 20° = 20 \times \cos 20°$$

$$B_y = |\vec{B}|\sin 20° = 20 \times \sin 20°$$

$$\vec{R} = \vec{A} + \vec{B} = \left(\vec{A}_x + \vec{A}_y \right) + \left(\vec{B}_x + \vec{B}_y \right) = (A_x + B_x)\hat{i} + (A_y + B_y)\hat{j}$$ 로부터

$$\vec{C} = (A_x + B_x)\hat{i} + (A_y + B_y)\hat{j}$$

$$= (14 \times \cos 60° + 20 \times \cos 60°)\hat{i} + (14 \times \sin 60° + 20 \times \sin 60°)\hat{j}$$

$$= 17\hat{i} + 17\sqrt{3}\,\hat{j}$$

$$C = \sqrt{C_x^2 + C_y^2} = \sqrt{17^2 + \left(17\sqrt{3} \right)^2}$$

$$= 1156$$

$$\tan\theta = \frac{C_y}{C_x} = \frac{17\sqrt{3}}{17} = \sqrt{3}$$

5. 점 (x, y, z)에서의 온도 T가 $T = x^2 - y^2 + xyz + 273$으로 주어진다. 점 $(-1, 2, 3)$에서 온도증가율이 가장 빠른 방향과 그 방향에서의 온도증가율을 계산하시오.

풀이

$$T = x^2 - y^2 + xyz + 273$$

$$\vec{\nabla} T = \left(\frac{\partial}{\partial x}\hat{i} + \frac{\partial}{\partial x}\hat{j} + \frac{\partial}{\partial x}\hat{k} \right)T$$

$$= (2x + yz)\hat{i} + (-2y + xz)\hat{j} + xy\hat{k}$$

이므로 점 $(-1, 2, 3)$에서의 $\vec{\nabla} T$ 는

$$\vec{\nabla} T = (2x + yz)\hat{i} + (-2y + xz)\hat{j} + xy\hat{k}$$

$$= 4\hat{i} - 7\hat{j} - 2\hat{k}$$

이다. 온도의 증가가 가장 빠른 방향은 $\overrightarrow{\nabla}T$ 의 방향이며 온도증가율은 $\overrightarrow{\nabla}T$ 의 크기가 $|\overrightarrow{\nabla}T|$이다. 따라서

$$|\overrightarrow{\nabla}T| = \sqrt{4^2 + (-7)^2 + (-2)^2}$$
$$= \sqrt{69}$$

이다.

6. 곡면의 방정식이 $x^3 y^2 z = 12$로 주어질 때, 점 $(1, -2, 3)$의 접선에 대한 법선의 방정식을 구하시오.

풀이

$f(r) = x^3 y^2 z$의 등퍼텐셜 $\overrightarrow{\nabla}f(r)$은

$$\overrightarrow{\nabla}f(r) = \left(\frac{\partial}{\partial x}\hat{i} + \frac{\partial}{\partial y}\hat{j} + \frac{\partial}{\partial z}\hat{k}\right)f(r)$$
$$= 3x^2 y^2 z\hat{i} + 2x^3 yz\hat{j} + x^3 y^2\hat{k}$$

이다. 점 $(1, -2, 3)$에서의 접선방정식은 $\overrightarrow{\nabla}f(1, -2, 3) = 36\hat{i} - 12\hat{j} + 4\hat{k}$ 이므로 간단한 형태의 같은 방향을 나타내는 벡터는 $9\hat{i} - 3\hat{j} + \hat{k}$이다. 그러므로 점 $(1, -2, 3)$에서 접평면의 방정식은 $9(x-1) - 3(y+z) + (z-3) = 0$이고 법선의 방정식은 다음과 같다.

$$\frac{x-1}{9} = \frac{y+2}{-3} = \frac{z-3}{1}$$

7. 3차원 벡터 $\overrightarrow{A}$와 $\overrightarrow{B}$가 다음과 같이 주어질 때

$$\vec{A} = A_x\hat{i} + A_y\hat{j} + A_z\hat{k}$$

$$\vec{B} = B_x\hat{i} + B_y\hat{j} + B_z\hat{k}$$

$\vec{A} \times \vec{B} = -\vec{B} \times \vec{A}$ 임을 증명하시오.

풀이

$$\vec{A} \times \vec{B} = \left(A_x\hat{i} + A_y\hat{j} + A_z\hat{k}\right) \times \left(B_x\hat{i} + B_y\hat{j} + B_z\hat{k}\right)$$

$$= (A_yB_z - A_zB_y)\hat{i} + (A_zB_x - A_xB_z)\hat{j} + (A_xB_y - A_yB_x)\hat{k}$$

$$\vec{B} \times \vec{A} = \left(B_x\hat{i} + B_y\hat{j} + B_z\hat{k}\right) \times \left(A_x\hat{i} + A_y\hat{j} + A_z\hat{k}\right)$$

$$\begin{aligned} = & B_xA_x\hat{i}\times\hat{i} + B_xA_y\hat{i}\times\hat{j} + B_xA_z\hat{i}\times\hat{k} \\ & + B_yA_x\hat{j}\times\hat{i} + B_yA_y\hat{j}\times\hat{j} + B_yA_z\hat{j}\times\hat{k} \\ & + B_zA_x\hat{k}\times\hat{i} + B_zA_y\hat{k}\times\hat{j} + B_zA_z\hat{k}\times\hat{k} \end{aligned}$$

$$= (B_yA_z - B_zA_y)\hat{i} + (B_zA_x - B_xA_z)\hat{j} + (B_xA_y - B_yA_x)\hat{k}$$

$$= -\left\{(A_yB_z - A_zB_y)\hat{i} + (A_zB_x - A_xB_z)\hat{j} + (A_xB_y - A_yB_x)\hat{k}\right\}$$

$$= -\vec{A} \times \vec{B}$$

8. 자세한 계산을 통하여 $\vec{A} \times \vec{B}$가 다음과 같이 계산됨을 보이고 행렬식의 계산을 통하여 $\vec{B} \times \vec{A}$를 구하시오.

$$\vec{A} \times \vec{B} = \left(A_x\hat{i} + A_y\hat{j} + A_z\hat{k}\right) \times \left(B_x\hat{i} + B_y\hat{j} + B_z\hat{k}\right)$$

$$= (A_yB_z - A_zB_y)\hat{i} + (A_zB_x - A_xB_z)\hat{j} + (A_xB_y - A_yB_x)\hat{k}$$

풀이

$$\vec{A} \times \vec{B} = \left(A_x\hat{i} + A_y\hat{j} + A_z\hat{k}\right) \times \left(B_x\hat{i} + B_y\hat{j} + B_z\hat{k}\right)$$

$$= A_x B_x \hat{i} \times \hat{i} + A_x B_y \hat{i} \times \hat{j} + A_x B_z \hat{i} \times \hat{k}$$
$$+ A_y B_x \hat{j} \times \hat{i} + A_y B_y \hat{j} \times \hat{j} + A_y B_z \hat{j} \times \hat{k}$$
$$+ A_z B_x \hat{k} \times \hat{i} + A_z B_y \hat{k} \times \hat{j} + A_z B_z \hat{k} \times \hat{k}$$
$$= (A_y B_z - A_z B_y)\hat{i} + (A_z B_x - A_x B_z)\hat{j} + (A_x B_y - A_y B_x)\hat{k}$$

$$\vec{B} \times \vec{A} = \begin{vmatrix} \hat{i} & \hat{j} & \hat{k} \\ B_x & B_y & B_z \\ A_x & A_y & A_z \end{vmatrix} = \begin{vmatrix} B_y & B_z \\ A_y & A_z \end{vmatrix}\hat{i} + \begin{vmatrix} B_z & B_x \\ A_z & A_x \end{vmatrix}\hat{j} + \begin{vmatrix} B_x & B_y \\ A_x & A_y \end{vmatrix}\hat{k}$$

$$= (B_y A_z - B_z A_y)\hat{i} + (B_z A_x - B_x A_z)\hat{j} + (B_x A_y - B_y A_x)\hat{k}$$

9. 벡터 $\vec{r} = x\hat{i} + y\hat{j} + z\hat{k}$일 때, 다음을 계산하시오.

(1) $\vec{\nabla} \times (\hat{k} \times \vec{r})$　　(2) $\vec{\nabla} \cdot \left(\dfrac{\vec{r}}{|r|} \right)$　　(3) $\vec{\nabla} \times \left(\dfrac{\vec{r}}{|r|} \right)$

풀이

(1) $\vec{\nabla} \times (\hat{k} \times \vec{r}) \rightarrow \hat{k} \times \vec{r} = \hat{k} \times (x\hat{i} + y\hat{j} + z\hat{k}) = x\hat{j} - y\hat{i}$

$$\vec{\nabla} \times (\hat{k} \times \vec{r}) = \vec{\nabla} \times (x\hat{j} - y\hat{i})$$

$$= \left(\frac{\partial}{\partial x}\hat{i} + \frac{\partial}{\partial y}\hat{j} + \frac{\partial}{\partial z}\hat{k} \right) \times (x\hat{j} - y\hat{i})$$

$$= \frac{\partial x}{\partial x}\hat{i} \times \hat{j} - \frac{\partial y}{\partial x}\hat{i} \times \hat{i} + \frac{\partial x}{\partial y}\hat{j} \times \hat{j} - \frac{\partial y}{\partial y}\hat{j} \times \hat{i} + \frac{\partial x}{\partial z}\hat{k} \times \hat{j} - \frac{\partial y}{\partial z}\hat{k} \times \hat{i}$$

$$= \hat{k} + \hat{k} = 2\hat{k}$$

(2) $\vec{\nabla} \cdot \left(\dfrac{\vec{r}}{|r|} \right) = \left(\vec{\nabla} \dfrac{1}{|r|} \right) \cdot \vec{r} + \dfrac{1}{|r|} \vec{\nabla} \cdot \vec{r}$

$$\left(\overrightarrow{\nabla}\frac{1}{|r|}\right)\bullet\vec{r}=\left\{\left(\frac{\partial}{\partial x}\hat{i}+\frac{\partial}{\partial y}\hat{j}+\frac{\partial}{\partial z}\hat{k}\right)\frac{1}{\sqrt{x^2+y^2+z^2}}\right\}\bullet\vec{r}$$

$$=-\frac{1}{2}\left(x^2+y^2+z^2\right)^{-\frac{3}{2}}\left(2x\hat{i}+2y\hat{j}+2z\hat{k}\right)\bullet\vec{r}$$

$$=-\frac{(x\hat{i}+y\hat{j}+z\hat{k})\bullet(x\hat{i}+y\hat{j}+z\hat{k})}{(x^2+y^2+z^2)\sqrt{x^2+y^2+z^2}}$$

$$=-\frac{1}{\sqrt{x^2+y^2+z^2}}=-\frac{1}{|r|}$$

$$\frac{1}{|r|}\overrightarrow{\nabla}\bullet\vec{r}=\frac{1}{|r|}\left(\frac{\partial}{\partial x}\hat{i}+\frac{\partial}{\partial y}\hat{j}+\frac{\partial}{\partial z}\hat{k}\right)\bullet(x\hat{i}+y\hat{j}+z\hat{k})$$

$$=\frac{3}{|r|}$$

$$\overrightarrow{\nabla}\bullet\left(\frac{\vec{r}}{|r|}\right)=\left(\overrightarrow{\nabla}\frac{1}{|r|}\right)\bullet\vec{r}+\frac{1}{|r|}\overrightarrow{\nabla}\bullet\vec{r}$$

$$=-\frac{1}{|r|}+\frac{3}{|r|}$$

$$=\frac{2}{|r|}$$

(3) $$\overrightarrow{\nabla}\times\left(\frac{\vec{r}}{|r|}\right)=\left(\overrightarrow{\nabla}\frac{1}{|r|}\right)\times\vec{r}+\frac{1}{|r|}\overrightarrow{\nabla}\times\vec{r}$$

$$\left(\overrightarrow{\nabla}\frac{1}{|r|}\right)\times\vec{r}=\left\{\left(\frac{\partial}{\partial x}\hat{i}+\frac{\partial}{\partial y}\hat{j}+\frac{\partial}{\partial z}\hat{k}\right)\frac{1}{\sqrt{x^2+y^2+z^2}}\right\}\times\vec{r}$$

$$=-\frac{1}{2}\left(x^2+y^2+z^2\right)^{-\frac{3}{2}}\left(2x\hat{i}+2y\hat{j}+2z\hat{k}\right)\times\vec{r}$$

$$=-\frac{(x\hat{i}+y\hat{j}+z\hat{k})\times(x\hat{i}+y\hat{j}+z\hat{k})}{\left(x^2+y^2+z^2\right)^{-\frac{3}{2}}}$$

$$= -\frac{\left(xy\hat{k} - xz\hat{j} - xy\hat{k} + yz\hat{i} + xz\hat{j} - yz\hat{i}\right)}{\left(x^2 + y^2 + z^2\right)^{-\frac{3}{2}}}$$

$$= 0$$

$$\frac{1}{|r|}\overrightarrow{\nabla}\times\overrightarrow{r} = \frac{1}{|r|}\left(\frac{\partial}{\partial x}\hat{i} + \frac{\partial}{\partial y}\hat{j} + \frac{\partial}{\partial z}\hat{k}\right)\times\left(x\hat{i} + y\hat{j} + z\hat{k}\right)$$

$$= 0$$

$$\overrightarrow{\nabla}\times\left(\frac{\overrightarrow{r}}{|r|}\right) = \left(\overrightarrow{\nabla}\frac{1}{|r|}\right)\times\overrightarrow{r} + \frac{1}{|r|}\overrightarrow{\nabla}\times\overrightarrow{r} = 0$$

좌표계

10. 극좌표계의 단위벡터인 $\hat{r}$와 $\hat{\theta}$가 다음과 같이 표현됨을 증명하시오.

$$\hat{r} = \cos\theta\,\hat{i} + \sin\theta\,\hat{j}$$

$$\hat{\theta} = -\sin\theta\,\hat{i} + \cos\theta\,\hat{j}$$

풀이

그림에서 $\hat{r}$와 $\hat{\theta}$는 다음과 같이 나타낼 수 있다.

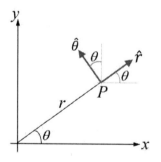

$$\hat{r} = |\hat{r}|\cos\theta\hat{i} + |\hat{r}|\sin\theta\hat{j}$$

$$\hat{\theta} = |\hat{\theta}|\cos\theta\hat{j} - |\hat{\theta}|\sin\theta\hat{i}$$

$$|\hat{r}| = |\hat{\theta}| = 1$$이므로

$$\hat{r} = \cos\theta\hat{i} + \sin\theta\hat{j}$$

$$\hat{\theta} = -\sin\theta\hat{i} + \cos\theta\hat{j}$$

11. 극좌표계를 이용하여 반경이 r인 원판의 넓이가 πr^2임을 보이시오.

풀이

그림에서 면적소 dA는
$dA = a\,da\,d\theta$ 이다.

$$A = \int_0^{2\pi}\int_0^r a\,da\,d\theta$$

$$= 2\pi \int_0^r a\,da$$

$$= 2\pi\left[\frac{1}{2}a^2\right]_0^r$$

$$= \pi r^2$$

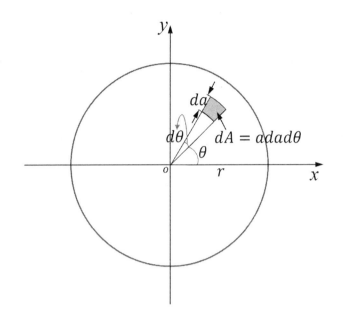

12. 반지름이 a이고 밀도가 ρ인 속이 찬 구가 있다. 구좌표계의 체적소 dV가 $dV = r^2\sin\theta\,dr\,d\theta\,d\phi$임을 이용하여 구의 질량 M이 $\frac{4}{3}\pi a^3 \rho$임을 계산하시오.

풀이

그림에서 체적소 dV는 $dV = r^2\sin\theta\,dr\,d\theta\,d\phi$ 이며 체적소 dV의 질량 dM은 $dM = \rho\,dV$로 표현할 수 있다. 따라서 반지름이 a이고 밀도가 ρ인 속이 찬 구의 질량 M은 다음과 같이 계산할 수 있다.

$$M = \iiint dM$$

$$= \iiint \rho\,dV$$

$$= \int_0^{2\pi}\int_0^{\pi}\int_0^a \rho r^2\sin\theta\,dr\,d\theta\,d\phi$$

$$= 2\pi[-\cos\theta]_0^{\pi}\int_0^a \rho r^2\,dr$$

$$= 4\pi\rho\left[\frac{1}{3}r^3\right]_0^a = \frac{4}{3}\pi a^3\rho$$

13. 구좌표계를 이용하여 반경이 r인 구의 표면적이 $4\pi r^2$임을 보이시오.

풀이

문제 12의 그림에서 면적소 dA는 $dA = (r\,d\theta) \times (r\sin\theta\,d\phi)$ 이다. 따라서 반경이 r인 구의 표면적 A는 다음과 같다.

$$
\begin{aligned}
A &= \iint dA \\
&= \int_0^{2\pi}\int_0^{\pi} r^2\sin\theta\,d\theta\,d\phi = 2\pi r^2 \int_0^{\pi}\sin\theta\,d\theta \\
&= 2\pi r^2\left[-\cos\theta\right]_0^{\pi} \\
&= 4\pi r^2
\end{aligned}
$$

14. 원통좌표계의 체적소 dV는 $dV = r\,dr\,d\phi\,dz$로 주어진다. 이것을 이용하여 반지름이 a, 높이가 h, 밀도가 ρ인 원기둥이 원의 중심을 관통하는 축(z축)을 중심으로 회전하고 있을 때, 그 원기둥의 관성모멘트($I = mr^2$)를 구하시오.

풀이

그림에서 체적소 dV는 $dV = r\,dr\,d\phi\,dz$, 체적소 dV의 질량 dm은 $dm = \rho dV$, 원기둥 전체의 질량 m은 $m = \rho\pi a^2 h$이다. 원기둥이 원의 중심을 관통하는 축(z축)을 중심으로 회전할 때, 체적소 dV의 질량 dm에 의한 관성모멘트 $dI = r^2 dm$은 다음과 같이 계산할 수 있다.

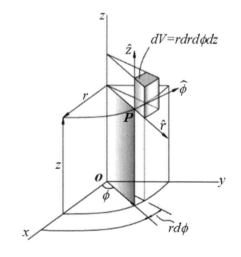

$$
\begin{aligned}
I &= \iiint dI = \iiint r^2 dm \\
&= \int_0^a \int_0^h \int_0^{2\pi} \rho r^3\,dr\,dz\,d\phi \\
&= 2\pi\rho\left[z\right]_0^h \int_0^a r^3\,dr = 2\pi\rho h\left[\frac{1}{4}r^4\right]_0^a
\end{aligned}
$$

$$= \frac{1}{2}(\rho\pi a^2 h)a^2$$

$$= \frac{1}{2}ma^2$$

삼각함수

15. 반지름이 8 cm, 중심각이 $\frac{\pi}{4}$인 부채꼴의 호의 길이 ℓ과 넓이 S를 구하시오.

풀이

$$\ell = r\theta = 8 \times \frac{\pi}{4}$$

$$= 2\pi \ (\text{cm})$$

$$S = \pi r^2 \times \frac{1}{8} = \pi \times 8^2 \times \frac{1}{8}$$

$$= 8\pi \ (\text{cm}^2)$$

16. 호의 길이가 4 cm, 넓이가 4 cm²인 부채꼴의 중심각 θ를 구하시오.

풀이

$\ell = 4$ cm, $S = 4$ cm²

$$\ell = r\theta \rightarrow \theta = \frac{\ell}{r}$$

중심각이 θ인 부채꼴의 면적 S_θ는 $S_\theta = \frac{\theta}{2\pi}\pi r^2$으로 나타낼 수 있다.

$$S_\theta = \frac{\theta}{2\pi}\pi r^2 \rightarrow 4 = \frac{1}{2\pi}\frac{4}{r}\pi r^2 = 2r$$

$$r = 2 \ (\text{cm})$$

$$\theta = \frac{4}{2} = 2 \ (rad)$$

17. 그림에서 점 P의 좌표가 $(-1, \sqrt{3})$일 때, 다음 삼각함수의 값을 구하시오.

    (1) $\sin120°$ (2) $\cos120°$ (3) $\tan120°$

풀이

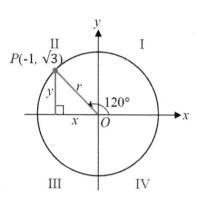

$$r = \sqrt{x^2+y^2} = \sqrt{(-1)^2+(\sqrt{3})^2}$$
$$= 2$$

(1) $\sin120° = \sin(180°-60°) = \sin60°$
$$= \frac{\sqrt{3}}{2}$$

(2) $\cos120° = \cos(180°-60°) = -\cos60°$
$$= -\frac{1}{2}$$

(3) $\tan120° = \tan(180°-60°) = -\tan60°$
$$= -\sqrt{3}$$

18. θ가 제3사분면의 각이고 $\cos\theta = -\frac{3}{5}$일 때, $\sin\theta$와 $\tan\theta$의 값을 구하시오.

풀이

    θ가 제3사분면의 각이면 $\sin\theta$ 역시 $(-)$ 값이 된다.
    그림에서 $r=5$, $x=-3$, $y=-4$이다.

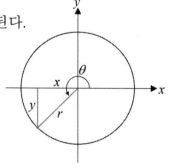

$$\sin\theta = -\frac{4}{5}$$
$$\tan\theta = \frac{4}{3}$$

19. 삼각함수의 덧셈정리를 이용하여 다음
값을 구하시오.

(1) $\sin 75°$ (2) $\cos 135°$ (3) $\tan 15°$

풀이

(1) $\sin 75° = \sin(45° + 30°) = \sin 45° \cos 30° + \sin 30° \cos 45°$

$$= \frac{1}{\sqrt{2}} \frac{\sqrt{3}}{2} + \frac{1}{2} \frac{1}{\sqrt{2}}$$

$$= \frac{\sqrt{3}+1}{2\sqrt{2}}$$

(2) $\cos 135° = \cos(90° + 45°) = \cos 90° \cos 45° - \sin 90° \sin 45°$

$$= -\frac{1}{\sqrt{2}}$$

(3) $\tan 15° = \tan(45° - 30°) = \dfrac{\tan 45° - \tan 30°}{1 + \tan 45° \tan 30°}$

$$= \frac{1 - \dfrac{1}{\sqrt{3}}}{1 + \dfrac{1}{\sqrt{3}}} = \frac{\sqrt{3}-1}{\sqrt{3}+1}$$

$$= 2 - \sqrt{3}$$

20. $\sin\theta = \dfrac{3}{5}$ 일 때, $\sin 2\theta$, $\cos 2\theta$, $\tan 2\theta$의 값을 구하시오.

풀이

(1) θ가 제1사분면의 각일 때

$$\cos\theta = \frac{4}{5}, \ \tan\theta = \frac{3}{4}$$

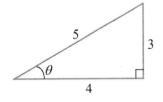

① $\sin2\theta = \sin(\theta+\theta) = 2\sin\theta\cos\theta = 2 \times \dfrac{3}{5} \times \dfrac{4}{5}$

$$= \dfrac{24}{25}$$

② $\cos2\theta = \cos(\theta+\theta) = \cos^2\theta - \sin^2\theta = \left(\dfrac{4}{5}\right)^2 - \left(\dfrac{3}{5}\right)^2$

$$= \dfrac{7}{25}$$

③ $\tan2\theta = \tan(\theta+\theta) = \dfrac{2\tan\theta}{1-\tan^2\theta} = \dfrac{2\times\dfrac{3}{4}}{1-\left(\dfrac{3}{4}\right)^2}$

$$= \dfrac{24}{7}$$

(2) θ가 제2사분면의 각일 때

$$\cos\theta = -\dfrac{4}{5}, \quad \tan\theta = -\dfrac{3}{4}$$

① $\sin2\theta = \sin(\theta+\theta) = 2\sin\theta\cos\theta$

$$= 2 \times \dfrac{3}{5} \times \left(-\dfrac{4}{5}\right) = -\dfrac{24}{25}$$

② $\cos2\theta = \cos(\theta+\theta) = \cos^2\theta - \sin^2\theta$

$$= \left(-\dfrac{4}{5}\right)^2 - \left(\dfrac{3}{5}\right)^2 = \dfrac{7}{25}$$

③ $\tan2\theta = \tan(\theta+\theta) = \dfrac{2\tan\theta}{1-\tan^2\theta}$

$$= \dfrac{2\times\left(-\dfrac{3}{4}\right)}{1-\left(-\dfrac{3}{4}\right)^2} = -\dfrac{24}{7}$$

21. $\sin3\theta\cos\theta$, $\cos5\theta\cos\theta$, $\sin3\theta\sin2\theta$를 합 또는 차의 꼴로 나타내시오.

풀이

$$\sin3\theta\cos\theta = \frac{1}{2}\{\sin(3\theta+\theta)+\sin(3\theta-\theta)\}$$
$$= \frac{1}{2}(\sin4\theta+\sin2\theta)$$

$$\cos5\theta\cos\theta = \frac{1}{2}\{\cos(5\theta+\theta)+\cos(5\theta-\theta)\}$$
$$= \frac{1}{2}(\cos6\theta+\cos4\theta)$$

$$\sin3\theta\sin2\theta = -\frac{1}{2}\{\cos(3\theta+2\theta)-\cos(3\theta-2\theta)\}$$
$$= -\frac{1}{2}(\cos5\theta-\cos\theta)$$

22. 제1코사인 법칙으로부터 다음 식으로 주어지는 제2코사인 법칙을 유도하시오.

$$a^2 = b^2 + c^2 - 2bc\cos A$$
$$b^2 = c^2 + a^2 - 2ca\cos B$$
$$c^2 = a^2 + b^2 - 2ab\cos C$$

풀이

제1코사인 법칙은 다음과 같다.

$$a = b\cos C + c\cos B.....(1)$$
$$b = c\cos A + a\cos C.....(2)$$
$$c = a\cos B + b\cos A.....(3)$$

$$(1)\times a - (2)\times b - (3)\times c$$

$$a^2 - b^2 - c^2 = (ab\cos C + ac\cos B) - (bc\cos A + ab\cos C) - (ac\cos B + bc\cos A)$$
$$= -2bc\cos A$$

$$a^2 = b^2 + c^2 - 2bc\cos A$$

같은 방법으로

$$(2) \times b - (3) \times c - (1) \times a$$

$$b^2 - c^2 - a^2 = (bc\cos A + ab\cos C) - (ac\cos B + bc\cos A) - (ab\cos C + ac\cos B)$$
$$= -2ca\cos B$$

$$b^2 = c^2 + a^2 - 2ca\cos B$$

$$(3) \times c - (1) \times a - (2) \times b$$

$$c^2 - a^2 - b^2 = (ac\cos B + bc\cos A) - (ab\cos C + ac\cos B) - (bc\cos A + ab\cos C)$$
$$= -2ab\cos C$$

$$c^2 = a^2 + b^2 - 2ab\cos C$$

따라서 **제2코사인 법칙**이라고 하는 다음 식을 얻을 수 있다.

$$a^2 = b^2 + c^2 - 2bc\cos A$$

$$b^2 = c^2 + a^2 - 2ca\cos B$$

$$c^2 = a^2 + b^2 - 2ab\cos C$$

복소수

23. 다음 복소수를 계산하시오.

(1) $\left(i + \sqrt{3}\right)^2$ (2) $\left(\dfrac{1+i}{1-i}\right)^2$ (3) $\dfrac{3+i}{2+i}$

풀이

   (1) $(i+\sqrt{3})^2 = i^2 + 2i\sqrt{3} + (\sqrt{3})^2 = -1 + 2i\sqrt{3} + 3$
$$= 2(1 + i\sqrt{3})$$

   (2) $\left(\dfrac{1+i}{1-i}\right)^2 = \dfrac{1+2i+i^2}{1-2i+i^2} = \dfrac{1+2i-1}{1-2i-1}$
$$= -1$$

   (3) $\dfrac{3+i}{2+i} = \dfrac{(3+i)(2-i)}{(2+i)(2-i)} = \dfrac{6-3i+2i-i^2}{4-i^2}$
$$= \dfrac{7-i}{5}$$

24. 복소수 $i^2 + 2i + 1$을 지수형식으로 표현하시오.

풀이

   $x = r\cos\theta,\ y = r\sin\theta$

   $z = x + iy = r(\cos\theta + i\sin\theta)$

   $r = \sqrt{x^2 + y^2}$

   $i^2 + 2i + 1 = 2i \rightarrow x = 0,\ y = 2,\ \theta = \dfrac{\pi}{2}$ 이다.

   $z = 2\left(\cos\dfrac{\pi}{2} + i\sin\dfrac{\pi}{2}\right)$

     $= 2e^{i\frac{\pi}{2}}$

25. 다음 식에서 x와 y를 구하시오.

$$(x+iy)^2 = 2i$$

풀이

$$(x+iy) = 2i$$

$$x^2 + 2ixy - y^2 = 2i$$

$x^2 - y^2 = 0$ 그리고 $xy = 1$을 동시에 만족해야 한다.

① $x^2 - y^2 = 0$ ② $xy = 1$

   $(x+y)(x-y) = 0$ $x = y = 1$

   $x = y, x = -y$ $x = i, \ y = -i$

   x와 y는 실수이므로 $x = y = 1$이다.

26. 복소평면에서 $|z| = 4$인 조건을 만족하는 점들이 만드는 곡선을 구하시오.

풀이

$x^2 + y^2 = r^2 \rightarrow r = 2$인 원을 나타낸다.

27. 오일러 공식을 사용하여 $\dfrac{d}{dx}\sin x = \cos x$임을 증명하시오.

풀이

$$\frac{d}{dx}\sin x = \frac{d}{dx}\left(\frac{e^{ix} - e^{-ix}}{2i}\right)$$

$$= \frac{ie^{ix} - (-i)e^{-ix}}{2i}$$

$$= \frac{i(e^{ix} - e^{-ix})}{2i}$$

$$= \cos x$$

28. 함수 $f(x) = x^3 + 3x^2 + 2x + 1$을 $(x-1)$에 대한 Taylor 급수를 구하시오.

풀이

함수 $f(x) = x^3 + 3x^2 + 2x + 1$의 $(x-1)$에 대한 Taylor 급수는

$$f(x) = f(1) + f'(1)(x-1) + \frac{1}{2!}f''(1)(x-1)^2 + \frac{1}{3!}f'''(1)(x-1)^3 + \cdots$$

로 표현할 수 있다.

$f(x) = x^3 + 3x^2 + 2x + 1$	$f(1) = 7$
$f'(x) = 3x^2 + 6x + 2$	$f'(1) = 11$
$f''(x) = 6x + 6$	$f''(1) = 12$
$f'''(x) = 6$	$f'''(1) = 6$
$f^{(4)}(x) = 0$	$f^{(4)}(1) = 0$

이므로 함수 $f(x) = x^3 + 3x^2 + 2x + 1$의 $(x-1)$에 대한 Taylor 급수는

$$f(x) = 7 + 11(x-1) + \frac{1}{2!}12(x-1)^2 + \frac{1}{3!}6(x-1)^3$$
$$= (x-1)^3 + 6(x-1)^2 + 11(x-1) + 7$$

이다.

멱급수 전개

29. 다음 함수들을 Maclaurin 급수로 표현하시오.

(1) e^x (2) $\ln(1+x)$ (3) $\frac{1}{x}\ln(1+x)$

(4) $\frac{1}{1+x}$ (5) $e^x \cos x$ (6) $e^x \sin x$

풀이

(1) e^x

$$f(x) = e^x \qquad\qquad f(0) = 1$$

$$f'(x) = e^x \qquad\qquad f'(0) = 1$$

$$f''(x) = e^x \qquad\qquad f''(0) = 1$$

$$f'''(x) = e^x \qquad\qquad f'''(0) = 1$$

$$f^{(4)}(x) = e^x \qquad\qquad f^{(4)}(x) = 1$$

이므로 e^x에 대한 Maclaurin 급수는 다음과 같다.

$$f(x) = e^x = f(0) + f'(0)x + \frac{1}{2!}f''(0)x^2 + \frac{1}{3!}f'''(0)x^3 + \cdots$$

$$= 1 + x + \frac{1}{2!}x^2 + \frac{1}{3!}x^3 + \cdots + \frac{1}{n!}x^n + \cdots$$

(2) $\ln(1+x)$

$$f(x) = \ln(1+x) \qquad\qquad f(0) = \ln 1 = 0$$

$$f'(x) = \frac{1}{(1+x)} \qquad\qquad f'(0) = 1$$

$$f''(x) = \frac{-(1+x)'}{(1+x)^2} \qquad\qquad f''(0) = -1$$

$$= -\frac{1}{(1+x)^2}$$

$$f'''(x) = -\frac{-\{(1+x)^2\}'}{(1+x)^4} \qquad f'''(0) = 2!$$

$$= \frac{2(1+x)}{(1+x)^4}$$

$$= \frac{2}{(1+x)^3}$$

$$f^{(4)}(x) = \frac{-2\{(1+x)^3\}'}{(1+x)^6} \qquad f^{(4)}(0) = -3!$$

$$= \frac{-2 \cdot 3(1+x)^2}{(1+x)^6}$$

$$= -3!\frac{1}{(1+x)^4}$$

이므로 $\ln(1+x)$에 대한 Maclaurin 급수는 다음과 같다.

$$f(x) = \ln(1+x) = f(0) + f'(0)x + \frac{1}{2!}f''(0)x^2 + \frac{1}{3!}f'''(0)x^3 + \cdots$$

$$= x + \frac{1}{2!}(-1)x^2 + \frac{1}{3!}2!x^3 + \frac{1}{4!}(-3!)x^4 + \cdots$$

$$= x - \frac{x^2}{2} + \frac{x^3}{3} - \frac{x^4}{4} + \cdots$$

(3) $\dfrac{1}{x}\ln(1+x) = \dfrac{1}{x}\left(x - \dfrac{x^2}{2} + \dfrac{x^3}{3} - \dfrac{x^4}{4} + \cdots\right)$

$$= 1 - \frac{x}{2} + \frac{x^2}{3} - \frac{x^3}{4} + \cdots$$

(4) $\dfrac{1}{1+x}$

$$f(x) = \frac{1}{1+x} \qquad\qquad f(0) = 1$$

$$f'(x) = -\frac{1}{(1+x)^2} \qquad\qquad f'(0) = -1$$

$$f''(x) = \frac{2}{(1+x)^3} \qquad\qquad f''(0) = 2!$$

$$f'''(x) = -\frac{3!}{(1+x)^4} \qquad\qquad f'''(0) = -3!$$

$$f^{(4)}(x) = -3!\frac{\{(1+x)^4\}'}{(1+x)^8} \qquad f^{(4)}(0) = 4!$$

$$= -3!\frac{-4(1+x)^3}{(1+x)^8}$$

$$= 4\frac{1}{(1+x)^5}$$

이므로 $\dfrac{1}{1+x}$에 대한 Maclaurin 급수는 다음과 같다.

$$f(x) = \frac{1}{1+x} = f(0) + f'(0)x + \frac{1}{2!}f''(0)x^2 + \frac{1}{3!}f'''(0)x^3 + \cdots$$

$$= 1 - x + x^2 - x^3 + x^4 - \cdots$$

(5) $e^x \cos x$

$$e^x \cos x = \left(1 + x + \frac{1}{2!}x^2 + \frac{1}{3!}x^3 + \cdots\right)\left(1 - \frac{1}{2!}x^2 + \frac{1}{4!}x^4 - \cdots\right)$$

$$= 1 + x + \frac{1}{2!}x^2 + \frac{1}{3!}x^3 + \frac{1}{4!}x^4 + \cdots$$
$$- \frac{1}{2!}x^2 - \frac{1}{2!}x^3 - \frac{1}{2!2!}x^4 - \cdots$$
$$+ \frac{1}{4!}x^4 + \cdots$$

....

$$= 1 + x + 0x^2 - \frac{x^3}{3} - \frac{x^4}{6} + \cdots$$
$$= 1 + x - \frac{x^3}{3} - \frac{x^4}{6} + \cdots$$

(6) $\quad e^x \sin x = \left(1 + x + \frac{1}{2!}x^2 + \frac{1}{3!}x^3 + \frac{1}{4!}x^4 + \cdots\right)\left(x - \frac{1}{3!}x^3 + \frac{1}{5!}x^5 - \cdots\right)$

$$= x + x^2 + \frac{1}{2!}x^3 + \frac{1}{3!}x^4 + \frac{1}{4!}x^5 + \cdots$$
$$- \frac{1}{3!}x^3 - \frac{1}{3!}x^4 - \frac{1}{2!3!}x^5 - \cdots$$
$$+ \frac{1}{5!}x^5 + \cdots$$

....

$$= x + x^2 - \frac{1}{3}x^3 + 0x^4 - \frac{1}{30}x^5 + \cdots$$
$$= x + x^2 - \frac{1}{3}x^3 - \frac{1}{30}x^5 + \cdots$$

30. 다음과 같이 교대하는 조화급수의 합을 구하시오.

$$1 - \frac{1}{2} + \frac{1}{3} - \frac{1}{4} + \frac{1}{5} - \frac{1}{6} + \cdots$$

풀이

문제 29 (2)의 결과로부터

$$f(x) = \ln(1+x) = x - \frac{x^2}{2} + \frac{x^3}{3} - \frac{x^4}{4} + \cdots$$
$$f(1) = \ln 2$$
$$= 1 - \frac{1}{2} + \frac{1}{3} - \frac{1}{4} + \frac{1}{5} - \frac{1}{6} + \cdots$$

CHAPTER 2

빛의 성질

빛은 일종의 전자기파 이다. 빛은 이미 잘 알려진 것처럼 입자성과 파동성을 가진다. 광학이란 빛의 본질과 발생, 전파 현상, 검출은 물론, 빛과 물질의 상호작용 현상 등을 탐구하는 학문으로 빛의 취급하는 관점에 따라 기하광학, 물리광학(또는 파동광학), 양자광학 등으로 분류된다.

양자광학이란 양자 현상으로 나타나는 원자 스펙트럼의 방출과 흡수, 레이저를 비롯한 다양한 광원 및 광 검출기의 원리와 광 계측 등을 취급하는 학문으로 빛을 입자로 취급하여 그 성질을 연구한다. 또한 물리광학은 빛의 전자기적 성질을 기반으로 빛의 파동적 현상인 간섭, 회절, 편광을 주로 연구한다.

반면에 **기하광학**은 빛의 파장이 렌즈, 광 분할기(beam splitter) 등과 같은 광학계에 비해 매우 작을 때 빛을 광선으로 취급하여, 빛의 직진성, 반사법칙, 굴절법칙을 기반으로 물리현상을 기술하는 학문이다. 즉 기하광학은 간섭과 회절을 무시할 수 있을 때만 적용할 수 있는 근사이다. 본 chapter에서는 빛과 관련된 가장 기본적인 특성 및 현상들에 관하여 간략하게 알아보기로 한다.

2.1 빛의 속도

현재 표준으로 사용하고 있는 빛의 속도는 국제표준단위(SI unit)에서 c로 표기하는데, 다음과 같이 정의한다.

$$c = 299,792,458 \ \text{m/s}$$

빛의 속도는 절대 상수 이므로 이 값을 기준으로 미터(m, meter)를 정의하여 길이의 표준으로 삼는다.

물질에서의 빛의 속도

빛이 자유공간(진공이나 공기)을 통과할 때는 $c \simeq 3.0 \times 10^8$ m/s의 속력으로 진행하지만 임의의 매질 속을 통과할 때는 c보다 작은 속력으로 진행하게 된다. 예를 들어, 가시광선의 빛이 유리를 통과할 때 $v \simeq 2.0 \times 10^8$ m/s의 속력으로 유리 속을 진행한다. 물론 가시광선의 파장과 유리의 종류에 따라 유리를 통과하는 빛의 속도는 달라진다.

빛이 자유공간을 진행할 때의 속도(c)와 임의의 매질에서의 속도(v) 비(ratio)를 **굴절률**(index of refraction, 또는 refractive index) n으로 정의한다.

$$n = \frac{c}{v}$$

여기서 v는 임의의 매질에서 빛의 속도를 나타낸다. 빛이 한 물질에서 다른 물질로 진행함에 따라 빛이 꺾이게(굴절) 되는데, 이는 두 매질에서의 빛의 속도가 다르기 때문에 일어나는 현상으로 속도 비(굴절률)가 클수록 꺾이는 정도가 크다. 빛이 어떤 매질 내에서 진행할 경우, 그 매질 내에서의 빛의 속도 v는 진동수(f)와 파장(λ)의 곱으로 나타낼 수 있다.

$$v = f\lambda$$

빛의 진동수 f는 빛이 서로 다른 매질들로 진행을 하더라도 변하지 않고 일정하게 유지되므로, 진공 중에서 빛의 파장을 λ_0라고 할 때, 굴절률이 n인 매질에서 빛의 파장λ는 다음과 같이 구할 수 있다.

$$f = \frac{c}{\lambda_0} = \frac{v}{\lambda}$$

$$\lambda = \frac{v}{c}\lambda_0 = \frac{\lambda_0}{n}$$

예제 2.1 공기와 유리에서의 파장 변화

일반적으로 유리의 굴절률은 1.50으로 계산한다. 공기 중에서 파장이 300 nm인 빛이 유리를 통과할 경우에 유리 속에서 빛의 파장은 얼마인가?

풀이 진동수, 파장, 그리고 속도와의 관계는 $v = \lambda f$이며 진동수 $f = v/\lambda$이다. 유리에서의 빛의 속도와 파장을 v_g와 λ_g라고 하면

$$f = \frac{c}{\lambda_0} = \frac{v_g}{\lambda_g}$$

$$v_g = c/n = 3.0 \times 10^8 / 1.5 = 2.0 \times 10^8 \text{ m/s}$$

$$\lambda_g = \frac{\lambda_0 v_g}{c} = \frac{300.0 \times 10^{-9} \times 2.0 \times 10^8}{3.0 \times 10^8}$$

$$= 200.0 \times 10^{-9} \text{ m}$$

$$= 200 \text{ nm}$$

예제 2.2 Germanium에서의 빛의 속도

보통 반도체들은 적외선 영역의 긴 파장의 빛에 대하여 투명하다. 파장이 2 μm인 빛에 대하여 germanium의 굴절률은 4.0 이다. Germanium 속에서 빛의 속도를 구하시오.

풀이 굴절률, n은 $n = c/v$로 정의된다. 임의의 매질에서의 빛의 속도

$$v = \frac{c}{n}$$

그러므로 germanium 속에서의 빛의 속도 v_g는

$$v_g = \frac{c}{n} = \frac{3.0 \times 10^8}{4.0}$$

$$= 7.5 \times 10^7 \ \mathrm{m/s}$$

전자기파의 스펙트럼

스펙트럼이란 빛을 파장이나 진동수에 따라 분류 혹은 구분하여 연속적으로 배열한 것을 말한다. 파장의 영역에 따라, 라디오파(radio wave), 마이크로파(micro wave), 적외선(infrared), 가시광선(visible light), 자외선(ultra-violet), X선(X-ray), 그리고 감마선(gamma ray) 등으로 나눌 수 있다.

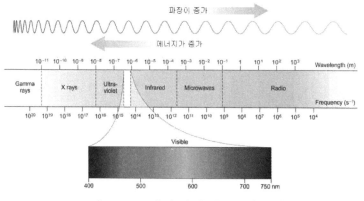

그림 2-1. 전자기파의 스펙트럼

예제 2.3 가시광선의 frequency range

일반적으로 파장이 400~700 nm인 빛을 가시광선이라고 한다. 가시광선의 진동수 범위를 구하시오.

풀이 진동수, 파장, 그리고 속도와의 관계는 $v = \lambda f$ 이며 진동수 $f = v/\lambda$. 진공 중에서 빛의 속도는 c, 빛의 파장을 λ_0라고 하면

$$f = \frac{c}{\lambda_0}$$

이므로 f_{min}과 f_{max}는 다음과 같다.

$$f_{min} = \frac{c}{\lambda_{max}} = \frac{3.0 \times 10^8}{700.0 \times 10^{-9}}$$

$$= 4.3 \times 10^{14} \, s^{-1}$$

$$= 4.3 \times 10^{14} \, Hz$$

$$f_{max} = \frac{c}{\lambda_{min}} = \frac{3.0 \times 10^8}{400.0 \times 10^{-9}}$$

$$= 7.5 \times 10^{14} \, s^{-1}$$

$$= 7.5 \times 10^{14} \, Hz$$

여러 가지 빛의 영역 중에서 우리가 눈으로 감지할 수 있는 영역의 빛을 가시광선이라고 한다. 가시광선 영역의 파장은 400~700 nm으로 매우 좁은 영역의 전자기파이다.

2.2 반사와 굴절

■ 빛의 반사와 굴절

페르마의 원리를 이용한 스넬의 법칙

광선이 매질의 경계면에서 꺾어지는 현상을 페르마(Fermat, Pierre de, 1601~1665)가 명확하게 설명하였다. 그는 광학에서도 중요한 업적을 남겼는데, 빛이 반사, 굴절 등을 동반하여 매질을 진행 할 경우, 빛은 최단 시간이 되는 경로로 진행한다는 이른바 페르마의 원리(Fermat's principle) 혹은 최소 작용의 원리가 그것이다.

페르마는 빛이 임의의 두 지점 사이를 진행할 때 그 주변의 무수히 많은 여러 경로 중 최소의 시간이 걸리는 경로를 선택하여 진행한다는 것을 제안하였다. 이것으로부터 직진성, 반사의 법칙, 굴절의 법칙 등을 모두 검증할 수 있으며 스넬의 법칙을 적용하기 곤란한 연속적으로 굴절률이 변하는 상황에도 적용할 수 있다. 먼저 경로와 광경로(OPL : optical path lenth)에 대한 물리적 개념을 정리해 보자. 임의의 두 점, A와 B를 연결하는 물리적인 직선 거리(경로, 공간을 측정한 거리)를 d라고 하면 광경로(즉, 광학적인 거리)는 굴절률과 물리적인 거리의 곱, nd로 정의하며 시간을 기준으로 측정한 거리를 의미한다. 따라서 광경로가 같은 임의의 경로를 빛이 통과하는 데 걸리는 시간은 같다는 뜻이다.

그림 2-2는 점 S에서부터 점 P까지 광선이 진행하는 광경로 중에서 최소의 시간이 소요되는 경로를 선택하는 과정을 표시한 것이다. 매질의 경계에서 광선이 만나는 지점 O로 연결되는 광선의 경로는 자명하게 직선이 될 것이다. 점 O의 위치를 변화시키면서 점 S와 점 P를 연결하는 두 직선 경로에서 광선의 진행 시간의 합이 최소인 경로를 알아내면 된다. 즉, 점 O의 위치가 변화됨에 따라 빛의 광경로는 x의 함수가 된다.

그림 2-2에서 점 S에서 P까지 빛이 진행한 거리 L은 $\overline{SO} + \overline{OP}$가 되지만, 광경로는 $OPL = n_1(\overline{SO}) + n_2(\overline{OP})$가 된다. 빛은 페르마의 최소 작용의 원리에 따라 OPL이 최소가 되도록 즉, $\delta(OPL) = 0$을 만족시키는 경로로 진행하게 된다.

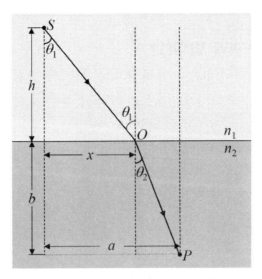

그림 2-2. 페르마의 원리

$$\delta(\text{OPL}) = \frac{d}{dx}\left\{n_1\,(\overline{SO}) + n_2\,(\overline{OP})\right\} \tag{2-1}$$

$$= \frac{d}{dx}\left\{n_1\sqrt{h^2 + x^2} + n_2\sqrt{b^2 + (a-x)^2}\right\} = 0$$

이다. 식 (2-1)을 x에 대하여 미분하여 정리하면

$$\delta(\text{OPL}) = \frac{1}{2}n_1\frac{2x}{\sqrt{h^2 + x^2}} - \frac{1}{2}n_2\frac{2(a-x)}{\sqrt{b^2 + (a-x)^2}} = 0 \tag{2-2}$$

이며 $\sin\theta_1 = x/\sqrt{h^2 + x^2}$, $\sin\theta_2 = (a-x)/\sqrt{b^2 + (a-x)^2}$ 이므로

$$n_1\sin\theta_1 = n_2\sin\theta_2 \tag{2-3}$$

를 만족하며 식 (2-3)을 굴절에 대한 스넬의 법칙이라고 한다.

예제 2.4 스넬의 법칙(1)

광선이 공기에서 30°의 입사각으로 창유리 블록으로 입사하였다. 광선의 굴절각을 구하시오. 창유리의 굴절률은 1.50으로 계산한다.

풀이 스넬의 법칙은 $n_1 \sin\theta_1 = n_2 \sin\theta_2$ 이다.

$$\sin\theta_2 = \frac{n_1}{n_2} \sin\theta_1$$

이다. $n_1 = 1.0$, $n_2 = 1.5$, $\theta_1 = 30°$ 이므로

$$\sin\theta_2 = \frac{1}{1.5} \sin 30° = \frac{1}{1.5} \times 0.5$$

$$= 0.33$$

$$\theta_2 = \sin^{-1}(0.33)$$

$$= 19.0°$$

예제 2.5 스넬의 법칙(2)

그림에서 보는 바와 같이 굴절률이 n_2인 평행한 유리판이 공기(n_1) 중에 놓여 있다. (a) 입사각 θ_1과 투과각 θ_3가 같음을 보이시오. (b) 유리판의 두께가 t라고 하면, 입사 광선에 대한 투과 광선의 편기거리 d가

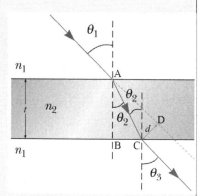

$$d = \frac{t \sin(\theta_1 - \theta_2)}{\cos\theta_2}$$ 임을 증명하시오.

풀이 (a) 먼저 첫 번째 굴절면에서 스넬의 법칙을 적용하면

$$n_1 \sin\theta_1 = n_2 \sin\theta_2$$

$$\sin\theta_2 = \frac{n_1}{n_2} \sin\theta_1 \tag{예2.5-1}$$

마찬가지로 두 번째 굴절면에도 스넬의 법칙을 적용하면

$$n_2 \sin\theta_2 = n_1 \sin\theta_3 \tag{예2.5-2}$$

$$\sin\theta_3 = \frac{n_2}{n_1} \sin\theta_2$$

가 된다. 식 (예2.5-1)을 식 (예2.5-2)에 대입하면

$$\sin\theta_3 = \frac{n_2}{n_1} \frac{n_1}{n_2} \sin\theta_1$$

이다. 따라서 $\theta_1 = \theta_3$ 이다.

(b) $\angle CAD = \theta_1 - \theta_2$, $\triangle CAD$에서 $d = \overline{AC}\sin(\theta_1 - \theta_2)$이다. 마찬가지로 $\triangle ABC$에서 $\cos\theta_2 = t/\overline{AC}$이며 $\overline{AC} = t/\cos\theta_2$이다. 따라서 $d = \dfrac{t\sin(\theta_1 - \theta_2)}{\cos\theta_2}$가 된다. 더 일반적인 편기거리에 대한 문제는 연습문제에 남겨두었다.

2.3 내부 전반사

내부 전반사(total internal reflection)란 빛이 밀한 매질(굴절률이 상대적으로 큰 매질)에서 소한 매질(굴절률이 상대적으로 작은 매질)로 진행할 때, 매질의 경계면에서 모두 반사되는 현상을 말한다. 빛이 밀한 매질에서 소한 매질로 입사하면 굴절각이 입사각보다 커지는데, 입사각이 커짐에 따라 굴절각도 커지는데 굴절각이 90°가 될 때의 입사각을 **임계각**(critical angle) θ_c라고 한다. 스넬의 법칙으로부터 임계각 θ_c를 구할 수 있다.

$$n_1 \sin\theta_c = n_2 \sin 90°$$

$$\theta_c = \sin^{-1}\left(\frac{n_2}{n_1}\right) \tag{2-4}$$

여기서 반드시 $n_1 > n_2$가 만족되어야 한다. 입사각 θ_1이 임계각 θ_c보다 크거나 같은 경우에 입사광선은 굴절되어 빠져나가는 빛이 없이 모두 내부로 반사된다(그림 2-3 참조). 이러한 현상을 내부 전반사라고 한다.

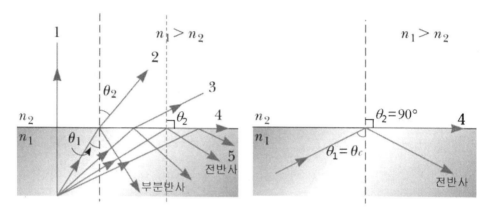

그림 2-3. 내부 전반사

예제 2.6 내부 전반사(1)

광선이 유리에서 공기 중으로 진행할 때 전반사를 위한 임계각을 구하시오. 여기서 유리의 굴절률은 1.50으로 계산한다.

풀이 전반사를 위한 임계각은 다음과 같다.

$$n_1 \sin\theta_c = n_2 \sin 90°$$

$$\theta_c = \sin^{-1}\left(\frac{n_2}{n_1}\right)$$

$n_1 = 1.5$, $n_2 = 1.0$이므로

$$\theta_c = \sin^{-1}\left(\frac{1}{1.5}\right) = 41.8°$$

예제 2.7 내부 전반사(2)

물이 가득 채워진 수영장 바닥에 있는 광원으로부터 방출된 광선이 수면에서 전반사가 일어날 임계각을 계산하고 그때 광선의 입사각을 구하시오. 여기서 물의 굴절률은 1.33으로 계산한다.

풀이 전반사를 위한 임계각은 다음과 같다.

$$n_1 \sin\theta_c = n_2 \sin90°$$

$$\theta_c = \sin^{-1}\left(\frac{n_2}{n_1}\right)$$

$n_1 = 1.33,\ \ n_2 = 1.0$이므로

$$\theta_c = \sin^{-1}\left(\frac{1}{1.33}\right) = 48.75°$$

예제 2.8 내부 전반사(3)

가시광선에 대한 다이아몬드의 굴절률은 약 4.0 이다. 빛이 다이아몬드에서 공기로 진행할 때, 내부 전반사를 위한 임계각을 계산하시오.

풀이 전반사를 위한 임계각은 다음과 같다.

$$n_1 \sin\theta_c = n_2 \sin90°$$

$$\theta_c = \sin^{-1}\left(\frac{n_2}{n_1}\right)$$

$n_1 = 4.0,\ \ n_2 = 1.0$이므로

$$\theta_c = \sin^{-1}\left(\frac{1}{4.0}\right)$$

$$= 14.5°$$

■ 광섬유 광학

광섬유(optical fiber)는 전반사 현상을 이용하여 손실 없이 신호를 전송할 수 있도록 만든 가는 유리관으로써 굴절률이 큰 유리를 굴절률이 낮은 유리가 감싸고 있다. 코어(core)라고 부르는 중앙의 원통형 물질, 이를 둘러싸고 있는 클래딩(cladding), 그리고 이들을 감싸고 있는 자켓(jacket)으로 구성되어 있다. 광섬유의 코어와 클래딩 사이의 **굴절률 변화율** Δ는 다음과 같이 정의한다.

$$\Delta = \frac{n_{core} - n_{clad}}{n_{core}} \qquad (2\text{-}5)$$

굴절률 변화율은 일반적으로 ~0.01 정도의 값을 가진다. 코어와 클래딩 사이의 굴절률 차이가 클수록 전반사 조건을 만족하면서 광섬유에 신호를 launching 할 수 있는 기하학적 입사각은 커지지만 전송신호의 품질이 떨어지기 때문에 굴절률 변화율의 값이 ~0.01 정도의 값을 갖도록 광섬유를 제조한다. 그림 2-4는 임계각으로 입사된 광신호가 광섬유의 코어를 통해 전파되어 가는 것을 도해한 그림이다. 그림에서 입사각 ϕ_1보다 작은 각으로 광섬유에 입사한 광선은 광섬유의 코어 내를 전파해 나갈 것이나 입사각이 ϕ_1보다 약간이라도 큰 각으로 코어에 입사하게 되면 광선은 클래딩 밖으로 빠져나가 신호를 전파할 수 없게 된다.

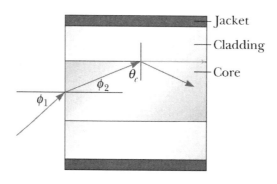

그림 2-4. 임계각으로 입사된 광신호의 전파

광 신호가 전반사 조건을 만족하면서 광섬유의 코어 내를 신호의 손실이 없이 전파할 수 있도록 광섬유의 코어에 신호를 launching하는 최대 입사각을 ϕ_{max}라고 하면 광섬유의 **수치구경**(NA : numerical aperture) NA는 $\sin\phi_{max}$로 정의한다. 먼저 코어-클래딩 경계면에 스넬의 법칙을 적용하면

$$n_{core}\sin\theta_c = n_{clad}\sin90° \qquad (2\text{-}6)$$

$$\sin\theta_c = \frac{n_{clad}}{n_{core}} = \sin(90° - \phi_2)$$
$$= \cos\phi_2 = \sqrt{1 - \sin^2\phi_2}$$

이며, 같은 방법으로 광신호가 광섬유의 코어에 입사하는 공기-코어의 경계면에 스넬의 법칙을 적용하면 다음과 같이 표시할 수 있다.

$$n_{air}\sin\phi_1 = n_{core}\sin\phi_2$$

$$\sin\phi_2 = \frac{n_{air}}{n_{core}}\sin\phi_1$$

$\phi_1 = \phi_{max}$일 때 코어에서 전반사가 일어나는 최소조건을 만족시킨다고 하면,

$$\sin\phi_2 = \frac{n_{air}}{n_{core}}\sin\phi_{max}$$

이고 식 (2-6)에 의해

$$\left(\frac{n_{clad}}{n_{core}}\right)^2 = 1 - \sin^2\phi_2 = 1 - \left(\frac{n_{air}}{n_{core}}\right)^2\sin^2\phi_{max} \qquad (2\text{-}7)$$

이 되고, 이것을 정리하면

$$n_{air}^2 \sin^2\phi_{max} = n_{core}^2 - n_{clad}^2$$

이 성립한다. $n_{air} \simeq 1$ 이므로

$$NA = \sin\phi_{max} = \sqrt{n_{core}^2 - n_{clad}^2}$$

이다.

예제 2.9 광섬유의 굴절률 변화율

코어의 굴절률과 클래딩의 굴절률이 계단처럼 변하는 광섬유를 step-index (SI) 광섬유라고 한다. 코어 굴절률이 1.52, 클래딩의 굴절률이 1.50인 SI 광섬유에 대한 굴절률 변화율을 구하고 광선이 손실없이 진행하기 위한 임계 입사각을 구하시오.

풀이 광섬유의 굴절률 변화율은 식 (2-5)에 의해

$$\Delta = \frac{n_{core} - n_{clad}}{n_{core}} = \frac{1.52 - 1.50}{1.52}$$

$$= 0.0132$$

광섬유의 코어 내에서 전반사를 위한 임계각은 식 (2-6)으로부터

$$n_{core} \sin\theta_c = n_{clad} \sin 90°$$

$$\theta_c = \sin^{-1}\left(\frac{n_{clad}}{n_{core}}\right)$$

$n_{core} = 1.52, \quad n_{clad} = 1.50$ 이므로

$$\theta_c = \sin^{-1}\left(\frac{1.50}{1.52}\right)$$

$$= 80.7°$$

예제 2.10 내부 전반사를 위한 임계각

유리의 표면에 굴절률이 1.41인 index-matching oil을 얇게 coating 했을 때, oil과 공기의 경계면에 대한 전반사 임계각을 구하시오.

풀이 밀한 매질과 소한 매질의 경계면에서 전반사를 위한 임계각은

$$n_1 \sin\theta_c = n_2 \sin 90°$$

$$\theta_c = \sin^{-1}\left(\frac{n_2}{n_1}\right)$$

$$n_1 = 1.41, \quad n_2 = 1.0 \text{이므로}$$

$$\theta_c = \sin^{-1}\left(\frac{1}{1.41}\right) = 45.2°$$

예제 2.11 광섬유의 수치구경

코어 굴절률이 1.52, 클래딩의 굴절률이 1.50인 SI 광섬유의 수치구경을 구하시오.

풀이 광섬유의 수치구경은 다음과 같다.

$$NA = \sin\phi_{max} = \sqrt{n_{core}^2 - n_{clad}^2}$$

$$n_{core} = 1.52, \quad n_{clad} = 1.50 \text{이므로}$$

$$NA = \sqrt{1.52^2 - 1.50^2}$$

$$= 0.2458$$

연습문제

빛의 속도

1. 지르콘 (인조 다이아모드로 사용되는 물질로 굴절률은 $n = 1.5$이다) 내에서의 광속을 계산하여라.

풀이

$$n = \frac{c}{v} \rightarrow v = \frac{c}{n} = \frac{3.0 \times 10^8}{1.5}$$

$$= 2.0 \times 10^8 \ (\text{m/s})$$

2. 공기 중에서 파장이 500 nm인 빛이 있다. (1) 다이아몬드 속에서 이 빛의 파장을 계산하시오(다이아몬드의 굴절률은 2.5로 계산할 것). (2) 굴절률이 1.3인 액체 속에서의 파장은 얼마인가?

풀이

공기 중에서 파장이 500 nm인 빛의 진동수 f는 다음과 같다.

$$f = \frac{c}{\lambda} = \frac{3.0 \times 10^8}{500 \times 10^{-9}}$$

$$= \frac{3}{5} \times 10^{15} \ (\text{Hz})$$

$$(1) \ \lambda_d = \frac{v}{f} = \frac{\dfrac{3.0 \times 10^8}{2.5}}{\dfrac{3}{5} \times 10^{15}}$$

$$= \frac{5}{2.5} \times 10^{-7} = 2.0 \times 10^{-7} \ (\text{m})$$

$$= 200 \ (\text{nm})$$

$$(2) \quad \lambda_\ell = \frac{v}{f} = \frac{\dfrac{3.0 \times 10^8}{1.33}}{\dfrac{3}{5} \times 10^{15}}$$

$$= 3.76 \times 10^{-7} \ (\mathrm{m})$$

$$= 376 \ (\mathrm{nm})$$

3. 진동수가 6.0×10^{14} s^{-1}인 파동이 진공 속에서의 속도는 3.0×10^8 m/s이고, 액체 속에서의 파장은 3.0×10^{-7} m이다. 이 파동이 액체 속을 통과할 때, 다음 물음에 답하시오.

(1) 진공 속에서의 파동의 파장을 구하시오.

(2) 액체 속에서의 파동의 속력을 계산하시오.

(3) 액체의 굴절률을 계산하시오.

풀이

(1) 진공 속에서 파동의 파장 λ는

$$\lambda = \frac{c}{f} = \frac{3.0 \times 10^8}{6.0 \times 10^{14}} = 5.0 \times 10^{-7} \ (\mathrm{m})$$

$$= 500 \ (\mathrm{nm})$$

$$(2) \quad v_\ell = f \lambda_\ell = 6.0 \times 10^{14} \times 3.0 \times 10^{-7}$$

$$= 1.8 \times 10^8 \ (\mathrm{m/s})$$

$$(3) \quad n_\ell = \frac{c}{v_\ell} = \frac{3.0 \times 10^8}{1.8 \times 10^8}$$

$$= 1.67$$

4. He-Ne 레이저에서 방출되는 빛은 공기 중에서 632.8 nm의 파장을 갖는다.

레이저 빛이 공기에서 투명한 지르콘(굴절률 $n = 1.5$)으로 진행한다고 가정했을 때, 지르콘에서의 레이저 빛의 (1) 속력, (2) 파장, (3) 진동수를 구하시오.

풀이

(1) $n = \dfrac{c}{v} \rightarrow v = \dfrac{c}{n} = \dfrac{3.0 \times 10^8}{1.5}$

$$= 2.0 \times 10^8 \; (\text{m/s})$$

(2, 3) $f = \dfrac{c}{\lambda} = \dfrac{3.0 \times 10^8}{632.8 \times 10^{-9}}$

$$= \dfrac{3.0}{6.328} \times 10^{15} \; (\text{Hz})$$

$$\lambda = \dfrac{v}{f} = \dfrac{2.0 \times 10^8}{\dfrac{3.0}{6.328} \times 10^{15}} = \dfrac{2.0 \times 6.328}{3.0} \times 10^{-7}$$

$$= 4.218 \times 10^{-7} \; (\text{m})$$

$$= 421.8 \; (\text{nm})$$

반사와 굴절

5. 빛의 기본 성질에 대한 물음에 답하시오.

(1) 가시광선 영역의 파장대를 nm 단위로 나타내시오.

(2) 굴절률의 정의를 기술하고 물리적 의미를 간단히 설명하시오.

(3) 유리(굴절률 $n = 1.5$) 속에서 빛이 100 m를 진행했을 때, 빛의 광경로를 구하시오.

(4) 빛이 공기 중에서 유리로 30°의 입사각을 가지고 입사했다. 스넬의 법칙을 이용하여 빛의 굴절각을 구하시오.

풀이

(1) $350 \sim 750 \; (\text{nm})$

(2) $n = \dfrac{c}{v}$

   자유공간에서의 빛의 속도와 물질 내에서의 빛의 속도 비

(3) $OPL = n\ell = 1.5 \times 100$

   $\qquad\qquad = 150 \ (m)$

(4) $n_1 \sin\theta_1 = n_2 \sin\theta_2$

$$\sin\theta_2 = \frac{n_1}{n_2}\sin\theta_1 = \frac{1.0}{1.5} \times \sin 30°$$

$$= \frac{1}{3}$$

$$\theta_2 = \sin^{-1}\left(\frac{1}{3}\right)$$

6. 그림과 같이 공기와 유리의 경계면에서 빛이 반사되고 굴절된다. 유리의 굴절률이 n_2일 때, 반사광선과 굴절광선이 서로 수직을 이루는 공기 중에서의 입사각 θ_1을 구하시오. 단, 공기의 굴절률 n_1은 1.0으로 한다.

풀이

$\theta_1 + \theta_2 = 90° \ \rightarrow \ \theta_2 = 90° - \theta_1$

스넬의 법칙에 의해

$n_1 \sin\theta_1 = n_2 \sin\theta_2$

$n_1 \sin\theta_1 = n_2 \sin(90° - \theta_1) = n_2 \cos\theta_1$

$\tan\theta_1 = \dfrac{n_2}{n_1} \ \rightarrow \ \tan\theta_1 = n_2$

$\qquad\qquad \theta_1 = \tan^{-1}(n_2)$

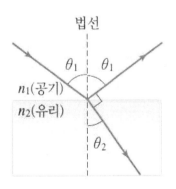

7. 굴절률의 단위는 무엇인가?

풀이

n은 속도의 비이기 때문에 무단위 이다.

8. 굴절률이 1.0인 공기 중을 통과하던 빛이 45°의 각도를 가지고 매질로 입사하여 30°의 각도로 굴절되었다. 이 매질의 굴절률은 얼마인가?

풀이

$$n_1\sin\theta_1 = n_2\sin\theta_2$$

$$\left(\theta_1 = 45°,\ \theta_2 = 30°\right)$$

$$\sin45° = n_2\sin30°$$

$$n_2 = \frac{\sin45°}{\sin30°} = \frac{\dfrac{1}{\sqrt{2}}}{\dfrac{1}{2}} = \frac{2}{\sqrt{2}}$$

$$= \sqrt{2}$$

9. 굴절률이 n_2인 물에서 나온 빛은 그림과 같이 물의 표면에서 굴절하여 산란된다. 공기 중의 관측자는 물체가 원래의 위치보다 떠올라 보이게 된다. 물체의 실제 깊이를 h라고 하면 물체의 겉보기 깊이, h'가 다음과 같이 표현됨을 증명하시오. n_1은 공기의 굴절률이다.

$$h' = h\frac{n_1\cos\theta_t}{n_2\cos\theta_i}$$

풀이

스넬의 법칙에 의해

$$n_2 \sin\theta_i = n_1 \sin\theta_t$$

$$n_2 \frac{x}{\alpha} = n_1 \frac{x}{\alpha'} \rightarrow \frac{n_2}{\alpha} = \frac{n_1}{\alpha'}$$

$$\frac{1}{\alpha'} = \frac{n_2}{n_1} \frac{1}{\alpha}$$

$$\cos\theta_i = \frac{h}{\alpha} \rightarrow \alpha = \frac{h}{\cos\theta_i}, \quad \cos\theta_t = \frac{h'}{\alpha'}$$

$$\cos\theta_t = h' \frac{n_2}{n_1} \frac{1}{\alpha}$$

$$h' = \alpha \cos\theta_t \frac{n_1}{n_2}$$

$$= h \frac{n_1}{n_2} \frac{\cos\theta_t}{\cos\theta_i}$$

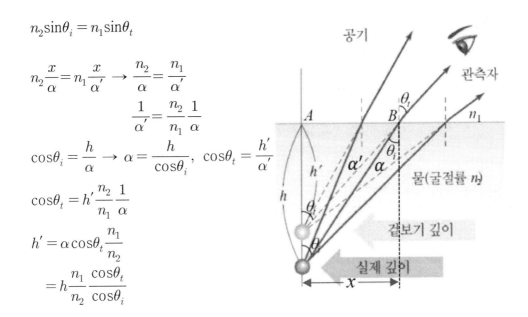

10. 굴절률이 1.5이고 두께가 1 m인 유리평판이 있다. (1) 이 유리평판에 수직으로 빛이 입사(입사각=0°)했을 때 유리평판 내에서의 빛의 광경로를 구하시오. (2)빛이 이 유리평판을 지나갈 때 걸린 시간을 계산하시오.

풀이

(1) $\text{OPL} = n\ell = 1.5 \times 1.0$

$$= 1.5 \ (\text{m})$$

(2) $x = vt$

$$t = \frac{x}{v} = \frac{1.5}{3.0 \times 10^8}$$

$$= 5.0 \times 10^{-7} \ (\text{s})$$

11. 굴절률이 $n = 1.33$인 물에서 공기로 다음과 같은 입사각으로 입사하는 경우 굴절각을 계산하시오.

(1) 19°   (2) 22°   (3) 36°   (4) 42°   (5) 48°

풀이

    (1) $n_1\sin\theta_1 = n_2\sin\theta_2$ $(n_1 = 1.33,\ n_2 = 1.0,\ \theta_1 = 19^\circ)$

        $\sin\theta_2 = 1.33 \times \sin19^\circ$

        $\theta_2 = \sin^{-1}(0.433) = 25.66$

    (2) $n_1\sin\theta_1 = n_2\sin\theta_2$ $(n_1 = 1.33,\ n_2 = 1.0,\ \theta_1 = 22^\circ)$

        $\sin\theta_2 = 1.33 \times \sin22^\circ$

        $\theta_2 = \sin^{-1}(0.498) = 29.88$

    (3) $n_1\sin\theta_1 = n_2\sin\theta_2$ $(n_1 = 1.33,\ n_2 = 1.0,\ \theta_1 = 36^\circ)$

        $\sin\theta_2 = 1.33 \times \sin36^\circ$

        $\theta_2 = \sin^{-1}(0.782) = 51.42^\circ$

    (4) $n_1\sin\theta_1 = n_2\sin\theta_2$ $(n_1 = 1.33,\ n_2 = 1.0,\ \theta_1 = 42^\circ)$

        $\sin\theta_2 = 1.33 \times \sin42^\circ$

        $\theta_2 = \sin^{-1}(0.890) = 62.87^\circ$

    (5) $n_1\sin\theta_1 = n_2\sin\theta_2$ $(n_1 = 1.33,\ n_2 = 1.0,\ \theta_1 = 48^\circ)$

        $\sin\theta_2 = 1.33 \times \sin48^\circ$

        $\theta_2 = \sin^{-1}(0.988) = 81.26^\circ$

12. 그림에서 보는 바와 같이 빛이 30°의 입사각으로 굴절률이 $n = 1.5$인 유리로 만들어진 정삼각형의 프리즘에 입사한다. 다음 물음에 답하시오.
    (1) 유리를 통과하는 광선을 작도하고 각 면에서의 입사각과 굴절각을 계산하시오.

(2) 각 면에서 미량의 빛이 반사된다면 각 면에서의 반사각을 계산하시오.

풀이

(1) 첫 번째 면에서

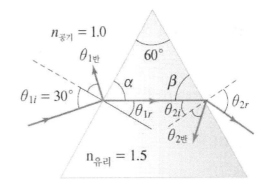

$$n_1\sin\theta_1 = n_2\sin\theta_2$$

$$\sin30° = 1.5 \times \sin\theta_{1r}$$

$$\sin\theta_{1r} = \frac{0.5}{1.5} = \frac{1}{3}$$

$$\theta_{1r} = \sin^{-1}\left(\frac{1}{3}\right) = 19.47°$$

$$\alpha + \theta_{1r} = 90°$$

$$\alpha = 90° - 19.47° = 70.53°$$

$$60° + \alpha + \beta = 180°$$

$$\beta = 180° - 60° - 70.53° = 49.47°$$

$$\theta_{2i} + 49.47° = 90°$$

$$\theta_{2i} = 40.23°$$

두 번째 면에서

$$n_2\sin\theta_{2i} = n_1\sin\theta_{2r}$$

$$\sin\theta_{2r} = 1.5 \times \sin40.53°$$

$$= 0.975$$

$$\theta_{2r} = \sin^{-1}(0.975)$$

$$= 77.10°$$

(2) 동일 매질에서 반사각은 입사각과 같다.

$$\theta_{1반} = \theta_{1i} = 30°$$

$$\theta_{2반} = \theta_{2i} = 40.53°$$

13. 물속에서 빨간색 빛의 굴절률은 $n_r = 1.33$이고 파란색 빛의 굴절률은 $r_b = 1.34$이다. 백색광이 $83°$의 입사각으로 물속으로 입사할 때, 이 빛의 (1) 파란색과 (2) 빨간색 성분들의 물속에서의 굴절각을 계산하시오.

풀이

(1) $n_1\sin\theta_1 = n_2\sin\theta_2$ $\left(n_1 = 1.0,\ \theta_1 = 83°,\ n_2 = 1.33/1.34\right)$

$$\sin 83° = 1.34 \times \sin\theta_2$$

$$\sin\theta_2 = \frac{\sin 83°}{1.34} = 0.74$$

$$\theta_2 = \sin^{-1}(0.74) = 47.79°$$

(2) $n_1\sin\theta_1 = n_2\sin\theta_2$ $\left(n_1 = 1.0,\ \theta_1 = 83°,\ n_2 = 1.33/1.34\right)$

$$\sin 83° = 1.33 \times \sin\theta_2$$

$$\sin\theta_2 = \frac{\sin 83°}{1.33} = 0.75$$

$$\theta_2 = \sin^{-1}(0.75) = 48.59°$$

14. 그림과 같이 두께가 t, 굴절률이 n_2인 유리판의 면에 입사각 θ_1으로 광선이 입사한다. 이 광선이 유리판을 지나 다시 반대편의 유리면에서 굴절되어 나갈 때 $\theta_1 = \theta_3$가 됨을 보이고 편기거리 d가

$$d = t\sin\theta_1 \left\{ 1 - \sqrt{\frac{1 - \sin^2\theta_1}{\left(\dfrac{n_2}{n_1}\right)^2 - \sin^2\theta_1}} \right\}$$

임을 증명하시오.

풀이

첫 번째 입사면에 스넬의 법칙을 적용하면

$$n_1\sin\theta_1 = n_2\sin\theta_2 \rightarrow \sin\theta_2 = \frac{n_1}{n_2}\sin\theta_1$$

$$\sin(\theta_1 - \theta_2) = \sin\theta_1\cos\theta_2 - \cos\theta_1\sin\theta_2 = \frac{d}{\alpha}$$

$$= \sin\theta_1\frac{t}{\alpha} - \sqrt{(1 - \sin^2\theta_1)}\frac{n_1}{n_2}\sin\theta_1$$

양변에 α를 곱하면

$$t\sin\theta_1 - \alpha\sqrt{(1 - \sin^2\theta_1)}\frac{n_1}{n_2}\sin\theta_1 = d$$

$$d = t\sin\theta_1\left\{ 1 - \frac{\alpha}{t}\sqrt{\frac{1 - \sin^2\theta_1}{\left(\dfrac{n_2}{n_1}\right)^2}} \right\}$$

여기서 $\cos\theta_2 = t/\alpha$이므로

$$\frac{\alpha}{t} = \frac{1}{\cos\theta_2} = \frac{1}{\sqrt{1 - \sin^2\theta_2}}$$

$$= \frac{1}{\sqrt{1 - \left(\dfrac{n_1}{n_2}\right)^2\sin^2\theta_1}}$$

이다.

- 73 -

$$d = t\sin\theta_1 \left\{ 1 - \frac{1}{\sqrt{1 - \left(\dfrac{n_1}{n_2}\right)^2 \sin^2\theta_1}} \sqrt{\frac{1 - \sin^2\theta_1}{\left(\dfrac{n_2}{n_1}\right)^2}} \right\}$$

$$= t\sin\theta_1 \left\{ 1 - \sqrt{\frac{1 - \sin^2\theta_1}{\left(\dfrac{n_2}{n_1}\right)^2 - \sin^2\theta_1}} \right\}$$

내부 전반사

15. 벤젠의 굴절률은 1.80이다. 벤젠-공기 경계면에서의 내부 전반사 임계각을 구하시오.

풀이

내부 전반사는 스넬의 법칙 $n_1\sin\theta_1 = n_2\sin\theta_2$에서 $\theta_2 = 90°$가 되는 θ_1을 임계각 θ_c라고 한다.

$$n_1\sin\theta_c = n_2$$

$$\sin\theta_c = \frac{1.0}{1.8}$$

$$\theta_c = \sin^{-1}\left(\frac{1.0}{1.8}\right) = 33.75°$$

16. 가시광선에 대한 광학유리 BK-7의 굴절률은 1.5이다. BK-7으로 제작된 직각 이등변 삼각형의 prism을 이용하여 He-Ne 레이저에서 발진된 빛의 경로를 직각으로 변경하고 싶다. 어떻게 하면 가능한지 계산으로 자세히 설명하시오. 단 $\sin^{-1}(2/3) \simeq 42°$로 계산할 것.

풀이

유리→공기에 대한 내부 전반사 임계각 θ_c는

$$n_1 \sin\theta_c = n_2$$

$$\sin\theta_c = \frac{1.0}{1.5}$$

$$\theta_c = \sin^{-1}\left(\frac{1.0}{1.5}\right) \simeq 42°$$

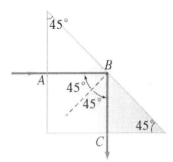

이다. 따라서 입사각(45°)이 임계각(42°)보다 크기 때문에 점 B에서 전반사가 일어나며 빛의 경로를 직각으로 변경할 수 있다.

17. 두 표면이 평행한 유리판에 임의의 입사각으로 입사하여 유리판의 첫 번째 표면을 통과한 빛은 유리판을 통과한 다음 어떻게 되겠는가?
    (1) 내부에서 전반사 된다.
    (2) 입사 빛 보다 방향으로 더 큰 각으로 굴절 한다.
    (3) 입사 빛 보다 더 작은 각으로 굴절 한다.
    (4) 입사 빛에 대하여 평행 이동 한다.
    (5) 입사 빛과 같은 선상에 놓인다.

풀이

정답 (4). 입사 광선과 투과 광선은 평행하지만 특정한 거리만큼 편기한다.

18. 물의 굴절률이 $n = 1.33$, 유리의 굴절률이 $n = 1.5$일 때 물-유리의 경계면에서 일어나는 전반사에 대하여 맞게 설명한 것은?
    (1) 유리에서 물로 빛이 진행할 때에는 항상 발생 한다.
    (2) 물에서 유리로 빛이 진행할 때에는 항상 발생 한다.
    (3) 유리에서 물로 빛이 진행할 때 발생할 수 있다.
    (4) 물에서 유리로 빛이 진행할 때 발생할 수 있다.
    (5) 이 경계 면에서는 결코 발생할 수 없다.

풀이

정답 (3). 밀한 매질 → 소한 매질로 임계각보다 큰 각으로 입사할 때 전반사가 일어난다.

19. 다음 그림과 같이 물($n=1.33$) 위에 기름($n=1.48$)이 떠있다. 기름-공기 경계면에서 전반사하기 위한 임계각 θ_c와 입사각 θ_i를 각각 구하시오.

풀이

물−기름 경계면에서 스넬의 법칙을 적용하면

$$n_w\sin\theta_i = n_o\sin\theta_r$$

$$\sin\theta_r = \frac{n_w}{n_o}\sin\theta_i$$

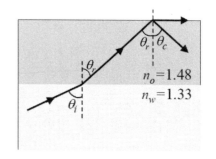

기름−공기 경계면에서 전반사가 일어나기 위해서는

$$n_o\sin\theta_r = n_a\sin90° \quad (\theta_r = \theta_c)$$

를 만족해야 하며 $\theta_r = \theta_c$가 된다.

$$\sin\theta_r = \sin\theta_c = \frac{1}{n_o}$$

$$\theta_r(=\theta_c) = \sin^{-1}\left(\frac{1}{n_o}\right)$$

$$\sin\theta_i = \frac{n_o}{n_w}\sin\theta_r = \frac{1}{n_o}$$

$$\theta_i = \sin^{-1}\left(\frac{1}{n_o}\right)$$

20. 백색광이 프리즘을 통과하면 여러 색으로 분리되는 것은 (   ) 때문에 일

어나는 현상이다.

  (1) 내부 전반사

  (2) 각각의 표면에서 부분적으로 반사

  (3) 파장에 따른 굴절률의 변화

  (4) 유리 내부에서의 빛의 속도의 감소

  (5) 여러 가지 색들의 선택적 흡수

풀이

정답 (3). 파장에 따라 굴절률이 다르기 때문에 빛의 분산이 일어난다.

21. 아래 그림과 같이 공기 중에 놓여 있는 직각 이등변 삼각형 모양의 프리즘에서 광선이 수직하게 입사하여 경사면에서 내부 전반사하기 위한 프리즘 최소 굴절률은 얼마인가?

풀이

프리즘의 경사면(점 B)에서 스넬의 법칙을 적용하면

$n \sin\theta_c = \sin 90°$

$\sin\theta_c = \dfrac{1}{n} \rightarrow \sin 45° = \dfrac{1}{n} = \dfrac{1}{\sqrt{2}}$

$n = \sqrt{2}$

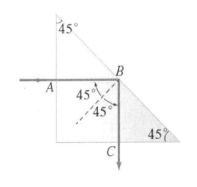

22. Glass($n = 1.5$) − 물($n = 1.33$) 경계면에 대한 임계각을 구하시오.

풀이

Glass − 물의 경계면에 스넬의 법칙을 적용하면

$n_1 \sin\theta_1 = n_2 \sin\theta_2$

$1.5 \times \sin\theta_c = 1.33$

$$\sin\theta_c = \frac{1.33}{1.5}$$

$$\theta_c = \sin^{-1}\left(\frac{1.33}{1.5}\right) = 62.46\,°$$

23. 아래 그림과 같이 직사각형 모양의 glass(어떤 특성의 glass인 지 모르는) 조각이 물($n = 1.33$)속에 놓여있다. 입사각이 $\theta_i = 45\,°$ 일 때, glass-물 경계면에서 전반사가 일어났다면 glass의 최소 굴절률은 얼마인가?

풀이

첫 번째 입사면(물−glass)에서 스넬의 법칙을 적용하면

$$n_w\sin\theta_i = n_g\sin\theta_r$$

$$\sin\theta_r = \frac{n_w}{n_g}\sin\theta_i$$

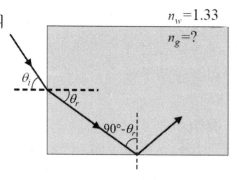

두 번째 입사면(glass−물)에서 스넬의 법칙은

$$n_g\sin(90\,° - \theta_r) = n_w\sin90\,°$$

$$n_g\cos\theta_r = n_w$$

$$\cos\theta_r = \sqrt{1 - \sin^2\theta_r} = \frac{n_w}{n_g}$$

$$1 - \sin^2\theta_r = \left(\frac{n_w}{n_g}\right)^2$$

$$1 - \left(\frac{n_w}{n_g}\right)^2\sin^2\theta_i = \left(\frac{n_w}{n_g}\right)^2$$

$$n_g^2 - n_w^2\sin^2\theta_i = n_w^2$$

$$n_g^2 = n_w^2\left(1 + \sin^2\theta_i\right)$$

$$n_g = n_w \sqrt{1 + \sin^2\theta_i}$$

24. 코어가 1.62, 클래딩이 1.52의 굴절률을 갖는 광섬유의 수치구경과 공기 중에 있을 때 광섬유의 최대 수용각을 구하시오.

풀이

$$\sin\theta_c = \frac{n_{clad}}{n_{core}} = \sin(90° - \phi_2) = \cos\phi_2$$

$$= \sqrt{1 - \sin^2\phi_2}$$

$$NA = \sin\phi_{max} = \sqrt{n_{core}^2 - n_{clad}^2}$$

$$= \sqrt{1.62^2 - 1.52^2}$$

$$\phi_{max} = \sin^{-1}\sqrt{1.62^2 - 1.52^2}$$

$$= 34.08°$$

25. 그림과 같이 코어에 입사한 광선이 코어의 내벽에서 전반사하여 진행하고 있다. 코어의 직경은 2.0 μm, 굴절률은 1.36이며 공기 중에 놓여있다. 광선이 코어 내에서 전반사를 유지할 수 있는 최대 입사각을 구하시오.

풀이

$$n_a\sin\theta = n\sin\phi$$

$$n\sin(90° - \phi) = 1$$

$$n\cos\phi = 1 \rightarrow n^2(1 - \sin^2\phi) = 1$$

$$1 - \sin^2\phi = \frac{1}{n^2}$$

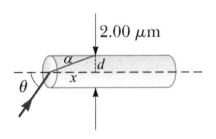

$$n^2\sin^2\phi = n^2 - 1$$

$$\sin^2\theta = n^2 - 1$$

$$\sin\theta_{max} = \sqrt{n^2 - 1}$$

$$\theta_{max} = \sin^{-1}\sqrt{n^2 - 1}$$

$\rightarrow \theta_{max}$는 core의 직경과 무관하다.

CHAPTER 3

거울과 렌즈

    편평도가 우수한 금속면은 좋은 반사체이다. 일반적으로 거울은 뒷면이 은으로 도금이 되어 있다. 광학소자는 비단 평면경이나 프리즘과 같이 잘 연마된 평면을 가진 요소를 포함하고 있을뿐더러, 넓은 범위의 곡률의 구면을 가진 렌즈를 포함하고 있다. 이 장에서 다루고자 하는 것은 두 매질을 분리하고 있는 한 구면에서 광선이 어떻게 굴절하는가 하는 문제이다.

    렌즈는 두 개 이상의 굴절면을 가지는 광학소자이다. 어떤 면은 볼록하고, 또 다른 것은 오목하고, 또 어떤 것은 평면 혹은 비구면을 가질 수 있다. 이 장에서는 렌즈의 두께를 이상적으로 아주 얇다고 가정하여 복잡한 ray tracing은 피하고 결상에 대한 논의를 볼록렌즈와 오목렌즈의 경우로 한정하였다. 그리고 얇은 렌즈에서 언급했던 것을 일반화 하여 두꺼운 렌즈에 대해서도 개괄적인 이론을 기술하였다.

    여기서 다루는 빛은 주로 가시광선이므로 렌즈 및 물체들의 크기가 빛의 파장에 비해 대단히 크다. 이 경우 앞에서 언급한 바와 같이 빛의 파동성은 크게 드러나지 않고, 빛을 광선으로 취급할 수 있다. 이렇게 빛의 진행을 광선으로 취급하는 것을 기하광학이라고 한다. Chapter 3에서는 기하광학을 이용하여 거울이나 렌즈와 같은 광학소자들이 광선을 반사시키거나 굴절시켜서 상을 형성하는 결상의 원리를 알아보기로 한다.

3.1 거울

거울은 사람이나 물체의 모습을 비추어 보는 데 쓰이는 일상적인 물건이다. 거울은 발광체가 아니라서 외부 광원으로부터 전파되어 온 빛을 매끄러운 거울 표면에서 빛을 반사시켜 결상시킴으로써 사물을 볼 수 있게 해 준다. 거울이 아닌 일반적인 물체 역시 빛의 일부를 반사시키는데 거울에서처럼 상을 볼 수 없는 이유는 난반사하기 때문이다.

광선들이 한 점에 모여 상을 맺을 때 실상이라고 하고, 광선들의 연장선들이 한 점에 모여 상을 맺을 때 허상이라고 한다. 거울의 특성을 나타내기 위하여 사용하는 값들은 (+) 또는 (−) 부호를 붙인다. 이를 **부호규약**이라고 한다. (+)와 (−)를 정의하기 위하여 실제공간(real side)과 가상공간(virtual side)으로 구분한다. 거울의 경우 광선들이 진행하는 영역을 실제공간으로 정의하고 광선이 존재하지 않는 공간을 가상공간이라 한다. 실제공간에서 정의된 값들은 (+)를 붙인다. 예를 들어, 물체거리 o, 즉 거울 표면에서 물체까지의 거리는 실제공간에 존재하기 때문에 (+) 값을 갖는다. 반면에 상거리 i는 거울 표면에서 상까지의 거리로 (−) 값을 갖는다.

물체의 크기와 상의 크기를 비교할 수 있도록 정의된 값이 배율이다. 배율은 M으로 나타내고

$$M = -\frac{i}{o} \tag{3-1}$$

로 정의 된다.

■ 평면거울

빛을 반사시키는 면이 평면인 경우 평면거울이라 한다. 평면거울인 경우, 거울 표면에서 광원까지의 거리 o와 거울 표면에서 광선들의 연장선이 모이는 한 점, 즉 상까지의 거리 i는 정확히 같다. 따라서 물체의 크기와 상의 크기가 같고 배율은 1이다. 평면거울은 거울 길이의 2 배 크기 물체의 상을 맺을 수 있다. 그림 3-1에서와 같이 사람이 거울 앞에 서 있을 때 전신의 1/2

크기의 거울이면 전신을 비칠 수 있다. 이는 반사각과 입사각이 같기 때문이다.

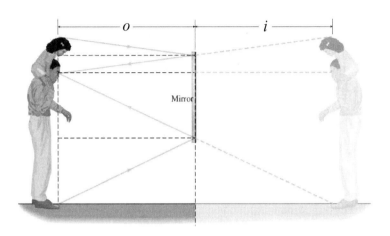

그림 3-1. 평면거울에 비친 상

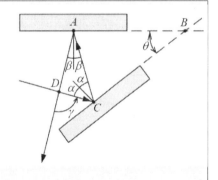

예제 3.1 평면거울에 의한 결상(1)

그림과 같이 입사한 광선이 거울에 의해 반사된 다음 D점에서 만난다. 반사된 광선이 입사된 광선으로부터 편기된 각 γ 가 2θ임을 증명하시오.

풀이 $\angle BAC + \angle BCA + \theta = 180°$ 이며

$\gamma = 2(\alpha + \beta)$이다. 그리고 각 θ는 다음과 같이 표현할 수 있다.

$$\theta = 180° - (90° - \alpha) - (90° - \beta) = \alpha + \beta$$

$$\therefore \gamma = 2(\alpha + \beta) = 2\theta \text{이다.}$$

예제 3.2 평면거울에 의한 결상(2)

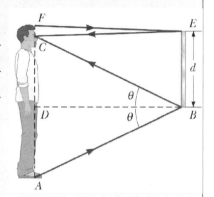

키가 180 cm인 사람이 그림과 같이 거울 앞에 서 있다. 사람의 전신을 전부 비출 수 있는 거울의 최소 크기를 구하시오. 단 사람의 눈은 머리끝으로부터 10 cm 아래에 있다고 가정한다.

풀이 그림에서와 같이 머리끝과 발끝에서 나온 빛이 거울에서 반사되어 다시 사람의 눈으로 들어온다. 빛의 입사각과 반사각을 θ라고 하자. $\triangle ABD$와 $\triangle DBC$는 직각삼각형으로서 입사각과 반사각 θ가 같기 때문에 합동이다. 따라서

$$AD = DC = \frac{1}{2}AC$$

$$= \frac{1}{2} \times (180 - 10) = 85 \text{ cm}$$

이며 $\frac{1}{2}CF = \frac{1}{2} \times 10 = 5$ cm이므로 전신을 비출 수 있는 거울의 최소 크기 d는

$$d = FA - AD - \frac{1}{2}CF$$

$$= 180 - 85 - 5$$

$$= 90 \text{ cm}$$

이다.

■ 구면거울

　그림 3-2에서 보는 바와 같이 점광원 O에서 나오는 광선이 곡률반경이 R 인 오목 구면거울에 도달한다. 여기서 오목거울 또는 볼록거울이라 함은 각각 입사광선 쪽에서 보았을 때 구면이 오목한가 볼록한가에 따라서 결정된다. 부호규약은 평면거울에서와 같으며 단지 곡률반경 R에 대한 부호규약은 다음과 같다.

　　　(+)....구면의 중심, C가 정점, V의 오른쪽에 있을 때
　　　(−)....구면의 중심, C가 정점, V의 왼쪽에 있을 때

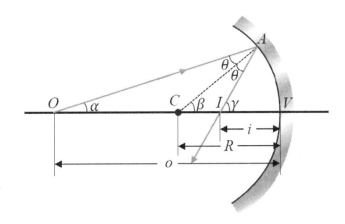

그림 3-2.　오목거울에 의한 결상

　그림 3-2의 곡률반경이 R인 오목 구면거울에 있어서 근축광선에 대한 ray tracing과 간단한 계산을 하면 식 (3-2)와 같은 **거울공식**을 얻을 수 있다.

$$\frac{1}{o} + \frac{1}{i} = -\frac{2}{R} \tag{3-2}$$

　여기서 o는 물체거리, i는 상거리, R은 거울의 곡률반경이다. 오목거울의 경우, R 값이 음의 값을 가지므로 초점거리의 정의에 따라 물체거리가 ∞일

때 상거리는 $R/2$이 되도록 식 (3-2)의 우변을 양의 값으로 만들기 위하여 $(-)$ 부호를 붙였다.

예제 3.3 볼록거울에 의한 결상(1)

곡률반경이 20 cm인 볼록거울이 있다. 점광원이 거울의 정점으로부터 왼쪽 14 cm의 거리에 놓여 져 있을 때 점광원의 상거리를 구하시오.

풀이 식 (3-2) 거울공식은

$$\frac{1}{o} + \frac{1}{i} = -\frac{2}{R}$$

이다. $o = 14$ cm, $R = 20$ cm 이므로

$$\frac{1}{14} + \frac{1}{i} = -\frac{2}{20}$$

$$\therefore i = -5.8 \text{ cm}$$

i의 부호가 음이므로 상은 거울의 정점으로부터 오른쪽에 있고 허상임을 알 수 있다.

예제 3.4 오목거울에 의한 결상(1)

초점거리가 10 cm인 오목거울이 있다. 물체가 거울의 정점으로부터 왼쪽 5 cm의 거리에 놓여 져 있을 때 물체의 상거리를 구하시오.

풀이 식 (3-2) 거울공식은

$$\frac{1}{o} + \frac{1}{i} = \frac{1}{f}$$

이다. $f = 10$ cm, $o = 5$ cm 이므로

$$\frac{1}{5} + \frac{1}{i} = \frac{1}{10}$$

$$\therefore i = -10 \text{ cm}$$

i의 부호가 음이므로 상은 거울의 정점으로부터 오른쪽에 있고 허상임을 알 수 있다.

예제 3.5 오목거울에 의한 결상(2)

곡률반경이 15 cm인 오목거울의 정점으로부터 왼쪽 30 cm의 지점에 물체가 놓여 져 있을 때 물체의 상은 어디에 결상되겠는가?

풀이 거울공식은

$$\frac{1}{o} + \frac{1}{i} = -\frac{2}{R}$$

$o = 30$ cm, $R = -15$ cm 이므로

$$\frac{1}{30} + \frac{1}{i} = -\frac{2}{-15}$$

$$\therefore i = 10 \text{ cm}$$

i의 부호가 양이므로 상은 거울의 정점으로부터 왼쪽에 있고 도립 실상임을 알 수 있다.

예제 3.6 볼록거울에 의한 결상(2)

곡률반경이 15 cm인 볼록거울이 있다. 물체가 거울의 정점으로부터 왼쪽 30 cm의 지점에 놓여 있을 때 물체의 상거리를 구하시오.

풀이 거울공식은

$$\frac{1}{o} + \frac{1}{i} = -\frac{2}{R}$$

$o = 30$ cm 이므로

$$\frac{1}{30} + \frac{1}{i} = -\frac{2}{15}$$

$$\therefore i = -6 \text{ cm}$$

i의 부호가 음이므로 상은 거울의 정점으로부터 오른쪽에 있고 정립 허상임을 알 수 있다.

예제 3.7 오목거울에 의안 결상(3)

초점거리가 10 cm인 오목거울이 있다. 물체거리가 (1) 30 cm, (2) 10 cm, 그리고 (3) 5 cm일 때 상거리를 구하고 결상에 대해 간단히 설명하시오.

풀이 (1) 물체거리가 30 cm인 경우, 거울공식으로 상거리를 구하면

$$\frac{1}{o} + \frac{1}{i} = \frac{1}{f}$$

$$\frac{1}{30} + \frac{1}{i} = \frac{1}{10}$$

$$\therefore i = 15 \text{ cm}$$

이며 배율은 $M = -\frac{i}{o} = -\frac{15}{30} = -0.5$ 이다. 따라서 상은 물체보다 작으며 배율이 음수이므로 상이 도립이고 i가 양수이므로 상은 거울 앞에 있으며 실상이다.

(2) 물체가 초점에 있으면 $i = \infty$ 이며 상이 아주 멀리 있으며 배율 역시 ∞ 이다.

(3) 물체거리가 5 cm인 경우는 물체가 초점 안에 있고 거울공식을 사용하면

$$\frac{1}{5} + \frac{1}{i} = \frac{1}{10}$$

$$i = -10 \text{ cm}$$

이다. 상이 거울 뒤에 있으므로 허상이며 배율은 $M = -\left(\frac{-10}{5} \right) = 2$ 이다. 상은 두 배로 확대되고 부호가 양수이므로 정립상이다.

예제 3.8 볼록거울에 의한 결상(3)

크기가 3 cm인 물체가 초점거리 10 cm인 볼록거울 앞 30 cm 위치에 있다. (1) 상의 위치, (2) 배율, 그리고 (3) 상의 크기를 구하시오.

풀이 (1) 볼록거울이므로 초점거리는 음수이다. 물체거리가 30 cm인 경우, 거울공식으로 상거리를 구하면

$$\frac{1}{o} + \frac{1}{i} = \frac{1}{f}$$

$$\frac{1}{30} + \frac{1}{i} = \frac{1}{-10}$$

$$\therefore i = -7.5 \text{ cm}$$

이다.

(2) 배율은 $M = -\frac{i}{o} = -\left(\frac{-7.5}{30}\right) = 0.25$이다. 따라서 상은 물체보다 작으며 배율이 양수이므로 상은 정립이다.

(3) 상의 높이 $h' = Mh$이므로 상의 크기는 0.75 cm이다.

3.2 얇은 렌즈

렌즈의 두께를 무시할 수 있고 또한 렌즈의 중심축과 크게 벗어나지 않는 광선의 경우 그 광선이 렌즈에 의해 굴절되는 형태는 간단하게 작도해 낼 수 있다. 이러한 조건의 렌즈를 얇은 렌즈(thin lens)라 하고, 이와는 반대로 렌즈의 두께를 무시할 수 없는 일반적인 렌즈를 두꺼운 렌즈(thick lens)라고 한다. 얇은 렌즈와 두꺼운 렌즈에 대해서 상이 맺혀지는 결상의 원리를 알아보고 렌즈가 조합하여 만드는 광학기구들의 구조를 알아본다.

■ 구면에서의 굴절

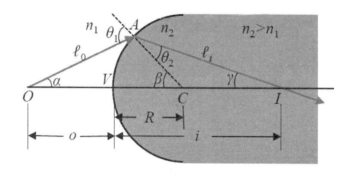

그림 3-3. 구면에서의 굴절

광선이 굴절률이 다른 두 매질을 진행할 때, 광선은 두 매질의 경계면에서 굴절한다. 그림 3-3에서 보는 바와 같이 굴절률이 n_1인 매질에서 곡률반경이 R, 굴절률이 n_2인 매질로 입사할 때, 광경로 OPL은 다음과 같이 표현할 수 있다.

$$\text{OPL} = n_1 \ell_o + n_2 \ell_i$$

$$\ell_0 = n_1 \sqrt{R^2 + (o+R)^2 - 2R(o+R)\cos\beta}$$ (3-3)

$$\ell_i = n_2 \sqrt{R^2 + (i-R)^2 + 2R(i-R)\cos\beta}$$

최소 작용의 원리에 따라 광경로는 무수히 많은 여러 경로 중 최소의 시간이 걸리는 경로를 선택하여 진행하기 때문에 $\dfrac{d(OPL)}{d\beta}=0$을 만족한다. 따라서

$$\frac{d(OPL)}{d\beta}=\left\{n_1\left(\frac{1}{2}\right)\frac{2R(o+R)\sin\beta}{\ell_o}-n_2\left(\frac{1}{2}\right)\frac{2R(i-R)\sin\beta}{\ell_i}\right\}=0$$

$$\frac{n_1(o+R)}{\ell_0}=\frac{n_2(i-R)}{\ell_i}$$

이며, 이것을 다시 순차적으로 정리하면 다음과 같다.

$$\frac{n_1 o}{\ell_o}+\frac{n_1 R}{\ell_o}=\frac{n_2 i}{\ell_i}-\frac{n_2 R}{\ell_i}$$

$$R\left(\frac{n_1}{\ell_o}+\frac{n_2}{\ell_i}\right)=\left(\frac{n_2 i}{\ell_i}-\frac{n_1 o}{\ell_o}\right)$$

$$\frac{n_1}{\ell_o}+\frac{n_2}{\ell_i}=\frac{1}{R}\left(\frac{n_2 i}{\ell_i}-\frac{n_1 o}{\ell_o}\right) \tag{3-4}$$

식 (3-4)는 구면의 경계면에서 굴절하여 A에서 I로 가는 모든 광선의 광경로에 대하여 만족되는 식이다. 만약 β가 매우 작다고 가정하면(A가 V에 접근하면) $\cos\beta\simeq1$이 되고 $\ell_o\simeq o$, $\ell_i\simeq i$로 근사할 수 있으므로 식 (3-4)는 다음과 같이 쓸 수 있다.

$$\frac{n_1}{o}+\frac{n_2}{i}=\frac{(n_2-n_1)}{R} \tag{3-5}$$

예제 3.9 구면에서의 굴절

그림 3-3과 같이 광선이 굴절률이 $n_1 = 1.0$인 매질에서 곡률반경이 $R = 10$ cm, 굴절률이 $n_2 = 2.0$인 매질로 굴절률이 다른 두 매질을 진행하고 있다. 물체가 이 거울의 정점으로부터 왼쪽 20 cm의 거리에 놓여 있을 때 물체의 상거리를 구하시오.

풀이 식 (3-5)로부터

$$\frac{n_1}{o} + \frac{n_2}{i} = \frac{(n_2 - n_1)}{R}$$

$$\frac{1}{20} + \frac{2.0}{i} = \frac{2.0 - 1.0}{10}$$

$$\therefore i = 40 \text{ cm}$$

이다. i의 부호가 (+)이므로 상은 거울의 정점으로부터 오른쪽 (상공간)에 있다는 것을 의미한다.

부호규약

렌즈와 같이 임의의 구면에서 굴절하는 광학계에서 정점의 왼쪽은 **물체공간**, 오른쪽은 **상공간**이라고 규정한다. 물체가 물체공간에 있으면 물체거리의 값이 (+)이며 상이 상공간에 있으면 상거리가 (+) 값을 갖는다. 반대로 상이 물체공간에 있으면 상거리의 값이 (−)가 된다.

곡률반경은 중심이 정점의 오른쪽(입사광선이 볼록한 면으로 입사)에 있으면 (+) 값을 가지며 중심이 정점의 왼쪽(입사광선이 오목한 면으로 입사)에 있으면 곡률반경의 값이 (−)가 된다. 따라서 초점거리의 부호는 수렴렌즈(오목렌즈)의 경우 (−)이며 발산렌즈(볼록렌즈)는 (+) 값을 갖는다.

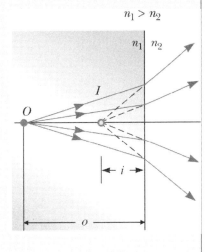

예제 3.10 평면에서의 굴절

그림과 같이 굴절률이 n_1인 공간 속에 물체가 놓여있다. 물체에 대한 상에 대해 논하시오. 단 $n_1 > n_2$이다.

풀이 굴절면이 평면이므로 식 (3-5)에서 $R \to \infty$이다. 따라서

$$\frac{n_1}{o} + \frac{n_2}{i} = \frac{(n_2 - n_1)}{R}$$

$$i = -\frac{n_2}{n_1}o$$

이고 상은 허상이며 $n_1 > n_2$이므로 굴절된 광선은 퍼져 나간다.

■ 얇은 렌즈

렌즈 제작자의 공식

얇은 렌즈는 입사한 광선을 굴절시키는 렌즈의 기본적인 기능은 가지고 있지만 기하학적인 렌즈의 두께 t를 0에 가깝다고 가정한 이상적인 렌즈를 말하는 것이다. 그림 3-11은 두께가 t, 표면의 곡률반경이 R_1과 R_2로 polishing된 두꺼운 렌즈(광학계)이다. 첫 번째 굴절면과 두 번째 굴절면에서의 광학적 parameter를 구별하기 위하여 아래 첨자(subscript)를 1과 2를 붙이기로 한다.

I_1은 첫 번째 굴절면에 대한 O_1의 상일 뿐 아니라 두 번째 굴절면에 대해서는 물체(O_2)가 된다. 따라서 두 번째 굴절면에 대한 물체거리 o_2는 $o_2 = |i_1| + t$이며 두 번째 굴절면에 대하여 물체공간에 있기 때문에 양의 값을 갖게 된다. 첫 번째 굴절면에 대하여 $n_1 = 1$, $n_2 = n$, 그리고 식 (3-5)를 적용하

면

$$\frac{1}{o_1}+\frac{n}{i_1}=\frac{n-1}{R_1} \tag{3-6}$$

이다.

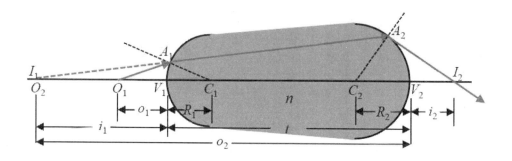

그림 3-4. 두께가 t, 표면의 곡률반경이 R_1과 R_2인 두꺼운 렌즈에서의 결상

i_1이 첫 번째 굴절면에 대한 상거리 임을 고려하면 i_1은 음의 값을 갖는다. 즉, $i_1 < 0$ 이다. 따라서 두 번째 굴절면에 대해서는 $n_1 = n$, $n_2 = 1$, $o_2 = |i_1| + t$를 식 (3-5)에 적용하면

$$\frac{n}{-i_1+t}+\frac{1}{i_2}=\frac{1-n}{R_2} \tag{3-7}$$

이 된다. 그림 3-4의 광학계를 얇은 렌즈로 가정하면 $t \simeq 0$이 되므로 식 (3-7)은 다음과 같이 쓸 수 있다.

$$\frac{n}{-i_1}+\frac{1}{i_2}=\frac{1-n}{R_2} \tag{3-8}$$

식 (3-6)과 (3-8)을 더한 다음 정리하면 다음과 같은 **렌즈 제작자의 공식** (lens maker's formula)을 얻을 수 있다.

$$\frac{1}{o} + \frac{1}{i} = (n-1)\left(\frac{1}{R_1} - \frac{1}{R_2}\right)$$ (3-9)

식 (3-9)에서 o는 o_1을, i는 i_2를 의미한다. 만약 물체가 ∞에 있다면 초점의 정의에 따라 상거리 i는 초점거리 f_i(상초점거리)가 되며 수학적인 표현으로

$$\lim_{o \to \infty} i = f_i$$

로 나타낼 수 있다. 그리고 같은 방법으로 물체초점거리 f_o는 다음과 같다.

$$\lim_{i \to \infty} o = f_o$$

식 (3-9)로부터 얇은 렌즈에 대하여 $f_i = f_o$가 되며 결과적으로 첨자를 모두 없앨 수 있다. 따라서 식 (3-9)는

$$\frac{1}{f} = (n-1)\left(\frac{1}{R_1} - \frac{1}{R_2}\right)$$ (3-10)

과

$$\frac{1}{o} + \frac{1}{i} = \frac{1}{f}$$ (3-11)

이 되며 이것을 **가우스 렌즈공식**(Gaussian lens formula)이라고 한다.

예제 3.11 얇은 렌즈의 상거리(1)

굴절률이 1.5, 곡률반경 R_1, R_2가 40 cm인 양면이 볼록한 얇은 볼록렌즈가 있다. 이 렌즈의 왼쪽 정점으로부터 20 cm 지점에 놓여 있는 물체의 상거리를 구하시오.

풀이 볼록렌즈이므로 렌즈 제작자의 공식에서 $R_2 = -40$ cm가 된다. 식 (3-9)로부터

$$\frac{1}{f} = (n-1)\left(\frac{1}{R_1} - \frac{1}{R_2}\right)$$

$$\frac{1}{f} = (1.5 - 1.0)\left(\frac{1}{40} - \frac{1}{-40}\right)$$

$$\therefore f = 40 \text{ cm}$$

이다. 가우스 렌즈공식인 식 (3-11)로부터

$$\frac{1}{o} + \frac{1}{i} = \frac{1}{f}$$

$$\frac{1}{20} + \frac{1}{i} = \frac{1}{40}$$

$$\therefore i = -40 \text{ cm}$$

상거리의 부호가 (−)인 것은 결상이 물체공간 즉, 렌즈의 정점 왼쪽에 생겼다는 것을 의미한다.

예제 3.12 얇은 렌즈의 초점거리(1)

굴절률이 1.5, 곡률반경 R_1, R_2가 40 cm인 양면이 오목한 얇은 오목렌즈가 있다. 이 렌즈의 초점거리를 구하시오.

풀이 오목렌즈이므로 렌즈 제작자의 공식에서 $R_1 = -40$ cm가 된다. 식 (3-10)으로부터

$$\frac{1}{f} = (n-1)\left(\frac{1}{R_1} - \frac{1}{R_2}\right)$$

$$\frac{1}{f} = (1.5 - 1.0)\left(\frac{1}{-40} - \frac{1}{40}\right)$$

$$\therefore f = -40 \text{ cm}$$

이다. 이 렌즈는 양면이 오록하므로 R_1의 중심은 정점 V_1의 왼쪽에 있으므로 부호가 (−)이며 R_2의 중심은 정점 V_2의 오른쪽에 있으므로 부호가 (+)이다.

Newton 공식

그림 3-5와 같은 얇은 렌즈에서의 결상을 생각해 보자. 앞에서 언급한 얇은 렌즈계에 적용된 부호규약을 확장해서 광축 위에 있는 물체의 높이는 (+)이며 광축 아래에 있는 물체의 높이는 (−)로 약속한다. 따라서 그림 3-5에서 $y_o > 0$이고 $y_i < 0$이다. 이 경우에 상은 도립이다. 반면에 $y_o > 0$이고 $y_i > 0$인 경우 상은 정립이라고 한다. $\triangle ACF_i$와 $\triangle I_2 I_1 F_i$는 닮은꼴이므로

$$\frac{y_0}{|y_i|} = \frac{f}{(i-f)} \tag{3-12}$$

가 되며 $\triangle O_2 O_1 C$와 $\triangle I_2 I_1 C$도 닮은꼴이기 때문에 $\dfrac{y_0}{|y_i|} = \dfrac{o}{i}$ 이다. 여기서 y_i의 값이 $(-)$이기 때문에 y_i의 크기를 $|y_i|$로 표시했다. 마찬가지로 $\triangle O_2 O_1 F_0$와 $\triangle BCF_0$ 역시 닮은꼴이기 때문에

$$\frac{|y_i|}{y_0} = \frac{f}{(o-f)} \tag{3-13}$$

이다.

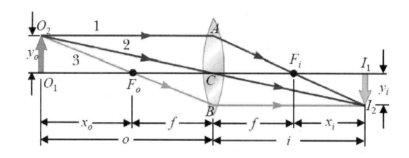

그림 3-5. 얇은 렌즈에 대한 물체와 상의 위치

식 (3-12)와 식 (3-13)을 연립하여 o와 i 대신에 f, x_0, 그리고 x_i로 Gauss의 렌즈공식을 다시 나타내면

$$\frac{f}{(i-f)} = \frac{(o-f)}{f} \tag{3-14}$$

$$f^2 = (o-f)(i-f)$$

$$= x_0 x_i$$

로 나타낼 수 있다. 식 (3-14)와 같은 이러한 렌즈공식을 Newton 공식이라고

한다. 새로운 변수 x_0와 x_i는 물체초점 F_0와 상초점 F_i로부터 물체와 상까지 측정한 거리를 의미한다. x_0와 x_i에 대한 부호규약은 x_0가 F_0의 왼쪽에 있을 때 (+)이며, 반면에 x_i는 F_i의 오른쪽에 있을 때 (+)의 부호를 가진다.

디옵터

초점으로 렌즈나 거울을 특정하여 세분화하는 방법에는 두 가지가 있다. 하나는 물체거리가 ∞일 때 상이 맺혀지는 점을 초점이라고 정의하며 정점에서부터 초점까지 거리를 초점거리로 정의하는 것과 또 하나는 광학계의 **역률**(power) P로 특징을 세분화한다. 역률은 초점거리의 역수로 정의하며 초점거리의 단위는 반드시 미터(m)로 표시해야 한다. 그러므로 역률은 다음과 같이 쓸 수 있다.

$$P = \frac{1}{f} \tag{3-15}$$

역률의 단위는 m^{-1}로 표시되며 이것을 **디옵터**(diopters) D라고 정의한다. 따라서 초점거리가 25 cm(1/4 m)인 렌즈의 역률은 4 D가 된다.

예제 3.13 렌즈의 역률과 상거리(1)

역률이 10 D인 렌즈의 왼쪽 정점으로부터 20 cm 지점에 물체가 놓여있다. 이 렌즈의 초점거리와 물체의 상거리를 구하시오.

풀이 식 (3-15)로부터 역률, $P = 1/f$이다.

$$f = \frac{1}{P} = \frac{1}{10} \text{ (m)}$$

$$\therefore f = 0.1 \text{ m} = 10 \text{ cm}$$

이다. 가우스 렌즈공식인 식 (3-11)로부터

$$\frac{1}{o} + \frac{1}{i} = \frac{1}{f}$$

$$\frac{1}{20} + \frac{1}{i} = \frac{1}{10}$$

$$\therefore i = 20 \text{ cm}$$

상거리의 부호가 (+)인 것은 결상이 상공간 즉, 정점의 오른쪽에 생겼다는 것을 의미한다. 특히 초점거리를 계산할 때 역률의 단위, D가 m^{-1}임을 기억해야 한다.

예제 3.14 렌즈의 역률과 상거리(2)

초점거리가 -25 cm인 렌즈의 왼쪽 정점으로부터 25 cm 지점에 물체가 놓여있다. 이 렌즈의 역률과 물체의 상거리를 구하시오.

풀이 식 (3-15)로부터 역률 $P = 1/f$이다.

$$P = \frac{1}{f} = \frac{1}{-0.25}$$

$$\therefore P = -4\,D$$
이다.

가우스 렌즈공식인 식 (3-11)로부터

$$\frac{1}{o} + \frac{1}{i} = \frac{1}{f}$$

$$\frac{1}{25} + \frac{1}{i} = \frac{1}{-25}$$

$$\therefore i = -12.5 \text{ cm}$$

상거리의 부호가 (−)인 것은 결상이 물체공간 즉, 정점의 왼쪽에 생겼으며 허상임을 의미한다.

예제 3.15 오목 렌즈의 결상

양면이 오목하고 초점거리가 15 cm인 오목렌즈의 왼쪽 정점으로부터 7.5 cm인 지점에 물체(화살표)가 놓여있다. 물체의 상거리를 구하고 그 결과를 그림으로 도해하시오.

풀이 가우스 렌즈공식인 식 (3-11)로부터

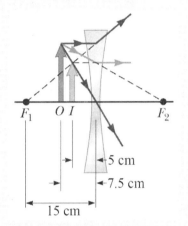

$$\frac{1}{o} + \frac{1}{i} = \frac{1}{f}$$

$$\frac{1}{7.5} + \frac{1}{i} = \frac{1}{-15}$$

$$\therefore i = -5.0 \text{ cm}$$

이다. 오목렌즈이므로 초점거리는 -15로 대입하였다. 상거리의 부호가 $(-)$인 것은 결상이 물체공간 즉, 정점의 왼쪽에 생겼다는 것을 의미한다.

■ 얇은 렌즈의 조합

얇은 렌즈의 조합은 복잡한 렌즈 설계방법을 소개하는 것이 아니라 복합적인 렌즈계의 결상 원리를 알아봄으로써 상업화된 복잡한 광학계를 이해하고 그것에 대한 활용능력을 배양하는데 그 목적을 두고 있다. 그림 3-6은 렌즈 간의 간격이 d인 두 개의 얇은 볼록렌즈, lens 1과 lens 2의 조합에 의해 생성된 결상을 보여준다.

이 렌즈계의 결상과정은 다음과 같다. 먼저 lens 2는 없는 것으로 간주하고 lens 1에 대한 결상을 계산(작도)한다. Lens 1에 의해 결상된 상은 lens 2에 대해서는 물체가 되며 이것에 의해 결상되는 상이 전체 광학계의 상이 된다. 이것을 정리하면 다음과 같이 요약할 수 있다.

1. 먼저 lens 1에 대하여 결상을 계산(작도)한다.

2. Lens 1의 상은 lens 2의 물체이다.

3. Lens 1의 물체를 렌즈 조합 (lens 1 + lens 2)의 물체로, 그리고 lens 2의 상을 렌즈 조합 (lens 1 + lens 2)의 상으로 간주한다.

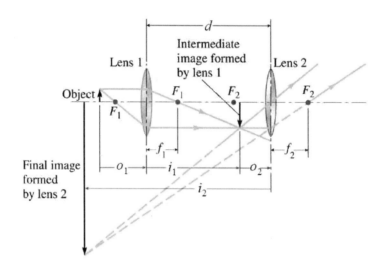

그림 3-6. 두 개의 얇은 볼록렌즈, lens 1과 lens 2의 조합에 의한 결상

먼저 첫 번째 렌즈 lens 1에 대하여 가우스 렌즈공식을 적용하면

$$\frac{1}{o_1} + \frac{1}{i_1} = \frac{1}{f_1} \tag{3-16}$$

$$\frac{1}{i_1} = \frac{1}{f_1} - \frac{1}{o_1}$$

$$\therefore i_1 = \frac{o_1 f_1}{o_1 - f_1}$$

이 성립한다. $o_1 > f_1$과 $f_1 > 0$일 때 $i_1 > 0$이므로 중간상(intermediate image) 은 첫 번째 렌즈 lens 1의 오른쪽에 있다. 중간상이 두 번째 렌즈 lens 2에 대하여 물체가 되므로 두 번째 렌즈 lens 2의 물체거리 o_2는 다음과 같이 쓸 수 있다.

$$o_2 = d - i_1 \tag{3-17}$$

만약 $d > i_1$이면 두 번째 렌즈 lens 2에 대한 물체거리 o_2는 $o_2 > 0$이므로 실물체가 되고 $d < i_1$이면 두 번째 렌즈 lens 2에 대한 물체거리 o_2는 $o_2 < 0$ 이므로 허물체가 된다.

두 번째 렌즈 lens 2에 대하여 가우스 렌즈공식을 다시 적용하면

$$\frac{1}{o_2} + \frac{1}{i_2} = \frac{1}{f_2}$$

이며

$$
\begin{aligned}
i_2 &= \frac{o_2 f_2}{o_2 - f_2} \\[2ex]
&= \frac{(d - i_1)f_2}{d - i_1 - f_2} \\[2ex]
&= \frac{df_2 - \dfrac{o_1 f_1 f_2}{o_1 - f_1}}{d - f_2 - \dfrac{o_1 f_1}{o_1 - f_1}}
\end{aligned}
\tag{3-18}
$$

를 얻을 수 있다. i_2는 두 번째 렌즈 lens 2의 상거리임과 동시에 렌즈 조합 (lens 1 + lens 2)의 상거리이다.

예제 3.16   얇은 렌즈의 조합

초점거리가 30 cm인 얇은 볼록렌즈의 오른쪽에 초점거리가 50 cm인 얇은 볼록렌즈가 있다. 두 렌즈 사이의 거리는 20 cm 이다. 초점거리가 30 cm인 렌즈의 왼쪽 정점으로부터 50 cm 지점에 물체가 놓여있다면, 이 렌즈계에 의해 형성되는 물체의 상거리는 얼마인가?

풀이 먼저 왼쪽 렌즈에 대하여 식 (3-11)을 사용하면

$$\frac{1}{o_1} + \frac{1}{i_1} = \frac{1}{f_1} \rightarrow \frac{1}{50} + \frac{1}{i_1} = \frac{1}{30}$$

$$i_1 = 75\ \mathrm{cm}$$

$$o_2 = d - i_1 = 20 - 75 = -55\ \mathrm{cm}$$

이다. 오른쪽 렌즈에 대해서도 식 (3-11)을 사용하면

$$\frac{1}{o_2} + \frac{1}{i_2} = \frac{1}{f_2} \rightarrow \frac{1}{-55} + \frac{1}{i_2} = \frac{1}{50}$$

$$\therefore i_2 = 26.2\ \mathrm{cm}$$

상거리의 부호가 (+)인 것은 결상이 상공간 즉, 오른쪽 렌즈의 정점 오른쪽에 생겼으며 실상임을 의미한다.

연습문제

거울

1. 물체가 오목거울인지 볼록거울인지 모르는 거울 앞 40 cm 지점에 놓여있다. 거울의 상이 물체 크기의 두 배일 때, 이 거울의 초점거리를 구하시오. 그리고 거울이 오목인지 볼록인지를 결정하시오.

풀이

물체거리 o가 40 cm, 배율이 2이므로 상거리는

$$M = -\frac{i}{o} = 2$$

$$i = -2o = -80 \ (\text{cm})$$

이다.

$$\frac{1}{o} + \frac{1}{i} = \frac{1}{f} \rightarrow \frac{1}{40} - \frac{1}{80} = \frac{1}{f}$$

$$f = 80 \ (\text{cm})$$

물체가 초점거리 내에 존재하고 배율이 2배이므로 오목거울이다.

2. 공이 평면거울의 50 cm 앞에 놓여있다. 공과 공의 상과의 거리를 구하시오.

풀이

평면거울에서 물체거리는 상거리와 같다.

$$i = 50 \ \text{cm}$$

3. 그림과 같이 오목 거울의 전방에 6으로 표시된 지점에 물체가 있다. 그 물체의 상이 역시 6으로 표시된 지점에 생겼다면 이 거울의 곡률반경과 초점거리는 각각 얼마인가?

풀이

$$\frac{1}{o} + \frac{1}{i} = -\frac{2}{R} = \frac{1}{f}$$

$$\frac{1}{6} + \frac{1}{6} = \frac{1}{f} \rightarrow f = 3$$

$$\frac{1}{3} = -\frac{2}{R} \rightarrow R = -6$$

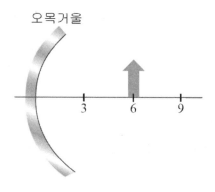

4. 크기가 2 cm인 물체가 오목거울 앞 3 cm인 지점에 놓여있다. 이 물체에 의한 상의 크기가 5 cm이고 허상일 때, 오목거울의 초점거리를 계산하시오.

풀이

$$o = 3 \text{ cm}$$

$$M = -\frac{i}{o} = 2.5$$

$$i = 3 \times (-2.5) = -7.5 \text{ (cm)}$$

$$\frac{1}{3} - \frac{1}{7.5} = \frac{1}{f} \rightarrow \frac{5-2}{15} = \frac{1}{f}$$

$$3f = 15$$

$$f = 5 \text{ (cm)}$$

5. 구면거울의 초점거리는 곡률반경의 몇 배인가?

풀이

$$\frac{1}{o} + \frac{1}{i} = -\frac{2}{R} = \frac{1}{f}$$

$$f = -0.5R$$

6. 직경이 2.0 cm인 동전이 그림과 같이 투명한 유리구의 표면으로부터 20.0 cm 안쪽에 있다. 유리구의 반경이 30.0 cm이고 굴절률이 1.5라고 할 때, 동전의 상의 위치와 크기를 구하시오.

풀이

$n_1 = 1.5,\ n_2 = 1.0,\ o = 20.0$ cm, $R = -30.0$ cm

$$\frac{n_1}{o} + \frac{n_2}{i} = \frac{n_2 - n_1}{R}$$

$$\frac{1.5}{20} + \frac{1.0}{i} = \frac{1.0 - 1.5}{-30.0}$$

$$i = -17.1 \ \text{(cm)}$$

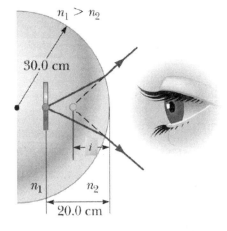

(−) 부호는 상이 물체공간에 있다는 의미이며 허상이다.

$$M = -\frac{n_1 i}{n_2 o} = -\frac{1.5 \times (-17.1)}{1.0 \times 20} = \frac{h'}{h}$$

$$h' = 1.28h = 1.28 \times 20$$
$$= 2.56 \ \text{(cm)}$$

M의 값이 (+)인 것은 정립상을 의미한다.

7. 금붕어가 그림과 같이 수면 아래 깊이 d에서 헤엄을 치고 있다. 바로 위에

서 보았을 때, 금붕어가 보이는 실제 깊이를 계산하시오.

풀이

굴절면이 평면이므로 R은 무한대이다.

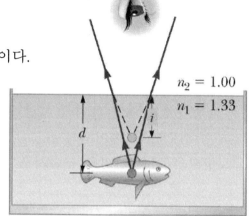

$$\frac{n_1}{o} + \frac{n_2}{i} = \frac{n_2 - n_1}{R}$$

$$\frac{n_1}{o} = -\frac{n_2}{i}$$

$$i = -\frac{n_2}{n_1} o$$

$$= -\frac{1}{1.33} d = -0.752 d$$

$n_2 = 1.00$

$n_1 = 1.33$

따라서 금붕어가 보이는 실제 깊이 i는 실제 깊이 d의 $\frac{3}{4}$이다.

얇은 렌즈

8. 초점거리가 10 cm인 얇은 수렴렌즈로부터 (1) 30 cm, (2) 10 cm, (3) 5 cm 떨어진 지점에 물체가 놓여 있다. 각 경우에 대하여 상거리와 배율을 구하고 상에 대해 설명하시오.

풀이

수렴렌즈이므로 $f = 10$ cm는 (+) 값이다.

$$\frac{1}{o} + \frac{1}{i} = \frac{1}{f}$$

(1) $\frac{1}{30} + \frac{1}{i} = \frac{1}{10} \rightarrow \frac{1}{i} = \frac{1}{10} - \frac{1}{30}$

$i = 15$ (cm)

$$M = -\frac{i}{o} = -\frac{15}{30}$$
$$= -0.5$$

배율이 (−), 상거리가 (+) 값이므로 도립 실상이다.

(2) $\dfrac{1}{10}+\dfrac{1}{i}=\dfrac{1}{10}\rightarrow\dfrac{1}{i}=\dfrac{1}{10}-\dfrac{1}{10}=0$

상이 맺히지 않는다. 초점에서 나온 빛은 렌즈를 통과할 때 평행광선이 되기 때문에 상이 맺히지 않는다.

(3) $\dfrac{1}{5}+\dfrac{1}{i}=\dfrac{1}{10}\rightarrow\dfrac{1}{i}=\dfrac{1}{10}-\dfrac{1}{5}$

$i=-10$ (cm)

$M=-\dfrac{i}{o}=-\dfrac{-10}{30}$

$\qquad=0.33$

배율이 (+), 상거리가 (−) 값이므로 정립 허상이다.

9. 초점거리가 10 cm인 얇은 발산렌즈로부터 (1) 30 cm, (2) 10 cm, (3) 5 cm 떨어진 지점에 물체가 놓여 있다. 각 경우에 대하여 상거리와 배율을 구하고 상에 대해 설명하시오.

풀이

발산렌즈이므로 $f=10$ cm는 (−) 값이다.

$\dfrac{1}{o}+\dfrac{1}{i}=\dfrac{1}{f}$

(1) $\dfrac{1}{30}+\dfrac{1}{i}=\dfrac{1}{-10}\rightarrow\dfrac{1}{i}=-\dfrac{1}{10}-\dfrac{1}{30}$

$i=-7.5$ (cm)

$M=-\dfrac{i}{o}=-\dfrac{-7.5}{30}$

$\qquad=0.25$

배율이 (+), 상거리가 (−) 값이므로 정립 허상이다.

(2) $\dfrac{1}{10}+\dfrac{1}{i}=\dfrac{1}{-10} \rightarrow \dfrac{1}{i}=-\dfrac{1}{10}-\dfrac{1}{10}$

$i=-5 \ (\text{cm})$

$M=-\dfrac{i}{o}=-\dfrac{-5}{10}$

$\qquad =0.5$

배율이 (+), 상거리가 (−) 값이므로 정립 허상이다.

(3) $\dfrac{1}{5}+\dfrac{1}{i}=\dfrac{1}{-10} \rightarrow \dfrac{1}{i}=-\dfrac{1}{10}-\dfrac{1}{5}$

$i=-3.33 \ (\text{cm})$

$M=-\dfrac{i}{o}=-\dfrac{-3.33}{5}$

$\qquad =0.66$

배율이 (+), 상거리가 (−) 값이므로 정립 허상이다.

10. 다음 그림에 있는 얇은 오목렌즈의 초점거리를 구하시오. 단 C는 렌즈의 곡률의 중심이다.

풀이

$\dfrac{1}{o}+\dfrac{1}{i}=(n-1)\left(\dfrac{1}{R_1}-\dfrac{1}{R_2}\right)=\dfrac{1}{f}$

$(1.4-1)\times\left(\dfrac{1}{-6}-\dfrac{1}{4}\right)=\dfrac{1}{f}$

$\dfrac{1}{f}=0.4\times\dfrac{-2-3}{12}=-\dfrac{2}{12}$

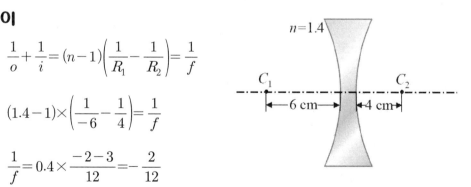

$$f = -6 \ (\text{cm})$$

11. 그림과 같이 조각상이 초점거리 5 cm인 얇은 볼록렌즈의 15 cm 앞에 위치해 있다. 렌즈 중심에서 상까지의 거리를 구하시오. 렌즈에 의하여 결상된 상은 물체보다 (크다, 같다, 작다), (실상, 허상), (정립, 도립)인지 맞는 곳에 체크하시오.

풀이

$$\frac{1}{o} + \frac{1}{i} = \frac{1}{f}$$

$$\frac{1}{15} + \frac{1}{i} = \frac{1}{5} \rightarrow \frac{1}{i} = \frac{1}{5} - \frac{1}{15}$$

$$i = 7.5 \ (\text{cm})$$

$$M = -\frac{i}{o} = -\frac{7.5}{15}$$

$$= -0.5$$

작다(배율이 0.5), 실상(상거리가 +), 도립(배율이 −)

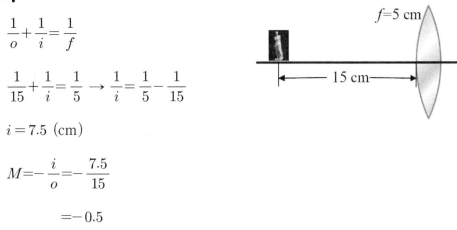

12. 역률이 $-8.5 D$, 굴절률이 1.5인 유리로 된 구면이 있다. 이 구면의 반경을 계산하고 구면이 오목인지 볼록인지를 판정하시오.

풀이

$$P = \frac{1}{f} = -8.5 \ D$$

$$8.5f = -1$$

$$f = -0.1176 \ (\text{m}) \ldots\ldots \text{구면이 오목이다.}$$

$$\frac{n_1}{o} + \frac{n_2}{i} = \frac{n_2 - n_1}{R}$$

- 111 -

초점거리 f의 정의에 따라 o가 ∞일 때의 i를 f이므로

$$\frac{1.5}{f} = \frac{0.5}{R}$$

$$1.5R = 0.5f$$

$$R = \frac{1}{3}f = \frac{1}{3} \times (-11.76)$$

$$= -3.96 \ (\text{cm})$$

13. 곡률 반경이 12 cm이고 굴절률이 2인 얇은 볼록렌즈로 입사하는 평행광은 어느 점에 모이겠는가?

풀이

$$\frac{1}{o} + \frac{1}{i} = (n-1)\left(\frac{1}{R_1} - \frac{1}{R_2}\right) = \frac{1}{f}$$

$$(2-1) \times \left(\frac{1}{12} - \frac{1}{-12}\right) = \frac{1}{f}$$

$$f = 6 \ (\text{cm})$$

14. 키가 180 cm인 사람이 초점거리가 7.5 cm인 카메라로부터 27 m 앞에서 사진을 찍는 다면, 필름에 나타나는 사람의 키를 계산하시오.

풀이

$$\frac{1}{o} + \frac{1}{i} = \frac{1}{f}$$

$$\frac{1}{2700} + \frac{1}{i} = \frac{1}{7.5} \rightarrow \frac{1}{i} = \frac{1}{7.5} - \frac{1}{2700}$$

$$= \frac{359}{2700}$$

$$i = 7.52 \ (\text{cm})$$

$$M = -\frac{i}{o} = -\frac{7.52}{2700}$$

$$= -0.0028$$

필름에 나타나는 사람의 키=실제 사람의 키×배율

$$= 180 \times (-0.0028)$$

$$\simeq -0.5 \ (\text{cm})$$

15. 굴절률이 1.5인 그림과 같이 양면이 오목한 얇은 렌즈가 있다. 렌즈의 곡률반경이 $R_1 = 3$ cm, $R_2 = 2$ cm일 때, 렌즈의 초점거리를 계산하시오.

풀이

$$\frac{1}{o} + \frac{1}{i} = (n-1)\left(\frac{1}{R_1} - \frac{1}{R_2}\right) = \frac{1}{f}$$

$$(1.5-1) \times \left(\frac{1}{-3} - \frac{1}{-2}\right) = \frac{1}{f}$$

$$\frac{1}{f} = 0.5 \times \frac{(-2+3)}{6}$$

$$f = 12 \ (\text{cm})$$

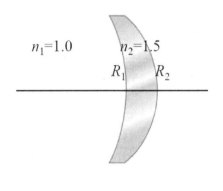

16. 그림과 같이 굴절률이 1.5인 유리봉 한 쪽 끝이 반지름이 5 cm인 오목구면으로 되어 있다. 이 오목구면의 역률을 계산하시오.

풀이

$$\frac{n_1}{o} + \frac{n_2}{i} = \frac{n_2 - n_1}{R}$$

$$\frac{1}{o} + \frac{1.5}{i} = \frac{1.5-1}{R}$$

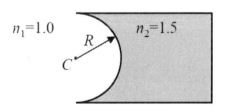

초점거리 f의 정의에 따라 o가 ∞일 때의 i를 f이므로

$$\frac{1.5}{f} = -\frac{1}{10}$$

$$f = -15 \ (\mathrm{cm})$$

$$P = \frac{1}{f} = \frac{1}{-0.15}$$

$$= -6.67 \ D$$

17. 물체가 초점거리 +10 cm인 얇은 렌즈의 정점으로부터 20 cm 왼쪽에 놓여있다. 초점거리가 +12.5 cm인 두 번째 렌즈가 첫 번째 렌즈로부터 30 cm 오른쪽에 있다. 물체와 최종 상까지 거리는 얼마인가?

풀이

첫 번째 렌즈에 대하여

$$\frac{1}{o_1} + \frac{1}{i_1} = \frac{1}{f_1}$$

$$\frac{1}{20} + \frac{1}{i_1} = \frac{1}{10} \rightarrow \frac{1}{i_1} = \frac{1}{10} - \frac{1}{20}$$

$$i_1 = 20 \ (\mathrm{cm})$$

두 번째 렌즈의 물체거리 o_2는 $o_2 = 30 - i_1 = 10$ cm이다.

$$\frac{1}{o_2} + \frac{1}{i_2} = \frac{1}{f_2}$$

$$\frac{1}{10} + \frac{1}{i_2} = \frac{1}{12.5} \rightarrow \frac{1}{i_2} = \frac{1}{12.5} - \frac{1}{10} = \frac{10 - 12.5}{125}$$

$$i_2 = -50 \ (\mathrm{cm})$$

물체와 최종 상까지 거리$= o_1 + 30 + i_2$

$$= 20 + 30 - 50 = 0$$
$$=처음 물체가 있던 지점$$

18. 그림과 같이 물체(화살표)가 얇은 볼록 렌즈 앞에 서 있다. 볼록 렌즈에 의해 생기는 물체의 상을 ray tracing으로 작도하고, 상이 물체보다 (크다, 같다, 작다, 같다), (실상, 허상), (정립, 도립)인지 맞는 곳에 체크하시오.

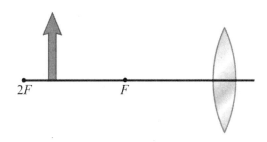

풀이

물체가 f와 $2f$ 사이에 있을 때는 배율이 1보다 크고 물체가 $2f$보다 멀어지면 배율이 1보다 작다. 그리고 물체가 f의 왼쪽에 있을 때는 도립 실상이 생긴다.

크다, 실상, 도립

19. 초점거리가 각각 f_1과 f_2인 두 얇은 렌즈가 붙어 있다면 이 렌즈계의 등가 초점거리는 얼마인가?

풀이

$$\frac{1}{f_1} + \frac{1}{f_2} = \frac{1}{f} \rightarrow \frac{1}{f} = \frac{f_1 + f_2}{f_1 \cdot f_2}$$

$$f = \frac{f_1 \cdot f_2}{f_1 + f_2}$$

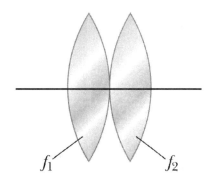

이 결과는 식 (3-16)과 (3-18)에서 두 렌즈 간의 간격 d를 $d = 0$으로 놓고

계산해도 같은 결과를 얻을 수 있다.

20. 그림과 같이 렌즈 L_1의 초점거리는 15 cm이며 카메라 필름으로부터 12 cm 앞쪽에 고정되어 있다. 렌즈 L_2는 초점거리가 13 cm이고 필름까지의 거리는 d이다. 렌즈 L_2를 움직여서 필름까지의 거리 d를 5 cm에서 10 cm까지 변화시킬 수 있을 때, 사진을 찍을 수 있는 물체거리의 범위를 결정하시오.

풀이

(1) 렌즈 L_2와 필름까지의 거리 d가 5 cm일 경우

첫 번째 렌즈 L_1에 대하여

$$\frac{1}{o} + \frac{1}{i_1} = \frac{1}{15}$$

두 번째 렌즈 L_2에 대하여

$$\frac{1}{7-i_1} + \frac{1}{5} = \frac{1}{13}$$

$$\frac{1}{7-i_1} = \frac{1}{13} - \frac{1}{5} = \frac{5-13}{65}$$

$$8(i_1 - 7) = 65$$

$$i_1 = 15.125 \ (\text{cm})$$

$$\frac{1}{o} + \frac{1}{15.125} = \frac{1}{15} \ \rightarrow \ \frac{1}{o} = \frac{1}{15} - \frac{1}{15.125} \ \rightarrow \ o = 18.18 \ (\text{m})$$

(2) 렌즈 L_2와 필름까지의 거리 d가 10 cm일 경우

첫 번째 렌즈 L_1에 대하여

$$\frac{1}{o} + \frac{1}{i_1} = \frac{1}{15}$$

두 번째 렌즈 L_2에 대하여

$$\frac{1}{2-i_1} + \frac{1}{10} = \frac{1}{13}$$

$$\frac{1}{2-i_1} = \frac{1}{13} - \frac{1}{10} = \frac{10-13}{130}$$

$$3(i_1 - 2) = 130$$

$$i_1 = 45.333 \text{ (cm)}$$

$$\frac{1}{o} + \frac{1}{45.333} = \frac{1}{15} \rightarrow \frac{1}{o} = \frac{1}{15} - \frac{1}{45.333}$$

$$o = 22.42 \text{ (cm)}$$

$$= 0.224 \text{ (m)}$$

21. 그림과 같이 두 렌즈 A와 B가 있고, 렌즈 A의 왼쪽으로부터 평행광이 입사하고 있다. 두 번째 렌즈를 점차 첫 번째 렌즈 쪽으로 천천히 움직이면 출력광은 시간에 따라 어떻게 변하겠는가?

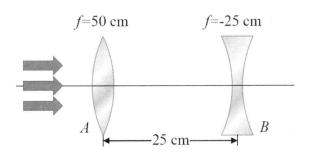

풀이

(1) 렌즈 A와 B의 거리가 25 cm일 경우

첫 번째 렌즈 A에 대하여

$$\frac{1}{o} + \frac{1}{i_1} = \frac{1}{f}$$

$$\frac{1}{\infty} + \frac{1}{i_1} = \frac{1}{f}$$

$$i_1 = f = 50 \ (\text{cm})$$

$$\frac{1}{25-50} + \frac{1}{i_2} = \frac{1}{-25}$$

두 번째 렌즈의 물체거리가 초점에 있기 때문에 결상이 되지 않는다.

(2) 렌즈 A와 B의 거리가 20 cm일 경우
두 번째 렌즈 B에 대하여

$$\frac{1}{20-50} + \frac{1}{i_2} = \frac{1}{-25}$$

$$\frac{1}{i_2} = \frac{1}{-25} + \frac{1}{30} = -\frac{1}{150}$$

$$i_2 = -150 \ (\text{cm})$$

(3) 렌즈 A와 B의 거리가 10 cm일 경우
두 번째 렌즈 B에 대하여

$$\frac{1}{10-50} + \frac{1}{i_2} = \frac{1}{-25}$$

$$\frac{1}{i_2} = \frac{1}{-25} + \frac{1}{40} = -\frac{100}{1.5}$$

$$i_2 = -66.67 \ (\text{cm})$$

(4) 렌즈 A와 B의 거리가 5 cm일 경우
두 번째 렌즈 B에 대하여

$$\frac{1}{5-50} + \frac{1}{i_2} = \frac{1}{-25}$$

$$\frac{1}{i_2} = \frac{1}{-25} + \frac{1}{45} = -\frac{20}{1125}$$

$$i_2 = -56.25 \ (\text{cm})$$

(5) 렌즈 A와 B의 거리가 0 cm일 경우
합쳐진 두 렌즈의 초점거리 f는

$$f = \frac{f_1 \cdot f_2}{f_1 + f_2} = \frac{50 \times (-25)}{50 - 25}$$

$$= -50 \ (\text{cm})$$

$$\frac{1}{\infty} + \frac{1}{i} = \frac{1}{-50}$$

$$i = -50 \ (\text{cm})$$

(1)~(5)의 결과를 보면 렌즈 B가 렌즈 A에 가까워지면 출력광은 렌즈 B의 왼쪽 50 cm 지점에 수렴한다.

22. 그림과 같이 두 개의 볼록 렌즈가 있다. 상의 위치를 변화시키지 않고 세 번째 렌즈를 추가할 수 있다. 렌즈의 종류와 위치를 구하라.

풀이

첫 번째 렌즈에 대하여

$$\frac{1}{o} + \frac{1}{i_1} = \frac{1}{f_1}$$

$$\frac{1}{20} + \frac{1}{i_1} = \frac{1}{10} \rightarrow \frac{1}{i_1} = \frac{1}{10} - \frac{1}{20}$$

$$i_1 = 20 \ (\text{cm})$$

두 번째 렌즈에 대하여

$$\frac{1}{70 - 20} + \frac{1}{i_2} = \frac{1}{10}$$

f=10 cm f=10 cm

20 cm   70 cm

$$\frac{1}{i_2} = \frac{1}{10} - \frac{1}{50} = \frac{5-1}{50}$$

$$i_2 = 12.5 \ (\text{cm})$$

두 번째 렌즈의 오른쪽 12.5 cm 지점에 상이 생긴다. 결상 지점이 변하지 않도록 세 번째 렌즈의 위치와 종류를 결정하면 된다.

다음 그림과 같이 오목렌즈가 첫 번째 렌즈의 오른쪽 x인 지점에 놓여 있을 때 상의 위치가 변하지 않았다고 하자. 첫 번째 렌즈에 의해 생긴 상의 위치 $i_1 = 20$ cm이므로

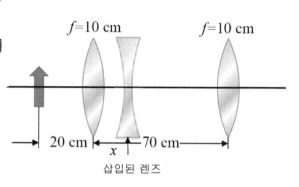

$$\frac{1}{x-20} + \frac{1}{i_2} = \frac{1}{f_2}$$

$$\frac{1}{i_2} = \frac{1}{f_2} - \frac{1}{x-20}$$

여기서 두 번째 렌즈의 상거리가 세 번째 렌즈의 물체거리가 되기 때문에 $o_3 = 50$ cm가 되면 상의 위치가 변하지 않는다.

$$70 - x - i_2 = 50 \rightarrow x + i_2 = 20 \ \text{cm}$$

이 지점은 첫 번째 렌즈의 상거리와 겹치기 때문에 $x + i_2 = 20.1$ cm, 두 번째 렌즈의 초점거리는 -20 cm로 간주하면 두 번째 렌즈의 물체거리 o_2는 -0.1 cm가 된다.

$$\frac{1}{-0.1} + \frac{1}{i_2} = -\frac{1}{20}$$

$$\frac{1}{i_2} = -\frac{1}{20} + 10 = -\frac{199}{200}$$

$$i_2 \simeq -0.1 \ (\text{cm})$$

이것은 두 번째 렌즈의 상거리, 즉 세 번째 렌즈의 물체거리 o_3가 ~ 50 cm라는 것을 의미한다.

$$\frac{1}{50} + \frac{1}{i_3} = \frac{1}{10}$$

$$\frac{1}{i_3} = \frac{1}{10} - \frac{1}{50} = \frac{4}{50}$$

$$i_3 = 12.5 \ (\text{cm})$$

CHAPTER 4

두꺼운 렌즈와 광학기기

Chapter 3에서는 빛의 입자적인 성질만을 고려하고 복잡한 계산과 ray tracing을 피하기 위하여 렌즈의 두께를 이상적으로 아주 얇다고 가정하여 렌즈의 결상에 대한 논의를 일상적으로 사용하고 있는 볼록렌즈와 오목렌즈의 경우로 한정하였다. Chapter 4에서는 얇은 렌즈에서 언급했던 것을 일반화하여 렌즈의 두께 t를 고려하는 두꺼운 렌즈에 대해서도 포괄적인 이론을 기술할 것이다. 또한, chapter 3에서 주로 근축광선만을 고려한 반면, 여기서는 광선의 높이가 광축에서 멀리 떨어진 경우에 결상이 어떻게 될 것인지도 살펴본다.

실제 한 개 혹은 여러 개의 렌즈로 구성된 광학계에서는 다양한 요인들로 인하여 물체의 원래 모습과는 다른 모양의 상이 맺히게 된다. 이를 수차라고 하는데, 여기서는 대표적인 수차들의 원인 및 특성을 알아 볼 것이다. 그리고 사람의 눈을 비롯하여 카메라, 현미경, 망원경 등 가장 대표적인 광학기기들의 특성과 작동원리 등도 공부해 보기로 하겠다.

4.1 두꺼운 렌즈

렌즈의 부피(두께 t)가 초점거리와 비교하여 작다고 생각할 수 없을 때 제3장에서 취급한 얇은 렌즈에 대한 공식들을 그대로 사용할 수가 없으며 렌즈의 두께 t를 무시할 수 없다. 그림 4-1은 두께를 무시할 수 없는 두께가 t인 두꺼운 렌즈를 나타낸 것이다. 정점 V_1으로부터 제1초점(물체초점) F_o까지의 거리를 전방초점거리(front focal length : f.f.l $= f_1$), 그리고 V_2로부터 제2초점(상초점) F_i까지의 거리를 후방초점거리(back focal length : b.f.l $= f_2$)라고 한다.

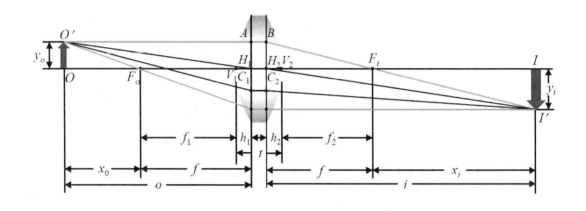

그림 4-1. 두꺼운 렌즈에서의 결상

두꺼운 렌즈에서도 얇은 렌즈의 경우와 마찬가지로 렌즈의 초점을 정의해 보자. 임의의 한 점에서 나온 빛이 광축에 평행광선이 되는 물체초점과 광축에 평행한 광선으로 렌즈를 출사한 광선이 한 점에 모이는 상초점 개념을 도입할 수 있다. 그림 4-2에서 보는 바와 같이, 물체초점에서 나온 빛의 연장선과 광축에 평행하게 출사된 평행광선의 연장선을 그어 만나는 점 A와 광축을 수직으로 연결할 때 광축과 만나는 점 H_1을 물체공간의 **주요점** 혹은 **제1주요점**이라고 하며 점 A와 H_1을 연결한 선을 포함한 입사면에 수직한 면을 **제1주요면**이라고 한다. 같은 방법으로 렌즈의 광축에 평행하게 입사한 빛의 연장선과 상초점을 향해 진행하는 광선의 반대쪽 연장선을 그어 만나는 점

B와 광축을 수직으로 연결할 때 광축과 만나는 점 H_2를 상공간의 **주요점** 혹은 **제2주요점**이라고 하며 점 B와 H_2를 연결한 선을 포함한 입사면에 수직한 면을 **제2주요면**이라고 정의한다.

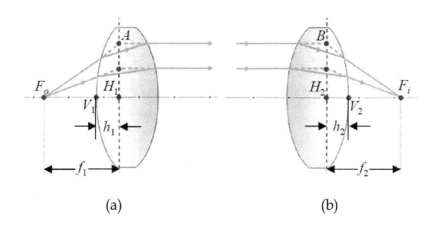

(a)   (b)

그림 4-2. 두꺼운 렌즈에서의 주요점과 주요면 (a) 제1주요점 및 주요면, (b) 제2주요점 및 주요면

　이제 두꺼운 렌즈에서의 결상을 생각해 보자. 첫 번째 굴절면과 두 번째 굴절면에서의 광학적 parameter를 구별하기 위하여 아래 첨자(subscript) 1과 2를 붙이기로 한다. 첫 번째 굴절면에 대해 물체 O는 렌즈의 왼쪽 정점 V_1의 왼쪽에 위치해 있다. 물체 O_1(그림 4-1에서 O)에서 나온 광선이 첫 번째 경계면 위의 점 $A_1(A)$에서 굴절된 다음, 다시 두 번째 경계면 위의 점 $A_2(B)$에서 굴절하여 광축과 점 $I_2(I)$에서 만나다. 여기서 첫 번째 굴절면에서 보면 I_1은 물체 O_1에 대한 상이며 두 번째 굴절면에 대해서는 물체 O_2가 된다. 따라서 두 번째 굴절면에 대한 물체거리 o_2는 $o_2 = |i_1| + t$이며 두 번째 굴절면에 대하여 물체공간에 있기 때문에 양의 값을 갖게 된다. 두꺼운 렌즈의 첫 번째 굴절면에 대하여 $n_1 = 1$, $n_2 = n$, 그리고 식 (3-5)를 적용하면

$$\frac{1}{o_1} + \frac{n}{i_1} = \frac{n-1}{R_1} = \frac{1}{f_1} \tag{4-1}$$

이다. i_1이 첫 번째 굴절면에 대한 상거리임을 고려하면 i_1은 (−)의 값을 갖는다. 따라서 두꺼운 렌즈의 두 번째 굴절면에 대해서 $n_1 = n$, $n_2 = 1$, $o_2 = -i_1 + t$를 식 (3-5)에 다시 적용하면

$$\frac{n}{-i_1 + t} + \frac{1}{i_2} = \frac{1-n}{R_2} = \frac{1}{f_2} \tag{4-2}$$

이 된다. 그림 4-1의 광학계는 두꺼운 렌즈이므로 $t \simeq 0$으로 가정할 수 없으며 렌즈의 두 정점 V_1과 V_2 사이의 두께가 t이다. 이 광학계에서 물체거리는 o_1, 제1초점거리는 f_1, 상거리는 i_2, 제2초점거리는 f_2, 그리고 렌즈의 두께는 t이다. 따라서 두꺼운 렌즈의 결상을 표현하는데 있어서 첫 번째 면의 상거리, 즉 두 번째 면의 물체거리인 i_1은 렌즈제작자 공식에서 나타나지 않는 항이므로 식 (4-1)과 식 (4-2)를 연립해서 i_1을 소거하면

$$o_1 i_2 - \frac{f_2(n f_1 - t)}{\{n(f_1 + f_2) - t\}} o_1 - \frac{f_1(n f_2 - t)}{\{n(f_1 + f_2) - t\}} i_2 - \frac{t f_1 f_2}{\{n(f_1 + f_2) - t\}} = 0 \tag{4-3}$$

을 얻을 수 있다. 두께가 t인 두꺼운 렌즈(그림 4-1)를 임의의 광학계로 간주하고 렌즈 제작자의 공식을 적용하면

$$\frac{1}{o_1 + h_1} + \frac{1}{i_2 + h_2} = \frac{1}{f} \tag{4-4}$$

의 형태로 표현할 수 있다. 여기서 f는 두께가 t인 두꺼운 렌즈 광학계의 초점거리를 의미한다. 주요점과 정점사이의 거리 h_1와 h_2에 대한 물리적 의미는 나중에 자세히 언급하기로 하자. 식 (4-4)를 두께가 t인 두꺼운 렌즈의 초점거리 f의 항으로 표현하면 다음과 같이 쓸 수 있다.

$$o_1 i_2 - (f - h_2) o_1 - (f - h_1) i_2 - f(h_1 + h_2) + h_1 h_2 = 0 \tag{4-5}$$

여기서 식 (4-3)과 (4-6)에서 $o_1 i_2$, o_1, i_2 항의 계수와 나머지 항을 비교하면

$$f - h_2 = \frac{f_2(nf_1 - t)}{n(f_1 + f_2) - t} \tag{4-6}$$

$$f - h_1 = \frac{f_1(nf_2 - t)}{n(f_1 + f_2) - t}$$

$$f(h_1 + h_2) - h_1 h_2 = \frac{t f_1 f_2}{n(f_1 + f_2) - t}$$

임을 알 수 있다. 식 (4-6)을 이용하여 두께가 t인 두꺼운 렌즈 광학계의 초점거리 f를 계산하면 초점거리 f는 다음과 같이 나타낼 수 있다.

$$f = \frac{n f_1 f_2}{n(f_1 + f_2) - t} \tag{4-7}$$

$$= \frac{1}{(n-1)\left\{ \dfrac{1}{R_1} - \dfrac{1}{R_2} + \dfrac{t(n-1)}{n R_1 R_2} \right\}}$$

이다. 식 (4-6)으로부터 h_1과 h_2는 다음과 같이 나타낼 수 있다.

$$h_1 = f - \frac{f_1(nf_2 - t)}{n(f_1 + f_2) - t} = \frac{-(n-1)tf}{n R_2} \tag{4-8}$$

$$h_2 = f - \frac{f_2(nf_1 - t)}{n(f_1 + f_2) - t} = \frac{(n-1)tf}{n R_1}$$

얇은 렌즈의 경우 물체까지의 거리인 물체거리(o)는 정점(V_1)에서 물체까지의 거리로 정의하며 상거리(i) 또한 정점(V_2)에서부터 상까지의 거리를 의

미한다. 그러나 두꺼운 렌즈의 경우에 있어서 물체거리는 그림 4-1에서 보는 바와 같이 정점(V_1)에서부터 측정하는 것이 아니라 주요점(H_1)으로부터 물체까지의 거리를 말하며 상거리 역시 다른 또 하나의 주요점(H_2)으로부터 상까지의 거리를 의미한다.

물체거리와 상거리 측정의 새로운 기준점인 H_1과 H_2를 두꺼운 렌즈의 주요점(Gauss 점이라고도 함)이라고 한다. 주요점과 정점사이의 거리인 h_1과 h_2의 부호규약은 두꺼운 렌즈에 있어서 간과해서는 안 될 중요한 문제 중의 하나이다. f/R_2의 값이 (−)이면 H_1은 V_1의 오른쪽에 있으며 h_1의 값은 (+)가 된다. 반면에 f/R_2의 값이 (+)이면 H_1은 V_1의 왼쪽에 존재하게 되며 h_1의 값은 (−)가 된다. 이것은 식 (4-8)에서 보는 바와 같이 f/R_2에 (−) 값을 대입하면 h_1의 값은 (+)가 되고, f/R_2에 (+)를 대입하면 h_1의 값은 (−)가 됨을 알 수 있다. 마찬가지로 f/R_1의 값이 (−) 혹은 (+)의 값을 가짐에 따라 h_2의 값 또한 (+) 또는 (−)의 값을 가지게 된다.

예제 4.1 두꺼운 렌즈의 초점거리(1)

곡률반경이 $R_1 = 4.0$ cm, $R_2 = 6.0$ cm, 두께가 2.0 cm이고 굴절률이 1.5인 양면이 볼록한 두꺼운 볼록렌즈가 공기 중에 있다. 이 렌즈의 첫 번째 정점으로부터 왼쪽으로 8.0 cm 지점에 물체가 존재할 때 상거리를 구하시오.

풀이 식 (4-7)로부터

$$\frac{1}{f} = (n-1)\left(\frac{1}{R_1} - \frac{1}{R_2} + \frac{(n-1)t}{nR_1R_2} \right)$$

$$\frac{1}{f} = (1.5-1.0)\left(\frac{1}{4.0} - \frac{1}{-6.0} + \frac{(1.5-1.0)\times 2.0}{1.5\times 4.0\times(-6.0)} \right)$$

$$\therefore f = 5.14 \, \text{cm}$$

이 렌즈는 양면이 볼록하므로 R_1의 중심은 정점 V_1의 오른쪽에 있으므로 부호가 (+)이며 R_2의 중심은 정점 V_2의 왼쪽에 있으므로 부호가 (−)이다.

식 (4-8)로부터 주요점과 정점사이의 거리 h_1과 h_2을 구하면

$$h_1 = -\frac{ft(n-1)}{R_2 n} = -\frac{5.14 \times 2.0 \times (1.5-1.0)}{-6.0 \times 1.5} = 0.571\,\text{cm}$$

$$h_2 = -\frac{tf(n-1)}{R_1 n} = -\frac{2.0 \times 5.14 \times (1.5-1.0)}{4.0 \times 1.5} = -0.857\,\text{cm}$$

h_2의 값이 (−)인 것은 H_2가 V_2의 왼쪽에 있다는 의미이다.

물체거리 o는 $o = o_1 + h_1$이므로

$$o = 8.0 + 0.571 = 8.571\,\text{cm}$$

렌즈제작자 공식 $\dfrac{1}{o} + \dfrac{1}{i} = \dfrac{1}{f}$에 의해 렌즈의 상거리 i를 구하면

$$\frac{1}{i} = \frac{1}{f} - \frac{1}{o} = \frac{1}{5.14} - \frac{1}{8.57}$$

$$= \frac{3.43}{40.05}$$

$$\therefore i = 12.84\,\text{cm}$$

$i = i_2 + |h_2|$이므로 정점 V_2로부터 상까지의 거리 i_2는

$$i_2 = i - |h_2|$$

$$= 12.84 - 0.86$$

$$= 11.98\,\text{cm}$$

예제 4.2 두꺼운 렌즈의 초점거리(2)

렌즈의 두 주요점과 정점사이의 거리 $h_1 = 0.2\,\mathrm{cm}$, $h_2 = -0.4\,\mathrm{cm}$인 두꺼운 렌즈에 태양광(평행광이라고 간주할 수 있음)이 입사하면 두꺼운 렌즈의 두 번째 정점 V_2로부터 29.6 cm 떨어진 지점에 초점을 맺는다. 이 렌즈의 앞 49.8 cm에 놓인 촛불의 상거리를 구하시오.

풀이 물체거리 o와 초점거리 f는

$$o = o_1 + h_1 = 49.8 + 0.2$$

$$= 50.0\ \mathrm{cm}$$

$$f = 29.6 + 0.4 = 30.0\ \mathrm{cm}$$

렌즈제작자 공식 $\dfrac{1}{o} + \dfrac{1}{i} = \dfrac{1}{f}$ 으로부터

$$\frac{1}{i} = \frac{1}{f} - \frac{1}{o} = \frac{1}{30.0} - \frac{1}{50.0}$$

$$= \frac{2}{150}$$

$$\therefore i = 75.0\ \mathrm{cm}$$

정점 V_2로부터 상까지의 거리 i_2는 다음과 같다.

$$i_2 = i + h_2$$

$$= 75.0 - 0.4$$

$$= 74.6\ \mathrm{cm}$$

두꺼운 렌즈의 배율(magnification)

그림 4-1에서 보는 바와 같이, $\triangle BC_2F_i$와 $\triangle I_2I_1F_i$, $\triangle O_1O_2C_1$와 $\triangle I_2I_1C_2$가 닮은꼴이므로 얇은 렌즈의 경우와 같이 렌즈방정식에 대한 Newton의 공식이 성립한다. Newton의 공식은 $f^2 = x_0x_i$ 이며 닮은꼴인 삼각형으로부터

$$M_T = \frac{y_i}{y_0} = -\frac{x_i}{f} = -\frac{f}{x_0} \tag{4-9}$$

로 나타낼 수 있다.

그림 4-3과 같이 2개의 두꺼운 렌즈, L_1과 L_2가 이루는 복합렌즈계($L_1 + L_2$)를 생각해 보자. o_1, i_1, f_1과 o_2, i_2, f_2는 두꺼운 렌즈 L_1과 L_2의 주요면으로부터 측정한 두 렌즈의 물체거리, 상거리, 그리고 초점거리이다.

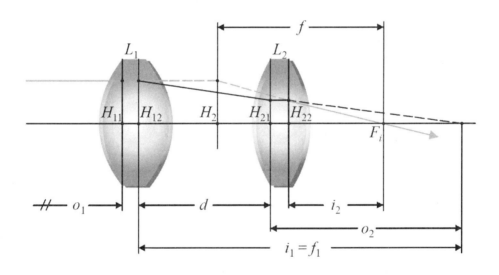

그림 4-3. 두꺼운 렌즈 L_1과 L_2가 이루는 복합렌즈계

만약 복합렌즈계의 물체거리 o가 ∞일 경우, 첫 번째 렌즈에서 $o_1 = \infty$이므로 렌즈제작자의 공식을 적용하면 $i_1 = f_1$이 된다. 이때, 두 번째 렌즈의 물

체거리 o_2는 $o_2 = -i_1 + d$, 그리고 복합렌즈계($L_1 + L_2$)의 상거리 i는 $i = f$가 성립한다. 복합렌즈계의 두 번째 렌즈 L_2에 대하여 물체거리 o_2가 ∞인 경우를 적용해 보자. 렌즈제작자 공식 $\dfrac{1}{o_2} + \dfrac{1}{i_2} = \dfrac{1}{f_2}$에 $o_2 \to \infty$를 대입하면

$$\frac{1}{i_2} = \frac{1}{f_2} - \frac{1}{o_2} = \frac{o_2 - f_2}{f_2 o_2} \tag{4-10}$$

가 되며 $i_1 \to f_1$, $o_1 \to o$, $i \to f$로 바꾸고 식 (4-10)을 이용하면

$$f = -\frac{f_1 i_2}{o_2} \tag{4-11}$$

$$= -\frac{f_1}{o_2}\left(\frac{o_2 f_2}{o_2 - f_2}\right)$$

$$= \frac{f_1 f_2}{f_2 + i_1 - d}$$

이 된다. 그러므로 두꺼운 렌즈 L_1과 L_2가 이루는 복합렌즈계($L_1 + L_2$)의 초점거리는 다음과 같이 나타낼 수 있다.

$$\frac{1}{f} = \frac{1}{f_1} + \frac{1}{f_2} - \frac{d}{f_1 f_2} \tag{4-12}$$

식 (4-12)는 2개의 두꺼운 렌즈로 이루어진 복합렌즈계($L_1 + L_2$)의 초점거리를 두꺼운 렌즈 각각의 유효초점거리로 표현한 식이다. 여기서 d는 첫 번째 렌즈의 두 번째 주요점과 두 번째 렌즈의 첫 번째 주요점 사이의 거리이다.

4.2 수차

일반적으로 구면렌즈를 통과하는 광선들은 한 점으로 정확히 수렴하지 않는다. 렌즈의 광축에서 벗어나 있는 지점으로 렌즈에 입사하는 광선은 이상적인 렌즈의 초점(가우스의 렌즈공식을 만족하는 렌즈의 초점) 보다 더 가까이에 수렴하게 되어 한 점에 상이 결상되지 않는다. 이와 같이 광학계와 빛의 물리적인 성질에 의해서 상의 왜곡(distortion)이 발생하는 현상을 **수차**(aberration)라고 한다.

수차는 광학계를 제조하는 과정에서 발생하는 물리적인 결함이 없어도 발생하는 자연현상 이다. 아래에 열거된 여러 가지 수차들 중에서 1-5까지는 단색광에서도 발생하기 때문에 **단색수차**(monochromatic aberration) 또는 **자이델**(Seidel) **수차**라고 한다. 반면에 입사한 광선의 파장이 최소한 두 가지 이상으로 구성되었을 때 발생하는 수차를 **색수차**(chromatic aberration)라고 한다. 수차의 종류는 다음과 같다.

       1. 구면수차
       2. 코마
       3. 비점수차
       4. 상면만곡
       5. 왜곡수차
       6. 색수차

구면을 통과하는 빛이 어떻게 굴절되는지를 규명하기 위하여 우리는 스넬의 법칙을 유도했다. 광학계로 입사하는 광선을 근축광선으로 한정할 경우, 입사각이 매우 작기 때문에 스넬의 법칙

$$n_1 \sin\theta_1 = n_2 \sin\theta_2$$

을 다음과 같이 표현할 수 있다.

$$n_1 \theta_1 = n_2 \theta_2 \tag{4-13}$$

이러한 근사는 입사하는 광선이 광축에 가까운 근축광선에 대해서만 성립한다. 그러나 입사각이 클 경우 $\sin\theta \neq \theta$이기 때문에 식 (4-13)은 성립하지 않는다. 따라서 입사광선이 근축광선이라고 가정하여 유도한 렌즈제작자의 공식과 가우스 렌즈공식은 근축광선의 범위를 벗어나는 광선들과 광축에 평행하지 않은 비축광선의 경로를 정확하게 설명할 수 없다. 이 경우에는 결상이 이상적으로 형성되지 않고 상이 퍼지거나 왜곡되는 수차를 동반하게 된다.

위의 기술을 단순한 수학적인 방법을 도입해서 설명해보자. 입사광선이 광축과 큰 각으로 입사할 경우 sine은 급수로 표현할 수 있다.

$$\sin\theta = \theta - \frac{1}{3!}\theta^3 + \frac{1}{5!}\theta^5 - \frac{1}{7!}\theta^7 + \cdots$$

만약에 첫 번째 항까지 근사($\sin\theta \simeq \theta$)를 할 경우 1차 광학(first-order optics) 또는 가우스 광학이라고 하며 두 번째 항까지 근사($\sin\theta \simeq \theta - \frac{1}{3!}\theta^3$)를 하면 3차 광학(third-order optics)이라고 한다. 이와 같이 몇 차 항까지 고려하느냐에 따라 나타나는 수차의 종류와 정도는 달라진다.

4.3 광학기기

■ 사진기

사진기는 빛이 차단되어 있는 어둠상자(암실), 실상을 만드는 수렴렌즈, 렌즈 뒤에 위치해서 상이 형성되는 빛을 감지하는 부품(필름 또는 CCD)으로 구성되어 있다. 그림 4-4는 사진기의 부품들과 물체의 결상을 도해한 그림이다.

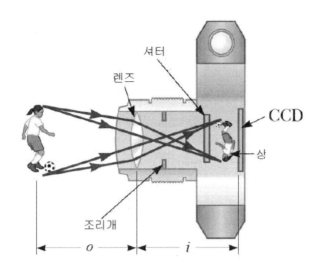

그림 4-4. 사진기에서의 결상

렌즈의 지름을 D라고 할 때, CCD나 필름에 도달하는 빛의 세기 I 는 D^2 에 비례한다. 사진기의 CCD나 필름에 물체의 상이 결상될 때, 물체거리 o는 $o \gg i$, f로 볼 수 있으며 상의 넓이는 i^2에 비례한다. $i \simeq f$이므로 결상되는 CCD나 필름에 있어서의 단위면적당 빛의 세기는 $1/f^2$에 비례하게 되고, 따라서 필름에 도달하는 빛의 세기는 $I \propto D^2/f^2$이다. 여기서 f/D를 렌즈의 f-number라고 한다. f-number는 사진기(렌즈)의 감광능력(속도)을 의미하는 데 f-number가 작을수록 조리개의 지름이 크기 때문에 필름(CCD)이 빛에 노출되는 비율이 높다는 것을 뜻한다.

일반적으로 아날로그 사진기를 가지고 촬영을 할 경우, 초점거리와 조리개의 크기는 f-number가 $f/11$ 정도가 되도록 맞춘다. 이와 같이 f-number가 클 경우, 초점심도(depth of field)가 매우 깊어지는데 이것은 물체와 렌즈로부터의 거리가 조금 변해도 필름에서의 결상에 크게 영향을 주지 않는다는 뜻이다. 즉, 사진기의 초점을 정확히 맞추지 않아도 좋은 상을 얻을 수 있다는 의미이다.

예제 4.3 사진기 렌즈의 지름과 적정 노출시간

초점거리가 120 mm이고 f-number가 $f/4$으로 했을 때 적절한 노출시간이 1/50초인 사진기가 있다. (a) 이 사진기의 렌즈 지름을 구하시오. (b) f-number를 $f/8$으로 변경했을 때 적절한 노출시간을 구하시오.

풀이 (a) f-number$=f/D$이므로 $f/4$와 $f/8$인 사진기의 렌즈 지름 D_1, D_2는 다음과 같다.

$$D_1 = \frac{120}{4} = 30 \text{ mm}$$

$$D_2 = \frac{120}{8} = 30/2 \text{ mm}$$

(b) 필름에 도달하는 빛의 전체 에너지는 빛의 세기와 노출시간의 곱에 비례하므로 $I_1 \Delta t_1 = I_2 \Delta t_2$이며 $I \propto D^2/f^2$이다.

$$I_1 \Delta t_1 = I_2 \Delta t_2$$

$$\left(\frac{D_1}{f}\right)^2 \Delta t_1 = \left(\frac{D_2}{f}\right)^2 \Delta t_2$$

$$\Delta t_2 = \left(\frac{D_1}{D_2}\right)^2 \Delta t_1 = \left(\frac{30}{30/2}\right)^2 \frac{1}{50}$$

$$= 0.08 \text{ s}$$

■ 인간의 눈

정상적인 인간의 눈은 사진기와 마찬가지로 빛을 집속하여 선명한 상을 결상시킨다. 눈에 입사되는 빛의 양을 조절하고 선명한 상을 결상시키는 눈의 작동원리는 정밀한 사진기보다 훨씬 더 복잡하고 효율적이다. 그림 4-5는 인간의 눈을 도해한 그림이다.

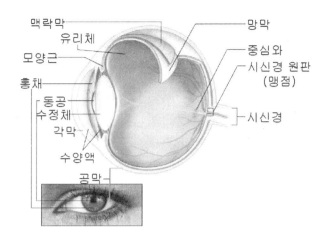

그림 4-5. 인간의 눈

   너무 가까운 거리에서 책을 보면 글씨가 흐려지는데 이는 수정체가 책에
초점을 맞추도록 충분히 조절할 수 없기 때문이다. 물체가 눈에 가까이 다가
갈 때, 망막에 선명한 상이 결상되는 가장 가까운 물체거리를 눈의 **근점**(near
point)이라고 한다. 근점은 나이가 들어감에 따라 증가하며 평균값은 ~25 cm
이다. 반대로, 이완된 상태의 수정체가 망막에 상을 맺을 수 있는 가장 먼 물
체거리를 **원점**(far point)이라고 한다. 정상시력인 사람은 행성이나 별과 같이
아주 멀리 있는 물체도 볼 수 있기 때문에 원점은 근사적으로 무한대이다.

예제 4.4 원시안의 교정

   근점이 50 cm인 원시안을 가진 사람이 있다. (a) 25 cm 떨어져 있
는 물체를 선명하게 보기 위한 교정렌즈의 초점거리를 계산하시오.
(b) 이 교정렌즈의 power를 계산하시오. (c) 교정렌즈가 눈 앞 2.0
cm인 지점에 있을 때, 렌즈의 초점거리를 계산하시오.

풀이

   (a) 물체의 상을 눈이 선명하게 볼 수 있는 가장 가까운 점인 근점
   에 결상되도록 하면 된다. 근점은 수렴렌즈의 정점으로부터 왼쪽에

있으므로 상거리 i는 -50 cm가 된다. 렌즈제작자의 공식으로부터

$$\frac{1}{o}+\frac{1}{i}=\frac{1}{25}+\frac{1}{-50}=\frac{1}{f}$$

$$f = 50 \text{ cm}$$

이다.

(b) 교정렌즈의 power는 초점거리를 m 단위로 표시해야 한다.

$$P=\frac{1}{f}=\frac{1}{0.5}$$

$$=2.0\ D$$

(c) 교정렌즈가 눈 앞 2.0 cm인 지점에 있으므로 물체거리 $o=23$ cm이고, 상거리 $i=-48$ cm이며 교정렌즈의 초점거리는 다음과 같다.

$$\frac{1}{o}+\frac{1}{i}=\frac{1}{23}+\frac{1}{-48}=\frac{1}{f}$$

$$f = 44.2 \text{ cm}$$

■ 확대경

확대경은 하나의 수렴렌즈로 이루어져 있으며 물체를 실제보다 더 커보이게 한다. 그림 4-6에서 보는 바와 같이 거리 o 만큼 떨어진 곳의 물체를 볼 경우 망막에 결상되는 상의크기는 물체가 눈에 대하여 이루는 각도 θ에 따라 달라진다.

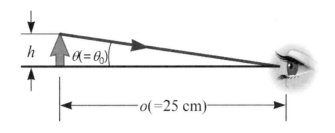

그림 4-6. 눈의 근점$(\theta = \theta_0)$에 있는 물체

　물체가 눈에 가까워짐에 따라 각폭 θ는 커지며 물체에 대한 상도 커지게 된다. 그러나 정상적인 인간의 눈은 근점(~ 25 cm)보다 더 가까이에 있는 물체에 대해서는 초점을 맞출 수 없기 때문에 각폭 θ는 물체가 눈의 근점 $(\theta = \theta_0)$에 있을 때 가장 크다. 확대경은 그림 4-7과 같이 수렴렌즈(확대경)의 초점 바로 안쪽의 점 O에 물체가 놓이도록 함으로써 물체의 겉보기 각폭을 크게 하여 확대된 정립 허상을 볼 수 있게 한다.

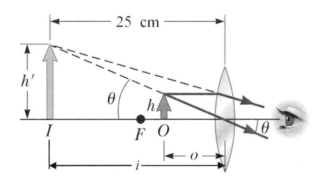

그림 4-7. 수렴렌즈의 초점 가까이에 있는 물체의 확대된 상

　각배율 m은 수렴렌즈를 사용할 때 물체의 각폭(그림 4-7의 θ)과 수렴렌즈 없이 물체가 근점에 있는 경우의 각폭(그림 4-6의 θ_0)의 비로 정의된다.

$$m = \frac{\theta}{\theta_0} \tag{4-14}$$

각배율은 상이 눈의 근점에 있을 때, 즉 $i = -25$ cm일 때 최대가 된다. 상이 눈의 근점에 있을 경우에 대한 물체거리를 렌즈제작자 공식으로 계산하면

$$\frac{1}{o} + \frac{1}{-25} = \frac{1}{f} \rightarrow o = \frac{25f}{25+f}$$

이며 여기서 f는 수렴렌즈의 초점거리이다. 확대경에 있어서 θ_o와 θ는 작은 값이기 때문에 다음과 같이 근사를 해도 무리가 없다.

$$\tan\theta_0 \simeq \theta_0 \simeq \frac{h}{25}, \quad \tan\theta \simeq \theta \simeq \frac{h}{o} \tag{4-15}$$

따라서 식 (4-15)를 사용하여 식 (4-14)를 다시 쓰면

$$m_{\max} = \frac{\theta}{\theta_0} = \frac{25}{o} = \frac{25}{25f/(25+f)} \tag{4-16}$$

$$= 1 + \frac{25 \text{ cm}}{f}$$

으로 나타낼 수 있다. 확대경에 의해 결상된 상은 근점과 무한 원점 사이의 어느 곳에 결상되더라도 눈은 상에 대하여 초점을 맞출 수 있지만 상이 무한히 먼 곳에 결상되는 경우가 눈에 가장 편하다. 이 경우는 물체가 확대경 렌즈의 초점에 있는 경우이며 식 (4-14)로부터 각배율은 다음과 같다.

$$m_{\min} = \frac{\theta}{\theta_0} = \frac{25 \text{ cm}}{f} \tag{4-17}$$

렌즈 하나를 이용하여 수차가 거의 없는 이상적인 확대경을 만들 경우 4배 정도의 각배율을 얻을 수 있지만 여러 개의 렌즈를 사용할 경우 약 20배까지 확대도 가능하다.

예제 4.5 확대경의 배율

초점거리가 12.5 cm인 수렴렌즈를 사용한 확대경이 있다. (a) 이 확대경의 최대 배율을 계산하시오. (b) 눈이 편안한 상태로 볼 수 있는 확대경의 배율을 계산하시오.

풀이 (a) 확대경의 최대 배율은 상이 근점에 결상되었을 때 최대가 되므로 식 (4-16)으로부터 최대 배율은 다음과 같다.

$$m_{\text{max}} = 1 + \frac{25 \text{ cm}}{f} = 1 + \frac{25}{12.5}$$

$$= 3.0$$

(b) 눈이 편안한 상태는 상이 무한히 먼 곳에 결상되는 경우이며 식 (4-17)을 이용하면 눈이 편안한 상태로 볼 수 있는 확대경의 배율은

$$m_{\text{min}} = \frac{25 \text{ cm}}{f} = \frac{25}{12.5}$$

$$= 2.0$$

■ 현미경

물체의 미세한 구조나 형상을 관찰하는데 있어서 확대경의 배율은 제한적이다. 렌즈 두 개를 조합하여 그림 4-8과 같은 현미경을 만들면 배율을 훨씬 더 높일 수 있다. 두 개의 렌즈 중에 물체에 가까이 위치하는 렌즈를 대물렌즈(초점거리 $f_o < 1$ cm)라고 하며 관찰자의 눈에 가까이 위치하는 렌즈를 대안렌즈(초점거리 $f_e \simeq$ 수 cm)라고 하며 대물렌즈와 대안렌즈 사이의 거리 d

는 f_o나 f_e보다 훨씬 크다. 물체는 대물렌즈의 초점 바로 밖에 위치하도록 대물렌즈와 물체의 거리를 조절하면 대물렌즈에 의한 도립 실상 I_1을 결상시킨다. 도립 실상 I_1은 대안렌즈의 초점 F_e와 대안렌즈 사이에 위치하게 된다. 대안렌즈는 확대경 역할을 하며 도립 실상 I_1(대안렌즈의 물체)의 확대된 정립 허상을 I_2에 만든다.

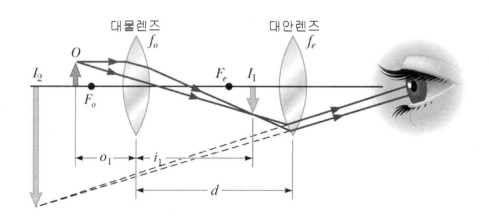

그림 4-8. 현미경의 개략도

대물렌즈에 의한 상의 배율 m_o는 $-i_1/o_1$이며, 그림 4-8에서 보는 바와 같이 i_1이 d와 근사적으로 같고 물체거리 $o_1 \simeq f_o$가 되도록 현미경을 설계한다. 따라서 대물렌즈의 배율 m_o는

$$m_o = -\frac{i_1}{o_1} \simeq -\frac{d}{f_o}$$

이며 대안렌즈의 초점 근처에 있는 물체(I_1에 형성되는 대물렌즈의 상)에 대한 대안렌즈의 각배율은 식 (4-17)로부터 다음과 같이 나타낼 수 있다.

$$m_e = \frac{25 \text{ cm}}{f_e}$$

현미경에 의한 상의 전체 배율 M은 대물렌즈와 대안렌즈 배율의 곱으로 정의되며 다음과 같다.

$$M = m_o m_e = -\frac{d}{f_o}\left(\frac{25 \text{ cm}}{f_e}\right) \tag{4-18}$$

여기서 $(-)$ 부호는 도립상을 의미한다.

예제 4.6 현미경의 배율

초점거리가 2.0 cm인 대물렌즈와 초점거리가 5.0 cm인 대안렌즈를 사용한 현미경의 배율을 계산하시오. 이 현미경의 길이 d는 18 cm이다.

풀이 식 (4-18)로부터 현미경의 배율은

$$M = -\frac{d}{f_o}\left(\frac{25 \text{ cm}}{f_e}\right) = -\frac{18}{2.0}\left(\frac{25}{5.0}\right)$$

$$= -45$$

■ 망원경

망원경은 크게 두 가지 종류로 대별되는데, 하나는 여러 개의 렌즈를 조합하여 상을 결상시키는 굴절망원경과 또 다른 하나는 곡면거울과 렌즈를 사용하여 결상시키는 반사망원경이다. 우리는 굴절망원경을 통하여 먼 곳의 작을 물체를 관측하는 망원경의 결상 원리를 알아볼 것이다.

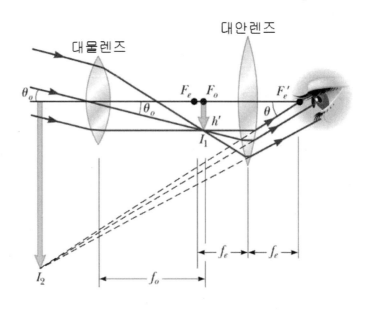

그림 4-9. 굴절망원경의 개략도

　그림 4-9와 같이 굴절망원경에는 현미경처럼 대물렌즈와 대안렌즈가 있으며, 먼 곳에 있는 물체의 상이 대물렌즈에 의하여 도립 실상(I_1)의 형태로 대안렌즈의 초점에 매우 가까운 위치에 결상되도록 설계되어 있다. 물체는 실질적으로 대물렌즈로부터 무한대의 거리에 있기 때문에 상 I_1이 결상되는 위치는 대물렌즈의 초점이 되며 대안렌즈는 대물렌즈에 의해 결상된 I_1의 정립상을 I_2에 결상시킨다.

　망원경의 각배율은 θ/θ_0로 정의한다. 여기서 θ_0는 대물렌즈에서 물체의 상단까지의 각이고, θ는 최종 상(I_2)이 관측자의 눈에 대하여 이루는 각도이다. 물체가 대물렌즈에 대해 이루는 각도 θ_0는 대물렌즈에 의한 상이 대물렌즈에 대하여 이루는 각도와 동일하다. 그러므로

$$\tan\theta_0 \simeq \theta_0 \simeq -\frac{h'}{f_0} \tag{4-19}$$

가 된다. 여기서 (−) 부호는 도립상을 의미한다. 최종 상(I_2)이 관측자의 눈에 대하여 이루는 각도 θ는 상 I_1의 끝에서 나와 광축과 평행하게 진행하던 광선이 대안렌즈를 지난 후 광축과 이루는 각도와 같다. 그러므로

$$\tan\theta \simeq \theta \simeq \frac{h'}{f_e} \tag{4-20}$$

이 된다. 식 (4-20)에서는 (−) 부호를 쓰지 않았는데, 이것은 최종 상(I_2)이 상 I_1에 대해 뒤집히지 않았기 때문이다. 식 (4-19)와 (4-20)을 이용하여 망원경의 각배율을 다음과 같이 나타낼 수 있다.

$$m_t = \frac{\theta}{\theta_0} = \frac{h'/f_e}{-h'/f_o} \tag{4-21}$$

$$= -\frac{f_o}{f_e}$$

식 (4-21)은 망원경의 각배율이 대안렌즈의 초점거리에 대한 대물렌즈의 초점거리의 비와 같음을 보여준다. 여기서 (−) 부호는 최종 상 I_2가 물체에 대해 도립상이라는 것을 의미한다.

연습문제

두꺼운 렌즈

1. 굴절률이 1.5이고 양면이 볼록한, 두께가 2 cm인 두꺼운 렌즈가 있다. 제1면의 곡률반경 R_1은 5 cm이고 제2면의 곡률반경 R_2는 20 cm이다. 만약 물체가 렌즈의 제1정점 V_1으로부터 16 cm되는 곳에 놓여 있다고 할 때, 렌즈의 초점거리와 물체에 대한 상거리를 구하시오.

풀이

두꺼운 렌즈에서 초점거리 f는

$$f = \frac{1}{(n-1)\left\{ \dfrac{1}{R_1} - \dfrac{1}{R_2} + \dfrac{t(n-1)}{nR_1R_2} \right\}}$$

로 주어진다. 따라서

$$f = (1.5-1)\left(\frac{1}{5} - \frac{1}{-20} + \frac{(1.5-1)\times 2}{1.5\times 5\times(-20)} \right) = 8.22 \ (\text{cm})$$

이다. 정점과 주요점 사이의 거리 h_1은 다음과 같이 나타낼 수 있다.

$$h_1 = f - \frac{f_1(nf_2-t)}{n(f_1+f_2)-t} = \frac{-(n-1)tf}{nR_2}$$

$$= \frac{-(1.5-1)\times 2\times 8.22}{-20\times 1.5}$$

$$= 0.274 \ (\text{cm})$$

$$o = 16 + 0.274 = 16.274 \ (\text{cm})$$

$$\frac{1}{o} + \frac{1}{i} = \frac{1}{f}$$

$$\frac{1}{16.274} + \frac{1}{i} = \frac{1}{8.22}$$

$$\frac{1}{i} = 0.122 - 0.061 = 0.061$$

$$i = 16.39 \ (\text{cm})$$

2. 식 (3-14)로 주어지는 Newton의 렌즈공식을 두꺼운 렌즈에서도 성립함을 보이시오.

풀이

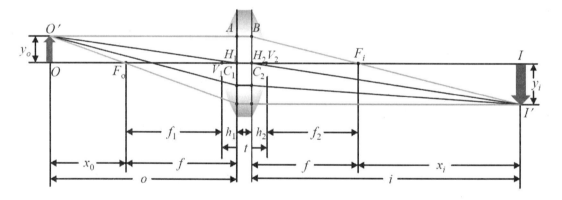

그림에서 삼각형의 합동으로부터 배율 M은

$$M = \frac{y_i}{y_o} = -\frac{x_i}{f} = -\frac{f}{x_o} \quad \text{이므로}$$

$$f^2 = (o-f)(i-f) = x_o x_i$$

3. 두꺼운 렌즈의 초점거리는 식 (4-7)로 주어진다. 유리로 된 두꺼운 렌즈가

공기 중에 있을 때, 렌즈의 두께와 무관하게 초점거리가 일정한 값을 가지는 조건을 구하시오.

풀이

유리로 된 두꺼운 렌즈가 볼 형태로 되어 있을 때 렌즈의 반경 R_1, R_2는 각각 R, $-R$이 되며 초점거리는 다음과 같이 계산된다.

$$\frac{1}{f} = (n-1)\left\{\frac{1}{R_1} - \frac{1}{R_2} + \frac{t(n-1)}{nR_1R_2}\right\} = (n-1)\left\{\frac{1}{R} - \frac{1}{-R} - \frac{2R(n-1)}{nR^2}\right\}$$

$$= (n-1)\left\{\frac{2}{R} - \frac{2(n-1)}{nR}\right\} = \frac{2(n-1)}{nR}$$

$$f = \frac{nR}{2(n-1)}$$

따라서 초점거리 f는 렌즈의 두께와 무관하게 된다.

4. 초승달 모양으로 생긴 렌즈를 메니스커스(meniscus) 렌즈라고 한다. 물체가 두꺼운 메니스커스 렌즈의 제1주요면에 위치하고 있을 때, 상거리와 배율을 계산하시오.

풀이

주요점은 서로 공액관계를 가지기 때문에 $o=0$이면 $i=0$이다. 왜냐하면 유한한 f와 H_1에서 한 점은 H_2에 상이 맺히기 때문이다. 그리고 첫 번째 주요면에서 물체는 단위 배율($M_T=1$)로 두 번째 주요면에 상이 맺힌다.

5. 반경이 R, 굴절률이 n인 크리스털(crystal) 볼이 있다. 다음 물음에 답하시오.
   (1) 크리스털 볼의 초점거리를 R과 n으로 표현하시오.
   (2) 크리스털 볼의 주요점을 계산하시오.

(3) 크리스털 볼의 반경이 10 cm, 굴절률이 1.5일 때, 태양의 상이 맺히는 거리를 계산하시오.

풀이

(1) 크리스털 볼의 초점거리를 R과 n으로 표현하시오.

$$\frac{1}{f} = (n-1)\left\{\frac{1}{R_1} - \frac{1}{R_2} + \frac{t(n-1)}{nR_1R_2}\right\} = (n-1)\left\{\frac{1}{R} - \frac{1}{-R} - \frac{2R(n-1)}{nR^2}\right\}$$

$$= (n-1)\left\{\frac{2}{R} - \frac{2(n-1)}{nR}\right\} = \frac{2(n-1)}{nR}$$

$$f = \frac{nR}{2(n-1)}$$

(2) 크리스털 볼의 주요점을 계산하시오.

$$h_1 = \frac{-(n-1)tf}{nR_2} = \frac{-(n-1)2R}{n(-R)}\frac{nR}{2(n-1)}$$

$$= R$$

(3) 크리스털 볼의 반경이 10 cm, 굴절률이 1.5일 때, 태양의 상이 맺히는 거리를 계산하시오.

물체거리가 ∞이므로

$$\frac{1}{o} + \frac{1}{i} = \frac{1}{f} \rightarrow \frac{1}{\infty} + \frac{1}{i} = \frac{1}{f}$$

$$\frac{1}{i} = \frac{1}{f} = \frac{2(n-1)}{nR}$$

$$i = \frac{nR}{2(n-1)} = \frac{1.5 \times 10}{2 \times 0.5}$$

$$= 15 \ (\text{cm})$$

6. 반경이 10 cm이고 굴절률이 1.5인 유리구가 있다. 물체가 유리구의 중심으로부터 3 m 지점에 있을 때, 상거리와 유리구의 배율을 계산하시오.

풀이

먼저 유리구의 초점을 구하면

$$f = \frac{1}{(n-1)\left\{\dfrac{1}{R_1} - \dfrac{1}{R_2} + \dfrac{t(n-1)}{nR_1R_2}\right\}} = \frac{1}{(1.5-1)\left\{\dfrac{1}{10} - \dfrac{1}{-10} + \dfrac{(1.5-1)\times 20}{1.5\times 10\times(-10)}\right\}}$$

$$= 15 \ (\text{cm})$$

정점과 주요점 사이의 거리 h_1은 다음과 같이 나타낼 수 있다.

$$h_1 = f - \frac{f_1(nf_2 - t)}{n(f_1 + f_2) - t} = \frac{-(n-1)tf}{nR_2}$$

$$= \frac{-(1.5-1)\times 20\times 15}{-10\times 1.5}$$

$$= 1 \ (\text{cm})$$

따라서 물체거리 o는 $o = 300 - 9 = 291 \ (\text{cm})$이다.

$$\frac{1}{o} + \frac{1}{i} = \frac{1}{f}$$

$$\frac{1}{291} + \frac{1}{i} = \frac{1}{15}$$

$$\frac{1}{i} = 0.0667 - 0.0034 = 0.06326$$

$$i = 15.83 \ (\text{cm})$$

$$M = \frac{y_i}{y_o} = -\frac{x_i}{f} = -\frac{f}{x_o}$$

$$= -\frac{15}{274} = -0.055$$

7. 태양광이 $H_1 = 0.2$ cm, $H_2 = -0.4$ cm에 주요점을 가지는 두꺼운 렌즈의 뒷면으로부터 29.6 cm 떨어진 위치에 점으로 결상이 된다. 이 렌즈의 앞 49.8 cm에 놓여 있는 물체의 상거리를 구하시오.

풀이

태양광에 대한 상거리는 물체거리가 ∞이므로

$$\frac{1}{o} + \frac{1}{i} = \frac{1}{f} \rightarrow \frac{1}{\infty} + \frac{1}{i} = \frac{1}{f}$$

$$\frac{1}{i} = \frac{1}{f}$$

$$i = f = 29.6 + 0.4$$

$$= 30 \ (cm)$$

$$\frac{1}{o} + \frac{1}{i} = \frac{1}{f}$$

$$\frac{1}{50} + \frac{1}{i} = \frac{1}{30} \rightarrow \frac{1}{i} = \frac{1}{30} - \frac{1}{50} = \frac{2}{150}$$

$$i = 75 \ (cm)$$

8. 그림과 같이 첫 번째 렌즈의 초점거리가 -30 cm, 두 번째 렌즈의 초점거리가 20 cm인 렌즈가 10 cm 떨어져 있다. 이 복합 렌즈계의 초점거리를 구하고 제1주요점과 제2주요점의 위치를 결정하시오.

풀이

초점거리가 f_1, f_2인 복합렌즈계의 초점거리는

$$\frac{1}{f} = \frac{1}{f_1} + \frac{1}{f_2} - \frac{d}{f_1 f_2}$$

로 주어진다.

따라서 복합렌즈계의 초점거리 f는

$$\frac{1}{f} = \frac{1}{f_1} + \frac{1}{f_2} - \frac{d}{f_1 f_2}$$

$$= \frac{1}{-30} + \frac{1}{20} - \frac{10}{(-30) \times 20}$$

$$= \frac{1}{30}$$

$$f = 30 \ (\text{cm})$$

제1주요점 $= \dfrac{fd}{f_2} = \dfrac{30 \times 10}{20}$

$$= 15 \ (\text{cm})$$

제2주요점 $= -\dfrac{fd}{f_1} = -\dfrac{30 \times 10}{-30}$

$$= 10 \ (\text{cm})$$

수차

9. 그림과 같이 광축에 평행하게 입사하는 두 광선이 굴절률이 1.60인 평면-볼록렌즈에 입사한다. 렌즈의 곡률반경은 $R = 20.0$ cm이고 광선은 광축으로부터 $h_1 = 0.50$ cm, $h_2 = 12.0$ cm 떨어져 있다. 두 광선이 렌즈를 통과하여 광축과 만나는 두 지점의 차이 Δx를 계산하시오.

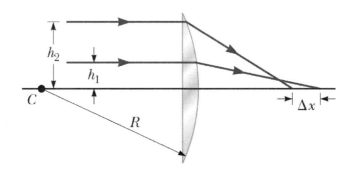

풀이

광학계의 초점거리를 계산하면

$$\frac{1}{f} = (n-1)\left(\frac{1}{R_1} - \frac{1}{R_2}\right) = (1.6-1)\left(\frac{1}{\infty} - \frac{1}{-20}\right)$$
$$= 0.6 \times \frac{1}{20}$$

$f = 33.33 \ (\text{cm})$

광축으로부터 $h_1 = 0.50$ cm의 높이로 입사하는 광선은 근축광선이라고 간주하면 광축으로부터의 높이와 같은 비율로 수차가 발생할 것이므로 $\Delta x = 33.33 - 12.0 = 21.33 \ (\text{cm})$이다.

10. 양면이 오목한 오목렌즈의 곡률반경이 32.5 cm와 42.5 cm이다. 유리의 굴절률은 자외선에 대하여 1.53이고 빨간색 빛에 대하여 1.51이다. 물체가 매우 먼 거리에 있을 때, (1) 자외선이 만드는 상과 (2) 빨간색 빛이 만드는 상의 위치를 구하시오.

풀이

(1) 자외선이 만드는 상

자외선에 대한 오목렌즈의 초점거리를 계산하면

$$\frac{1}{f} = (n-1)\left(\frac{1}{R_1} - \frac{1}{R_2}\right) = (1.53-1)\left(\frac{1}{-32.5} - \frac{1}{-42.5}\right)$$
$$= 0.53 \times (-0.03 + 0.024)$$

$f = -314.5 \ (\text{cm})$

물체거리가 ∞이므로 자외선이 만드는 상거리는

$$\frac{1}{o} + \frac{1}{i} = \frac{1}{f} \rightarrow \frac{1}{\infty} + \frac{1}{i} = \frac{1}{f}$$
$$\frac{1}{i} = \frac{1}{f}$$

$$i = f = -314.5 \ \text{(cm)}$$

(2) 빨간색 빛이 만드는 상

빨간색 빛에 대한 오목렌즈의 초점거리를 계산하면

$$\frac{1}{f} = (n-1)\left(\frac{1}{R_1} - \frac{1}{R_2}\right) = (1.51-1)\left(\frac{1}{-32.5} - \frac{1}{-42.5}\right)$$

$$= 0.51 \times (-0.03 + 0.024)$$

$$f = -326.8 \ \text{(cm)}$$

물체거리가 ∞이므로 자외선이 만드는 상거리는

$$\frac{1}{o} + \frac{1}{i} = \frac{1}{f} \ \rightarrow \ \frac{1}{\infty} + \frac{1}{i} = \frac{1}{f}$$

$$\frac{1}{i} = \frac{1}{f}$$

$$i = f = -326.8 \ \text{(cm)}$$

광학기기

11. 근시안인 사람의 원점이 2.0 m이다. 원점보다 훨씬 멀리 있는 물체는 선명하게 볼 수 없다. 멀리 떨어져 있는 물체를 선명하게 보기 위한 안경의 power를 계산하시오.

풀이

물체거리가 ∞, 원점이 2.0 m이므로

$$\frac{1}{o} + \frac{1}{i} = \frac{1}{f} \ \rightarrow \ \frac{1}{\infty} + \frac{1}{2} = \frac{1}{f}$$

$$\frac{1}{i} = \frac{1}{f}$$

$$i = f = 2 \ \text{(m)}$$

$$P = \frac{1}{f} = \frac{1}{2}$$

$$= 0.5 \ D$$

12. 눈이 원시인 사람이 $+1.5 \ D$의 안경을 쓰고 있다. 이 사람의 눈의 근점을 계산하시오.

풀이

$$P = \frac{1}{f} = 1.5 \ D$$

$$\frac{1}{o} + \frac{1}{i} = \frac{1}{f} \rightarrow \frac{1}{0.25} + \frac{1}{i} = 1.5$$

$$\frac{1}{i} = 1.5 - 4.0$$

$$i = -0.4 \ (\text{m})$$

따라서 근점은 40 cm이다.

13. 사진기의 노출시간을 1/50초, f-number를 $f/4$으로 했을 때 필름의 결상이 적절하게 되었다는 것을 알았다. 이 사진기로 날아가는 새를 촬영하기 위하여 노출시간을 1/200초로 줄였더니 사진이 흐려지지 않고 또렷이 촬영되었다. 이 때, 사진기의 조리개 구경을 계산하시오.

풀이

빛의 세기와 노출시간의 곱에 비례하므로 $I_1 \Delta t_1 = I_2 \Delta t_2$이며 $I \propto D^2/f^2$이다.

$$I_1 \Delta t_1 = I_2 \Delta t_2$$

$$\left(\frac{D_1}{f} \right)^2 \frac{1}{50} = \left(\frac{D_2}{f} \right)^2 \frac{1}{200}$$

$$D_2^2 = 4D_1^2 \rightarrow D_2 = 2D_1$$

14. 어떤 복합현미경의 대안렌즈와 대물렌즈 사이의 거리가 23.0 cm이다. 대안렌즈의 초점거리는 2.5 cm이고 대물렌즈의 초점거리는 0.4 cm이다. 이 현미경의 전체 배율을 계산하시오.

풀이

현미경에 의한 상의 전체 배율 M은 대물렌즈와 대안렌즈 배율의 곱으로 정의되며 다음과 같다.

$$M = m_o m_e = -\frac{d}{f_o}\left(\frac{25 \text{ cm}}{f_e}\right) = -\frac{23}{0.4}\left(\frac{25}{2.5}\right)$$

$$= -575$$

15. 초점거리가 5.0 cm인 렌즈로 되어 있는 어떤 확대경이 있다. (1) 정상적인 눈으로 상을 선명하게 최대 배율로 보기 위한 물체거리를 계산하시오. (2) 최대 배율을 계산하시오.

풀이

(1) 정상적인 눈으로 상을 선명하게 최대 배율로 보기 위한 물체거리를 계산하시오.

상이 근점에 결상되었을 때 배율이 최대가 되므로

$$\frac{1}{o} + \frac{1}{i} = \frac{1}{f} \rightarrow \frac{1}{o} + \frac{1}{-25} = \frac{1}{f}$$

$$o = \frac{25f}{25+f} = \frac{25 \times 5}{25+5}$$

$$= 4.17 \text{ (cm)}$$

(2) 최대 배율을 계산하시오.

최대 배율은 상이 근점에 결상되었을 때 최대가 되므로 최대 배율은
다음과 같다.

$$m_{max} = 1 + \frac{25 \text{ cm}}{f} = 1 + \frac{25}{5}$$

$$= 6$$

16. 천체 망원경으로 달을 관찰하고자 한다. 달은 지구 표면에서 대략 0.5°의
각 크기를 갖고 있다. 망원경의 대물렌즈 초점거리는 0.75 m, 대안렌즈의 초
점거리는 0.1 m이다. 다음 물음에 답하시오.

(1) 각배율을 계산하시오.

(2) 망원경으로 달을 관찰할 때, 달의 각 크기를 계산하시오.

풀이

(1) 각배율을 계산하시오.

$$m_t = \frac{\theta}{\theta_0} = -\frac{f_o}{f_e} \rightarrow m_t = -\frac{0.75}{0.1} = -7.5$$

(2) 망원경으로 달을 관찰할 때, 달의 각 크기를 계산하시오.

$$m_t = \frac{\theta}{\theta_0} = -7.5$$

$$\theta = -7.5\theta_0 = -7.5 \times 0.5^\circ$$

$$= -3.75^\circ$$

17. 대물렌즈의 초점거리가 900 mm이고 대안렌즈의 초점거리가 10 mm인
굴절망원경이 있다. (1) 이 망원경의 각배율과 (2) 망원경의 대략적인 길이를
구하시오.

풀이

(1) 이 망원경의 각배율을 구하시오.

$$m_t = \frac{\theta}{\theta_0} = -\frac{f_o}{f_e} \rightarrow m_t = -\frac{900}{10} = -90$$

(2) 망원경의 대략적인 길이를 구하시오.

$$L \simeq f_e + f_o = 10 + 900$$

$$= 910 \ (\text{mm})$$

CHAPTER 5

빛의 간섭

　잔잔한 호수에 돌을 던지면 원형 물결이 생긴다. 원형 물결은 동심원을 그리며 연속적으로 발생되고 순차적으로 퍼져나간다. 호수 위의 한 점을 관찰하면 물 표면이 주기적으로 오르락내리락 하는 것을 볼 수 있다. 이와 같이 일반적으로 파동은 압력, 변위 등과 같은 물리량이 주기적으로 변하면서 공간을 따라 전파되어 나가는 것을 말한다.

　파동에는 음파, 수면파, 전자기파, 지진파, 줄의 진동 등이 있다. 보통 파동을 형성하는 물리량은 연속적으로 변해야하기 때문에 공간상의 각 점에서 서로 영향을 주고받을 수 있도록 유기적으로 연결되어 있어야 하고 또한 평형 상태로 되돌아가려고 하는 탄성이 있어야 한다. 자연현상에서는 이러한 조건을 충족시키는 여러 가지 종류의 파동이 있고, 그 전파 모양이나 진동 모양이 각기 다르다. 그러나 대부분의 경우 파동을 전달하는 매질 자체가 전파되어 나가는 것이 아니라, 그 매질의 성질이 전파되어 나가는 것이다.

　한 파원에서 나온 파동이 서로 다른 경로를 거쳐 임의의 지점에 도달하면 합성 파동은 보강되거나 상쇄되어 공간적으로 파동의 강·약에 따른 무늬가 생긴다. 이러한 현상이 파동의 간섭이며, 이 무늬를 간섭무늬라 한다. 일반적으로 두 개 이상의 파동이 서로 중첩되는 경우 매질의 움직임에 관한 수학적 표현은 각각의 파동함수에 대한 수학적 표현, 즉 각각의 파동함수를 단순히 더한 것과 같다. 이것을 파도의 중첩원리라고 하며 파동광학의 기초가 된다. 본 장에서는 파동에 대한 수학적 표현과 중첩원리를 알아보고, 이를 이용하여 빛의 간섭과 관련된 다양한 현상들을 규명해 보기로 한다.

5.1 파동운동의 수학적 표현과 종류

모든 전자기파는 Maxwell의 미분방정식을 만족하는 파동함수로 표현할 수 있으며 Maxwell 방정식으로부터

$$\nabla^2 \vec{E} = \epsilon_0 \mu_0 \frac{\partial^2 \vec{E}}{\partial t^2} \qquad (5\text{-}1)$$

$$\nabla^2 \vec{H} = \epsilon_0 \mu_0 \frac{\partial^2 \vec{H}}{\partial t^2}$$

을 얻을 수 있다. 여기서 $\vec{E}$는 전기장 벡터, $\vec{H}$는 자기장 벡터, ϵ_0는 자유공간에서의 유전상수, μ_0는 자유공간에서의 투자율이다. 파동함수에 대한 계산을 단순하게 하기 위하여 우선 1차원의 경우로 한정하자. 일정한 속력 v로 $+x$ 방향으로 진행하는 어떤 파동함수 Ψ는

$$\Psi(x,\,t) = f(x-vt) \qquad (5\text{-}2)$$

이다. 파동함수는 $\Psi(x,\,t)$의 형태가 특정한 어떤 형태를 가짐에 따라 조화파, 평면파, Gaussian, Lorentzian 등으로 명명된다.

■ 조화파

파동의 형태가 sine이나 cosine 곡선으로 주어지는 가장 단순한 파동을 삼각함수파, 단순 조화파, 또는 **조화파**(harmonic wave)라고 한다. 모든 파동은 이러한 조화파들의 중첩으로 표현할 수 있기 때문에 특별한 중요성을 갖는다. 조화파의 파동함수는 파장, 주기, 진동수, 진폭 등과 같은 인자들로 아래 식과 같이 표현할 수 있다.

$$\Psi(x,\,t) = A \sin k(x-vt) = f(x-vt) \qquad (5\text{-}3)$$

여기서 양의 상수인 k는 **파수**(wave number), 또는 **전파상수**(propagation number)이고 kx의 단위는 radian이다. Sine 곡선은 ±1 사이에서 변하기 때문에 $\Psi(x, t)$의 최대값은 $|A|$인데 이것을 파동의 **진폭**(amplitude)이라고 한다. 식 (5-3)의 파동함수는 시간 t와 공간 x에 대해 주기적이다. 공간**주기** (spatial period)를 **파장**(wavelength), 즉 한 주기 동안 빛이 진행한 거리로 정의하며 λ로 표시한다. 공간에 대해 주기적이라 함은 $\Psi(x, t) = \Psi(x \pm \lambda, t)$를 만족한다는 의미이다. 즉,

$$\sin k(x - vt) = \sin\{k(x \pm \lambda) - kvt\} = \sin(kx \pm k\lambda - kvt)$$

이다. 조화파인 경우에는 sine 함수가 ±2π 변한 것과 동등하다. 따라서

$$|k\lambda| = 2\pi$$

이고 k와 λ가 모두 양수이므로 다음과 같다.

$$k = \frac{2\pi}{\lambda} \tag{5-4}$$

동일한 방법으로 시간**주기**(temporal period) T를 유도할 수 있다. 시간에 대해 주기적이라 함은 $\Psi(x, t) = \Psi(x, t \pm T)$를 만족한다는 것이다. 즉,

$$\sin k(x - vt) = \sin k\{x - v(t \pm T)\} = \sin(kx \pm kvT - kvt)$$

이다. 따라서 $|kvT| = 2\pi$를 만족해야 하기 때문에

$$kvT = 2\pi$$

$$\frac{2\pi}{\lambda}vT = 2\pi$$

이며 시간적 주기 T는

$$T = \frac{\lambda}{v} \tag{5-5}$$

이다. 진동수 f는 시간주기의 역수로서 파동이 1초당 진동하는 회수로 정의하며 각진동수 ω는 $\omega = 2\pi f$이다. 파장, 주기, 주파수(진동수), 각진동수, 그리고 파수(전파상수) 등은 모든 공간과 시간에서 파동의 반복적인 성질을 나타낸다. 따라서 이것들은 조화파 뿐 아니라 주기적으로 반복하는 파동을 표현하는데 사용할 수 있다. x축의 (∓) 방향으로 진행하는 조화파를 다음에 같이 표현할 수 있다.

$$\Psi(x, t) = A \sin k(x \pm vt) \tag{5-6}$$

$$= A \sin 2\pi \left(\frac{x}{\lambda} \pm \frac{t}{T}\right)$$

$$= A \sin(kx \pm \omega t)$$

예제 5.1   조화파의 파동함수(1)

다음과 같이 표현되는 조화파의 파동함수가 있다. 이 파동함수의 진폭, 파장, 진동수, 그리고 파동의 속도를 구하시오.

$$\Psi(x, t) = 10 \sin(1.2566 \times 10^7 x - 3.770 \times 10^{15} t)$$

풀이   조화파인 파동함수의 일반적인 표현은

$$\Psi(x, t) = A \sin(kx - \omega t) = A \sin 2\pi \left(\frac{x}{\lambda} - ft\right)$$

진폭.......10

파장.......$\lambda = \dfrac{2\pi}{k} = \dfrac{2\pi}{1.2566 \times 10^7} = 5 \times 10^{-7}$ (m)

$$= 500 \text{ (nm)}$$

$$진동수 \cdots \cdots f = \frac{\omega}{2\pi} = \frac{3.770 \times 10^{15}}{2\pi} = 6 \times 10^{14} \ (\text{Hz})$$

$$속도 \cdots \cdots \cdots v = \lambda f = 5 \times 10^{-7} \times 6 \times 10^{14}$$

$$= 3.0 \times 10^{8} \ (\text{m/s})$$

예제 5.2 조화파의 파동함수(2)

진폭이 3 cm, 파장이 5 cm, 진동수가 30 Hz인 파동함수를 나타내고 이 파동함수의 각진동수와 주기를 계산하시오.

풀이 조화파인 파동함수의 일반적인 표현은

$$\Psi(x, t) = A \sin (kx - \omega t) = A \sin 2\pi \left(\frac{x}{\lambda} - ft \right)$$

주어진 조건의 파동함수는 $\Psi(x, t) = 3 \sin 2\pi \left(\frac{x}{5} - 30t \right)$로 나타낼 수 있다. 그리고 각진동수 $\omega = 2\pi f$이므로 $\omega = 2\pi \times 30 = 188.5$ rad/s이며 주기 T는

$$T = 1/f = 1/30$$

$$= 0.033 \ (\text{s})$$

■ 정상파

파장과 진폭이 같은 두 개의 파동이 서로 반대 방향에서 와서 겹치면 파동이 정지한 것처럼 보이는 현상이 일어난다. 이러한 파동을 **정상파**라고 한다. 마루와 골이 같은 장소에서 교대하므로 마치 정지한 것처럼 보이는 것이다. 이때 잘록한 부분을 마디, 볼록 나온 부분을 배라고 한다. 항상 마디와 마디 사이의 거리는 파장의 반이고 마디와 배 사이는 파장의 1/4이다.

마디가 고정된 줄의 정상파

정상파의 진동은 진동수는 동일하지만 임의의 점에 있어서 진폭은 항상 변한다. 마디는 정지해 있으며 그림 5-1에서 N으로 표시된 것과 같이 줄이 고정된 부분도 마디가 된다. 양쪽 끝이 고정되어 있는 줄(길이 L)이 만드는 정상파를 생각해보자.

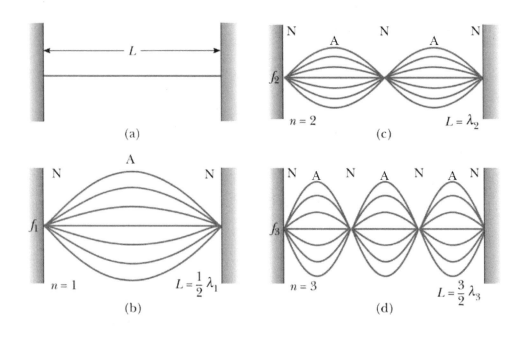

그림 5-1. 양쪽 끝이 고정되고 길이가 L인 팽팽한 줄이 만드는 정상파

그림 5-1과 같이 길이가 L인 양쪽 끝이 고정되고 팽팽한 줄을 생각해보자. 줄의 양쪽 끝이 고정되어 있으므로 마디이다. 줄의 중간 지점을 당겼다가 놓으면 그림 5-1 (b)와 같은 정상파를 만들 수 있다. 이 정상파에 대해 줄의 길이와 진동수의 관계를 알아보면

$$L = \frac{\lambda_1}{2}, \quad \lambda_1 = 2L$$

이며 진동수에 대한 표현으로 바꾸면 다음과 같이 나타낼 수 있다.

$$f_1 = \frac{v}{\lambda_1} = \frac{v}{2L}$$

줄이 만드는 파의 속력은 $v = \sqrt{T/\rho}$ 이다. 여기서 T는 줄의 장력, ρ는 단위 길이 당 줄의 질량을 나타낸다. 따라서

$$f_1 = \frac{v}{2L} = \frac{1}{2L}\sqrt{\frac{T}{\rho}} \tag{5-7}$$

이다. 정상파에 있어서 최저 진동수인 f_1을 **기본진동수**(fundamental frequency)라고 한다. 정상파의 다음 진동수는 줄의 길이가 λ_2와 같을 때, 즉 $L = \lambda_2$일 때 생긴다(그림 5-1 (c)의 경우).

$$f_2 = \frac{v}{\lambda_2} = 2f_1$$

f_2는 기본진동수의 2배이며 마찬가지로 $f_3 = 3f_1$이 된다. 따라서 제 n배 진동의 진동수 f_n은 다음과 같이 쓸 수 있다.

$$f_n = nf_1 = \frac{n}{2L}\sqrt{\frac{T}{\rho}}$$

여기서 $n = 1, 2, 3, \cdots$이며 진동수 f_n은 기본진동수 f_1의 정수배가 되며 진동수 $f_1, f_2, f_3, \cdots f_n, \cdots$은 등차수열을 이룬다.

공기 기둥 내의 정상파

종파의 정상파는 반대 방향으로 진행하는 파동 사이의 중첩의 결과로 생긴다. 입사파와 반사파 사이의 관계는 관의 끝이 열려 있느냐 아니면 닫혀 있느냐에 의존한다. 만약 반사하는 관의 끝이 닫혀있다면, 닫힌 끝은 마디

가 존재하며 관의 양끝이 열린 경우에는 배가 될 것이다. 그림 5-2 (a)는 양끝이 열린 관에서의 1차 조화진동, 2차 조화진동, 그리고 3차 조화진동 모드를 보여주고 있다. 이 때 형성된 정상파가 가지는 기본진동수의 파장은 $\lambda_1 = 2L$이 되고 기본진동수는 $f_1 = v/2L$이며 제2배 진동과 제3배 진동 또한 $2f_1$, $3f_1$이 됨을 알 수 있다. 따라서 제n배 진동의 진동수 f_n은 다음과 같이 쓸 수 있다.

$$f_n = nf_1 = n\frac{v}{2L} \tag{5-8}$$

여기서 $n = 1, 2, 3, \cdots$이며 v는 공기 중에서 파동의 속력이다.

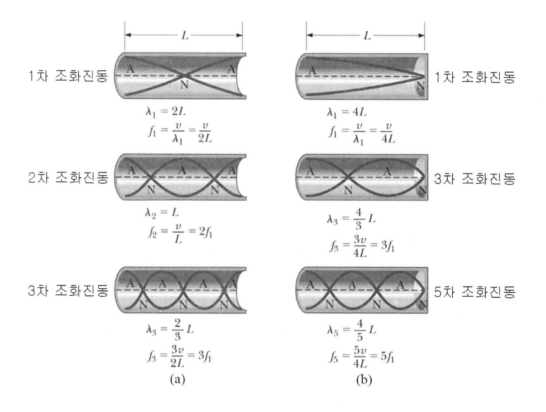

1차 조화진동
$\lambda_1 = 2L$
$f_1 = \dfrac{v}{\lambda_1} = \dfrac{v}{2L}$

2차 조화진동
$\lambda_2 = L$
$f_2 = \dfrac{v}{L} = 2f_1$

3차 조화진동
$\lambda_3 = \dfrac{2}{3}L$
$f_3 = \dfrac{3v}{2L} = 3f_1$
(a)

1차 조화진동
$\lambda_1 = 4L$
$f_1 = \dfrac{v}{\lambda_1} = \dfrac{v}{4L}$

3차 조화진동
$\lambda_3 = \dfrac{4}{3}L$
$f_3 = \dfrac{3v}{4L} = 3f_1$

5차 조화진동
$\lambda_5 = \dfrac{4}{5}L$
$f_5 = \dfrac{5v}{4L} = 5f_1$
(b)

그림 5-2. (a) 양쪽 끝이 열려있는 관에서 종파의 정상파 그리고 (b) 한쪽 끝이 닫혀있는 관에서 종파의 정상파

만약 관의 한쪽 끝이 닫혀 있고 다른 끝은 열려 있다면 그림 5-2 (b)에서 보는 바와 같이 닫힌 쪽 끝은 마디가 된다. 이 경우 기본진동수가 가지는 파장은 관의 길이의 4배가 된다. 그러므로 $f_1 = v/4L$이고 제3배 진동과 제5배 진동에 대한 진동수는 $3f_1$, $5f_1$이 된다. 따라서 한쪽 끝이 닫혀있고 다른 한쪽 끝이 열려있는 관에서의 제n배 진동의 진동수 f_n은 다음과 같이 쓸 수 있다.

$$f_n = nf_1 = n\frac{v}{4L} \tag{5-9}$$

여기서 $n = 1, 3, 5, \cdots$이다.

예제 5.3 정상파(1)

길이가 2.5 m인 관이 있다. 관의 양쪽 끝이 열려 있을 때, 처음 3개의 배 진동의 진동수를 계산하시오. 공기 중에서의 음속은 340 m/s로 한다.

풀이 기본진동수 f_1은 식 (5-8)로부터 다음과 같다.

$$f_1 = \frac{v}{2L} = \frac{340}{2 \times 2.5} = 68 \text{ Hz}$$

따라서 제2배 진동의 진동수는 $f_2 = 136$ Hz이고 제3배 진동의 진동수는 $f_3 = 204$ Hz이다.

예제 5.4 정상파(2)

양쪽 끝이 고정된 줄의 선밀도가 1.0×10^{-3} kg/m이고 장력이 40.0 N일 때 (1) 길이 1.0 m인 줄의 처음 4개의 진동수를 계산하시오. (2) 만약 줄의 기본진동수가 120 Hz로 증가했다면, 이 때 줄에 걸리는 장력의 변화를 계산하시오.

풀이

(1) 줄의 속력 v는 다음과 같다.

$$v = \sqrt{\frac{T}{\rho}} = \sqrt{\frac{40.0}{1.0 \times 10^{-3}}} = 200.0 \text{ m/s}$$

기본진동수 f_1은 식 (5-7)로부터 다음과 같이 계산할 수 있다.

$$f_1 = \frac{v}{2L} = \frac{200}{2 \times 1} = 100 \text{ Hz}$$

같은 방법으로 $f_2 = 200$ Hz, $f_3 = 300$ Hz, $f_4 = 400$ Hz이다.

(2) 기본진동수가 120 Hz로 늘어지면 $f_1 = \dfrac{v}{2L} = 120$ Hz로부터 파동의 속력 v는 240 m/s가 된다. 따라서 줄의 장력은

$$T = \rho v^2 = 1.0 \times 10^{-3} \times 240^2$$
$$= 57.6 \text{ (N)}$$

이다.

5.2 빛의 간섭

■ 영의 이중 슬릿에 의한 간섭실험

토마스 영(Thomas Young)은 단일 광원으로부터 두 개의 가간섭적인 광원을 만드는 기법(이중 슬릿)을 사용하여 간섭실험을 최초로 수행하였다. 그림 5-3은 영의 이중 슬릿에 의한 간섭실험을 설명하기 위한 도해도이다. 스크린 상에 있는 임의의 관측점 P에서의 간섭(가간섭적인 두 광파의 중첩)을 생각하자. 그림에서 슬릿간격(S_1과 S_2 사이의 거리)은 d이고, 그 중간의 지점이 원점 Q이다. 슬릿과 스크린 사이의 거리는 L인데, 이것은 슬릿간격 d에 비해 대단히 큰 값이라고 가정할 수 있다. 즉, 다음의 조건을 만족한다.

$$L \gg d$$

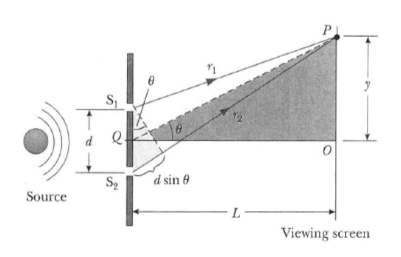

그림 5-3. 영의 이중슬릿에 의한 간섭

영의 실험에서 생기는 간섭무늬를 정밀하게 구하기 위해서는 S_1과 S_2를 통과한 광파의 파동함수(전기장 벡터) $\vec{E}_{(1)}$과 $\vec{E}_{(2)}$를 각각 정의하고, 임의의 관측점 P에서의 중첩$(E_{(1)}+E_{(2)})$을 계산함으로써 광파의 강도가 공간적으로 어떻게 되는지 알아내야 한다. 관측점 P에서의 빛의 강도가 최대값을 갖는 조건은 두 광파의 경로차 (r_2-r_1)이 광파의 파장의 정수 배가 되는 것으로 다음과 같다.

$$r_2 - r_1 = m\lambda$$

두 광파의 경로차 (r_2-r_1)은 그림 5-3으로부터 $r_2-r_1 \simeq d\sin\theta$로 근사할 수 있으며 d가 L에 배해 매우 작기 때문에 $\theta \ll 1$이다. 그리고 $\theta \ll 1$일 경우 $\tan\theta \simeq \dfrac{y}{L}$이고 $\lim\limits_{\theta\to 0}\sin\theta \simeq \theta \simeq \tan\theta$이므로 $r_2-r_1 \simeq d\sin\theta$의 $\sin\theta$ 대신에 $\tan\theta \simeq \dfrac{y}{L}$를 대입하면 관측점 P에서의 빛의 강도가 최대값이 될 조건은 다음과 같이 나타낼 수 있다.

$$r_2 - r_1 = d\sin\theta = m\lambda$$

$$= d\frac{y}{L} = m\lambda$$

중앙의 축(O)으로부터 m 번째 밝은 무늬가 만들어지는 관측점 P까지의 거리 y_m은

$$y_m = m\frac{L\lambda}{d} \tag{5-10}$$

이 된다.

반대로 두 광파의 경로차 (r_2-r_1)가

$$r_2 - r_1 = \frac{yd}{L} = (m+\frac{1}{2})\lambda$$

를 만족할 때, 두 광파의 경로차 $(r_2 - r_1)$이 광파의 파장의 정수 배보다 반 파장만큼 더 될 경우 관측점 P에서의 빛의 강도는 최소, 즉 0이 되며 원점 (Q)을 통과하는 중앙의 축으로부터 m 번째 어두운 무늬가 만들어지는 관측점 P까지의 거리 y_m은 다음과 같다.

$$y_m = \left(m + \frac{1}{2}\right) \frac{L\lambda}{d} \tag{5-11}$$

스크린 O점에서의 간섭무늬는 어떻게 될까? S_1으로부터 O점까지의 광경로 $\overline{S_1 O}$와 S_2로부터 O점까지의 광경로 $\overline{S_2 O}$가 같기 때문에 두 광파의 경로차 $(r_2 - r_1)$은 0이다. 따라서 스크린 중앙의 점 O에는 밝은 간섭무늬가 형성되며 이것을 0차(0-th order) 밝은 무늬라고 한다. "0차"의 의미는 두 광파의 경로차가 파장의 0배라는 의미이다.

예제 5.5 영의 실험(1)

파장이 550 nm인 초록색 광원을 사용하여 영의 실험을 했다. 슬릿과 스크린 사이의 거리는 1 m이고 두 슬릿 사이의 간격이 15 μm일 때 3차 밝은 무늬는 중심선으로부터 얼마나 떨어져 있겠는가?

풀이 간섭무늬의 밝은 무늬 조건은 식 (5-10)으로 주어진다.

$$y_m = m \frac{\lambda L}{d}$$

$$= \frac{3 \times 550 \times 10^{-9} \times 1}{15 \times 10^{-6}}$$

$$= 0.11 \text{ m} = 11 \text{ cm}$$

예제 5.6 영의 실험(2)

영의 간섭실험을 통하여 간섭무늬를 얻었다. 간섭무늬 사이의 간격
(밝은 무늬 사이의 간격 or 어두운 무늬 사이의 간격) Δy를 계산하시
오.

풀이 영의 간섭실험에서 m 번째 밝은 무늬와 $(m+1)$ 번째 밝은 무
늬 사이의 무늬간격 Δy는 $\Delta y = y_{m+1} - y_m$이므로

$$\Delta y = (m+1)\frac{\lambda L}{d} - m\frac{\lambda L}{d}$$

$$= (m+1-m)\frac{\lambda L}{d}$$

$$= \frac{\lambda L}{d}$$

예제 5.7 영의 실험(3)

영의 간섭실험은 $I = I_1 + I_2 + 2\sqrt{I_1 I_2}\cos\theta$에서 $I_1 = I_2 \equiv I_0$인 경우에

해당된다. 간섭무늬의 강도 I가 $4I_0\cos^2\dfrac{\theta}{2}$임을 증명하시오.

풀이 $I_1 = I_2 \equiv I_0$이므로

$$I = I_1 + I_2 + 2\sqrt{I_1 I_2}\cos\theta = 2I_0(1+\cos\theta)$$

$$= 2I_0\left\{1 + (\cos^2\frac{\theta}{2} - \sin^2\frac{\theta}{2})\right\}$$

$$= 2I_0(2\cos^2\frac{\theta}{2}) = 4I_0\cos^2\frac{\theta}{2}$$

5.3 여러 가지 간섭계

빛의 간섭현상을 이용하여 물질에 대한 정보를 얻거나 물체의 운동을 분석하거나 또는 온도, 압력, strain, 전압, 전류, 회전 속도 등 각종 물리량을 측정하는 장치를 **간섭계**(interferometer)라고 한다. 간섭계는 빛의 위상 차이를 검출할 수 있는 장치이므로 파장의 수십 분의 1 정도 되는 작은 변화까지도 감지하기 때문에 매우 정밀한 측정에 이용이 가능하다. 실제 간섭계가 응용되는 곳은 너무 많아 일일이 열거하기가 어려울 정도이며 용도에 따라 사용되는 간섭계의 구조도 무척 다양하다.

레이저를 광원으로 사용한 간섭계(레이저 간섭계)는 레이저의 간섭현상을 이용하여 미세한 변위나 정밀한 운동을 측정하는 시스템으로써 표준기의 길이측정 및 측정기기의 오차보정을 위해 사용될 뿐 아니라 정밀기기에서는 내부에 장착되어 calibration point를 검출하는 위치 검출기로 사용되고 있다. 레이저 간섭계를 이용하는 광학적인 측정방법은 시스템이 비교적 간단하고 장비의 가격이 저렴할 뿐 아니라 $\sim 10^{-8}$ m까지의 길이변형이나 형상오차를 실시간으로 측정할 수 있는 장점이 있다. 특히 레이저 간섭계는 고도의 정밀도가 요구되는 반도체 소자 제조에 있어서 집적화된 회로 패턴을 탑재한 웨이퍼와 마스크의 위치 결정을 위한 변위측정 제어 시스템으로 아주 적합하다.

■ 마이켈슨 간섭계

마이켈슨 간섭계(Michelson interferometer)는 가장 널리 알려진 간섭계로서, 광학의 기본적인 지식을 배울 때 마이켈슨 간섭계를 인용하는 것이 일반적이다.

그림 5-4는 마이켈슨 간섭계의 구조이다. 광원에서 출발한 빛은 중앙의 **광 분할기** S(beam splitter)에서 일부(50%)가 한쪽 팔(arm)로 반사되어 거울 M_1으로 가고, 일부(50%)는 S를 그대로 통과(투과)하여 거울 M_2로 진행한다. 각 거울에서 빛은 다시 반사되어 이번에는 S를 향해 반대로 진행한다. 이 때 앞서 설명한 바와 마찬가지로 M_1에서 반사된 빛의 일부(50% 중

의 1/2, 25%)가 S에서 광 검출기(detector)로 반사되고, M_2에서 반사된 빛의 일부(25%)는 S를 통과하여 광 검출기로 진행한다.

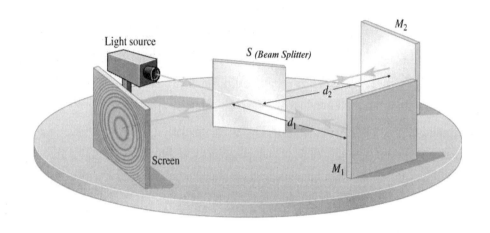

그림 5-4. 마이켈슨 간섭계의 구조도

레이저와 같이 빛이 나오는 면적이 매우 작은 것도 광원으로 사용이 가능하지만, 수은램프와 같이 발광 면적이 어느 정도 큰 것도 사용이 가능하다. 어떤 광원을 사용하든지, 간섭계가 광섬유 간섭계가 아니기 때문에 한 점에 아닌 공간상의 일정한 영역에서 서로 다른 두 경로를 거친 빛이 간섭을 일으키게 된다. 즉, 광 검출기 영역에 스크린을 설치하면 스크린에 영의 간섭실험에서와 마찬가지로 어떤 패턴을 가지는 간섭무늬가 생기게 될 것이다.

만일 M_1이 앞뒤로 움직이게 되면 광경로($\Delta\ell$)가 변하므로 스크린에 나타나는 간섭무늬의 강도가 변하게 된다. 간섭무늬의 전체적인 움직임으로 보면, $\Delta\ell$의 변화에 따라 간섭무늬가 안쪽 또는 바깥쪽으로 이동하는 현상이 나타난다. 그러므로 스크린의 어떤 한 점에서 간섭무늬가 이동한 수를 세면 $\Delta\ell$이 얼마나 변했는지 알 수 있다. 외부의 영향에 의한 광경로의 변화를 d라고 하면, $\Delta\ell$은 그 두 배인 $2d$가 된다. 그 이유는 레이저 빔이 M_1으로 향하는 경로를 왕복하기 때문이다. 그런데 간섭무늬가 한 개 이동하려면 $\Delta\ell$이 광원의 파장만큼 증가 또는 감소해야 한다. 그러므로 광경로의 변화가 광원 파장의 반인 λ/2를 넘을 때마다 간섭무늬의 이동 숫자가 하나씩 증가하게 된다. 따라서 이동한 간섭무늬의 수를 m과 광경로의 변화 d는 다음과 같은 관계가 성립한다.

$$d = m\frac{\lambda}{2} \tag{5-12}$$

이러한 관계를 이용하여, 이동한 간섭무늬의 수 m을 측정하면, 외부의 영향에 의한 광경로 변화의 크기를 측정할 수 있다.

예제 5.8 마이켈슨 간섭계(1)

그림 5-4에서 보는 것처럼 마이켈슨 간섭계의 두 거울 M_1과 M_2 중에서 M_1은 고정시켜 놓고 M_2를 31.64 μm 움직였더니 100 개의 밝은 무늬가 지나갔다. 간섭계의 광원으로 사용한 레이저의 파장을 구하시오.

풀이 식 (5-12)를 이용하면 간섭계에 사용된 레이저의 파장은

$\lambda = \dfrac{2d}{m}$ 이므로

$$\lambda = \frac{2d}{m} = \frac{2 \times 31.64 \times 10^{-6}}{100}$$

$$= 632.8 \text{ nm}$$

이다.

예제 5.9　마이켈슨 간섭계(2)

그림 5-4와 같은 마이켈슨 간섭계에서 두 거울 M_1과 M_2 중에서 M_1은 고정시켜 놓고 M_2를 0.5 cm 이동시킬 때, 몇 개의 밝은 간섭 무늬가 지나갔겠는가? 간섭계의 광원으로 사용한 레이저의 파장은 500 nm이다.

풀이　식 (5-12)에서 두 거울 M_1과 M_2 중 하나를 $\lambda/2$ 만큼 이동하면 밝은 무늬가 하나 지나간다.

$$m = \frac{2d}{\lambda}$$

$$= \frac{2 \times 0.5 \times 10^{-2}}{500 \times 10^{-9}}$$

$$= 2.0 \times 10^4 \text{ 개}$$

■ 마하-젠더 간섭계

마하-젠더 간섭계는 투명한 매질의 물리적 성질과 광학적 특성을 평가하기 위하여 사용되는 간섭계 중의 하나이다. 그림 5-5에서 보는 바와 같이 입사광이 첫 번째 광 분할기 BS-1로 입사하여 둘로 나누어진 다음 거울 M_1과 M_2에서 반사된다. 반사된 광선들은 두 번째 광 분할기 BS-2를 통과한 다음 중첩되어 간섭을 일으킨다. 여기서 광 분할기 BS-1과 BS-2는 45°의 입사광에 대하여 50:50으로 분할하는 역할을 하며 거울 M_1과 M_2는 45°의 입사광에 대하여 전반사하는 거울이다. 이러한 광학부품들은 당연히 사용하는 특정 파장에 국한되어 설계되어 있다.

이 간섭계는 그림 5-5에서와 같이 한 쪽 팔에 측정하고자 하는 투명한 매질을 놓으면 매질이 없을 때와 비교하여 광 경로가 달라지기 때문에 이

동된 간섭무늬로부터 이 매질의 두께 또는 굴절률을 분석해 낼 수 있다.

굴절률이 n, 길이가 d인 매질을 빛이 진행할 경우, 빛이 진행한 광 경로는 nd로 정의된다. 즉, 광 경로란 임의의 매질을 통과하는데 걸린 시간동안 진공 중에서 빛이 진행한 거리로 환산한 값을 의미한다.

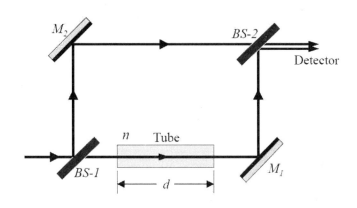

그림 5-5. 마하-젠더 간섭계를 이용한 물질의 굴절률 측정

측정하고자 하는 매질이 한 쪽 팔에 있을 때와 없을 때의 광 경로차 Δ는 다음과 같이 나타낼 수 있다.

$$\Delta = (n-1)d \tag{5-13}$$

따라서 광 경로차 Δ와 측정하고자 하는 매질이 한 쪽 팔에 있을 때와 없을 때 발생하는 간섭무늬의 이동을 관찰하면 매질의 두께 또는 굴절률을 측정할 수 있다.

예제 5.10 마하-젠더 간섭계

그림 5-5의 마하-젠더 간섭계의 한 쪽 팔에 길이가 10.15 cm인 빈 tube가 있다. 이 tube에 가스를 채워 넣었더니 243 개의 간섭무늬가 이동하였다. 파장이 632.8 nm인 He-Ne 레이저를 광원으로 사용했다면 tube에 담긴 가스의 굴절률은 얼마인가? 단 온도와 압력에 대한 의존성은 무시하기로 한다.

풀이 마하-젠더 간섭계에 의한 광 경로차 Δ는 $\Delta = (n-1)d$ 이다.

$$n - 1 = \frac{m\lambda_0}{d}$$

$$= \frac{243 \times 632.8 \times 10^{-9}}{10.15 \times 10^{-2}}$$

$$= 0.00151$$

따라서 tube에 담긴 가스의 굴절률은 1.00151 이다.

연습문제

파동운동의 수학적 표현과 종류

1. 맥스웰 방정식 식 (5-1)을 이용하여 자기장에 대한 3차원 2차 미분방정식 $\nabla^2 \vec{H} = \epsilon_0 \mu_0 \dfrac{\partial^2 \vec{H}}{\partial t^2}$ 을 유도하시오.

풀이

임의의 벡터 $\vec{A}$에 대한 관계식 $\vec{\nabla} \times (\vec{\nabla} \times \vec{A}) = \vec{\nabla}(\vec{\nabla} \cdot \vec{A}) - \nabla^2 \vec{A}$이므로

$$\vec{\nabla} \times (\vec{\nabla} \times \vec{H}) = \vec{\nabla}(\vec{\nabla} \cdot \vec{H}) - \nabla^2 \vec{H}$$

로 쓸 수 있으며 식 (5-1)의 $\vec{\nabla} \cdot \vec{H} = 0$과 $\vec{\nabla} \times \vec{H} = \epsilon_0 \dfrac{\partial \vec{E}}{\partial t}$를 이용하면

$$
\begin{aligned}
-\nabla^2 \vec{H} &= \vec{\nabla} \times (\epsilon_0 \frac{\partial \vec{E}}{\partial t}) \\
&= \epsilon_0 \frac{\partial}{\partial t}(\vec{\nabla} \times \vec{E}) \\
&= -\epsilon_0 \mu_0 \frac{\partial^2 \vec{H}}{\partial t^2}
\end{aligned}
$$

이 되며

$$\nabla^2 \vec{H} = \epsilon_0 \mu_0 \frac{\partial^2 \vec{H}}{\partial t^2}$$

이다.

2. 자유공간에서 He-Ne 레이저의 파장은 632.8 nm이다. 물($n = 1.33$)속에서 k 값을 구하시오.

풀이

$$k = \frac{2\pi}{\lambda} = \frac{2\pi}{632.8 \times 10^{-8}}$$

$$= 0.99 \times 10^6 \ (\text{rad/s})$$

3. 다음의 파동들에 대한 파장을 계산하시오.
   (1) 710 kHz AM 라디오 파
   (2) 89.9 MHz FM 라디오 파
   (3) 10.1 GHz 경찰 radar
   (4) 5×10^{14} Hz의 광파
   (5) 1.5×10^{18} Hz의 X-ray

풀이

$$v = \lambda f \rightarrow \lambda = \frac{v}{f}$$

(1) $\lambda = \dfrac{3.0 \times 10^8}{710 \times 10^3} = 4.29 \times 10^2 \ (\text{m})$

(2) $\lambda = \dfrac{3.0 \times 10^8}{89.9 \times 10^6} = 3.34 \ (\text{m})$

(3) $\lambda = \dfrac{3.0 \times 10^8}{10.1 \times 10^9} = 29.7 \times 10^{-3} \ (\text{m})$

(4) $\lambda = \dfrac{3.0 \times 10^8}{5 \times 10^{14}} = 6.0 \times 10^{-7} \ (\text{m})$

(5) $\lambda = \dfrac{3.0 \times 10^8}{1.5 \times 10^{18}} = 2.0 \times 10^{-10} \ (\text{m})$

4. 아래와 같이 표현되는 붉은색의 He-Ne 레이저 빔이 공간 속을 진행하고 있다. 다음 parameter를 구하시오.

$$\Psi(x, t) = 5\sin(9.93 \times 10^6\, x - 29.78 \times 10^{14} t)$$

(1) 파장　　　　(2) 진동수　　　　(3) 속도

(4) 주기　　　　(5) 진폭　　　　(6) 레이저 빔의 진행방향

풀이

(1) $k = 9.93 \times 10^6$ (rad/s) $\rightarrow \lambda = \dfrac{2\pi}{k} = \dfrac{2\pi}{9.93 \times 10^6}$

$$= 0.63 \times 10^{-6}\ (\text{m})$$

(2) $\omega = 2\pi f \rightarrow f = \dfrac{\omega}{2\pi} = \dfrac{29.78 \times 10^{14}}{2\pi}$

$$= 4.74 \times 10^{14}\ (\text{Hz})$$

(3) $v = \lambda f = 0.63 \times 10^{-6} \times 4.74 \times 10^{14}$

$$= 2.99 \times 10^8\ (\text{m/s})$$

(4) $T = \dfrac{1}{f} = \dfrac{1}{4.74 \times 10^{14}}$

$$= 2.11 \times 10^{-15}\ (\text{s})$$

(5) $A = 5$

(6) x축의 양의 방향

5. Sodium에서 방출되는 광파에 대한 파동함수가 아래와 같은 파동함수로
표현된다. 다음 parameter를 구하시오.

$$\Psi(x, t) = 10^3 \sin\left(1.06675 \times 10^7 x - 3.20 \times 10^{15} t + \frac{\pi}{6}\right)$$

(1) 파장   (2) 진동수   (3) 속도

(4) 주기   (5) 진폭   (6) 광의 진행방향

(7) 위상

풀이

(1) $\lambda = \dfrac{2\pi}{k} = \dfrac{2\pi}{1.06675 \times 10^7}$

$\qquad = 5.89 \times 10^{-7}$ (m)

(2) $\omega = 2\pi f \rightarrow f = \dfrac{\omega}{2\pi} = \dfrac{3.20 \times 10^{15}}{2\pi}$

$\qquad\qquad = 5.09 \times 10^{14}$ (Hz)

(3) $v = \lambda f = 5.89 \times 10^{-7} \times 5.09 \times 10^{14}$

$\qquad = 3.0 \times 10^8$ (m/s)

(4) $T = \dfrac{1}{f} = \dfrac{1}{5.09 \times 10^{14}}$

$\qquad = 1.96 \times 10^{-15}$ (s)

(5) 10^3

(6) x축의 양의 방향

(7) $\dfrac{\pi}{6}$

6. 길이가 2.5 m인 관이 있다. 관의 한쪽 끝은 닫혀 있고 다른 한쪽이 열려 있을 때, 나타날 수 있는 가장 낮은 3개의 진동수를 계산하시오. 공기 중에서의 음속은 340 m/s로 한다.

풀이

관의 한쪽 끝은 닫혀 있고 다른 한쪽이 열려 있을 때, 나타날 수 있는 기본진동수 f_1은 $f_1 = \dfrac{v}{4L}$이므로 n차 조화진동수 f_n은 다음과 같다.

$$f_n = nf_1 = n\frac{v}{4L}$$

여기서 n은 $n = 1,\ 3,\ 5,\ \cdots$이다.

$$f_1 = \frac{v}{4L} = \frac{340}{4 \times 2.5}$$

$$= 34 \ (\text{Hz})$$

따라서 3차 조화진동수 $f_3 = 3 \times 34 = 102$ (Hz), 5차 조화진동수 $f_5 = 5 \times 34 = 170$ (Hz)이다.

7. 어떤 정상파가

$$E = 100 \sin\frac{2}{3}\pi x \cos 5\pi t$$

로 주어진다. 이러한 정상파를 만들기 위해 중첩되는 두 파동을 구하시오.

풀이

삼각함수의 곱을 합, 차의 꼴로 표현하면

$$\sin\alpha\cos\beta = \frac{1}{2}\{\sin(\alpha+\beta) + \sin(\alpha-\beta)\}$$

로 쓸 수 있다. $\alpha \equiv \dfrac{2\pi}{3}x$, $\beta \equiv 5\pi t$로 두면 준식 $E = 100\sin\dfrac{2}{3}\pi x \cos 5\pi t$는

$$E = 100\sin\frac{2\pi}{3}x\cos 5\pi t$$

$$= 100 \times \frac{1}{2}\left\{\sin\left(\frac{2\pi}{3}x + 5\pi t\right) + \sin\left(\frac{2\pi}{3}x - 5\pi t\right)\right\}$$

$$= 50\left\{\sin\left(\frac{2\pi}{3}x + 5\pi t\right) + \sin\left(\frac{2\pi}{3}x - 5\pi t\right)\right\}$$

이다. 따라서 정상파를 만들기 위해 중첩되는 두 파동함수는

$$E_1 = 100\sin\left(\frac{2\pi}{3}x + 5\pi t\right)$$

$$E_2 = 100\sin\left(\frac{2\pi}{3}x - 5\pi t\right)$$

이다.

8. 440 Hz와 비슷한 진동수로 진동하는 피아노의 현이 있다. 피아노 현의 진동수를 측정하기 위하여, 피아노 건반을 치는 순간 440 Hz의 진동수를 가진 소리굽쇠로 동시에 소리를 냈을 때 초당 4개의 맥놀이 진동수가 들렸다. 피아노 현이 진동하고 있는 진동수를 구하시오.

풀이

초당 맥놀이의 수는 두 음원 사이의 진동수 차와 같다. 음원의 진동수 중의 하나는 440 Hz이고 초당 4개의 맥놀이가 들리기 때문에 현의 진동수는 444 Hz이거나 436 Hz이다.

9. 두 기차의 기적이 180 Hz의 동일한 진동수를 가진다. 한 기차가 기적을 울리면서 정거장에 정지해 있을 때, 2 Hz의 맥놀이 진동수가 움직이는 기

차에서 들렸다. 움직이는 기차가 정지해 있는 기차로 다가오고 있다면 그 속력은 얼마인가? 또, 만일 움직이는 기차가 정지해 있는 기차로부터 멀어지고 있다면 그 속력은 얼마인가?

풀이

소리의 속도를 340 Hz라고 가정하자. 두 기차의 기적이 180 Hz의 동일한 진동수를 가지고 있기 때문에 상대적인 기차의 진동수는 182 Hz 또는 178 Hz이다. 그리고 두 기차의 파장은 다음과 같다.

$$\lambda = vf = 340 \times 180$$

$$= 6.12 \times 10^4 \ (m)$$

(1) 상대적인 기차의 진동수가 182 Hz인 경우(역 방향으로 달려올 때)

$$v = \frac{\lambda}{f} = \frac{6.12 \times 10^4}{182}$$

$$= 336.3 \ (m/s)$$

$$v_b = 340 - 336.3 = 3.73 \ (m/s)$$

(2) 상대적인 기차의 진동수가 178 Hz인 경우(역에서 멀어질 때)

$$v = \frac{\lambda}{f} = \frac{6.12 \times 10^4}{178}$$

$$= 343.82 \ (m/s)$$

$$v_b = 343.82 - 340 = 3.82 \ (m/s)$$

10. 그림 (a)와 같이 양쪽 끝이 열린 긴 관이 물이 담긴 비커에 일부분이 잠겨 있으며 진동수를 모르는 소리굽쇠가 관의 위쪽 끝에 놓여 있다. 공기기둥의 길이 L은 관을 상하로 움직여 조절이 가능하다. 음의 세기가 극대가 되는 L의 가장 작은 값은 10.0 cm이다. 소리굽쇠의 진동수와 그림 (b)

에서의 제2공명과 제3공명을 만들 수 있는 공기 기둥의 길이를 구하시오. 단 공기 중에서의 음속은 340 m/s로 계산하시오.

풀이

관의 한쪽 끝은 닫혀 있고 다른 한쪽이 열려 있을 때, 나타날 수 있는 기본진동수 f_1은 $f_1 = \dfrac{v}{4L}$이므로 n차 조화진동수 f_n은 다음과 같다.

$$f_n = nf_1 = n\frac{v}{4L}$$

여기서 n은 $n = 1,\ 3,\ 5,\ \cdots$이다.

$$f_1 = \frac{v}{4L} = \frac{340}{4 \times 0.1}$$
$$= 850\ (\text{Hz})$$

$$\lambda = 4L = 4 \times 0.1$$
$$= 0.4\ (\text{m})$$

(a)   (b)

$$제2공명의\ 위치 = \frac{3}{4}\lambda = \frac{3}{4} \times 0.4$$
$$= 0.3\ (\text{m})$$

$$제3공명의\ 위치 = \frac{5}{4}\lambda = \frac{5}{4} \times 0.4$$
$$= 0.5\ (\text{m})$$

11. $\vec{\nabla}$ 연산자를 조화파의 파동함수 $f(\vec{r}, t) = e^{i(\vec{k}\,\cdot\,\vec{r})}$에 적용하면 그 결과

가 다음과 같음을 증명하시오.

$$\vec{\nabla} f = i\vec{k} f$$

풀이

$$\vec{k} = k_x \hat{i} + k_y \hat{j} + k_z \hat{k}, \quad \vec{r} = x\hat{i} + y\hat{j} + z\hat{k}$$

$$\vec{\nabla} f = \left(\frac{\partial}{\partial x} \hat{i} + \frac{\partial}{\partial y} \hat{j} + \frac{\partial}{\partial z} \hat{k} \right) f(\vec{r}, \ t)$$

$$= \left(\frac{\partial}{\partial x} \hat{i} + \frac{\partial}{\partial y} \hat{j} + \frac{\partial}{\partial z} \hat{k} \right) e^{i(\vec{k} \cdot \vec{r})}$$

$$= \left(\frac{\partial}{\partial x} \hat{i} + \frac{\partial}{\partial y} \hat{j} + \frac{\partial}{\partial z} \hat{k} \right) e^{i(k_x x + k_y y + k_z z)}$$

$$= \left(ik_x \hat{i} + ik_y \hat{j} + ik_z \hat{k} \right) e^{i(\vec{k} \cdot \vec{r})}$$

$$= i \left(k_x \hat{i} + k_y \hat{j} + k_z \hat{k} \right) e^{i(\vec{k} \cdot \vec{r})}$$

$$\vec{\nabla} f = i\vec{k} f(\vec{r}, \ t)$$

12. 파동함수 Ψ_1, Ψ_2가 다음과 같이 주어질 때, 합성 파동함수 $\Psi = \Psi_1 + \Psi_2$를 구하시오.

$$\Psi_1 = E_0 \cos(kx + \omega t)$$

$$\Psi_2 = -E_0 \cos(kx - \omega t)$$

풀이

삼각함수의 합, 차를 곱의 꼴로 표현하면

$$\cos A - \cos B = -2\sin\frac{A+B}{2}\sin\frac{A-B}{2}$$

로 쓸 수 있다. $A \equiv kx + \omega t$, $B \equiv kx - \omega t$로 두면 준식 $\Psi = \Psi_1 + \Psi_2$는

$$\Psi = \Psi_1 + \Psi_2 = E_0\cos(kx+\omega t) - E_0\cos(kx-\omega t)$$

$$= -2E_0\sin\frac{(kx+\omega t)+(kx-\omega t)}{2}\sin\frac{(kx+\omega t)-(kx-\omega t)}{2}$$

$$= -2E_0\sin\frac{2kx}{2}\sin\frac{2\omega t}{2}$$

$$= -2E_0\sin kx \sin\omega t$$

이다.

13. 파동함수 $\Psi(r)$의 Laplacian은 다음과 같이 간단히 쓸 수 있다.

$$\nabla^2\Psi(r) = \frac{1}{r^2}\frac{\partial}{\partial r}\left(r^2\frac{\partial\Psi}{\partial r}\right) \tag{5-17}$$

식 (5-17)로부터 $\nabla^2\Psi(r) = \dfrac{\partial^2\Psi}{\partial r^2} + \dfrac{2}{r}\dfrac{\partial\Psi}{\partial r} = \dfrac{1}{r}\dfrac{\partial^2}{\partial r^2}(r\Psi)$ 임을 보이시오.

풀이

$$\nabla^2\Psi(r) = \frac{1}{r^2}\frac{\partial}{\partial r}\left(r^2\frac{\partial\Psi}{\partial r}\right)$$

$$= \frac{1}{r^2}\left(2r\frac{\partial\Psi}{\partial r} + r^2\frac{\partial^2\Psi}{\partial r^2}\right)$$

$$= \frac{\partial^2\Psi}{\partial r^2} + \frac{2}{r}\frac{\partial\Psi}{\partial r}$$

$$\frac{1}{r}\frac{\partial^2}{\partial r^2}(r\Psi) = \frac{1}{r}\frac{\partial}{\partial r}\left\{\frac{\partial}{\partial r}(r\Psi)\right\}$$

$$= \frac{1}{r}\frac{\partial}{\partial r}\left(\Psi + r\frac{\partial\Psi}{\partial r}\right)$$

$$= \frac{1}{r}\left(\frac{\partial\Psi}{\partial r} + \frac{\partial\Psi}{\partial r} + r\frac{\partial^2\Psi}{\partial r^2}\right)$$

$$= \frac{\partial^2\Psi}{\partial r^2} + \frac{2}{r}\frac{\partial\Psi}{\partial r}$$

$$\nabla^2\Psi(r) = \frac{\partial^2\Psi}{\partial r^2} + \frac{2}{r}\frac{\partial\Psi}{\partial r} = \frac{1}{r}\frac{\partial^2}{\partial r^2}(r\Psi)$$

빛의 간섭

14. 영의 이중슬릿에 의한 간섭실험에서 슬릿에서 스크린까지의 거리는 2 m이고 사용한 광원의 파장은 600 nm이다. 1 mm의 무늬간격을 가진 간섭 무늬를 얻기 위한 슬릿 간격을 계산하시오.

풀이

밝은 무늬 조건.....$y_m = m\dfrac{L\lambda}{d}$

밝은 무늬 사이의 간격 Δy는 $\Delta y = y_{m+1} - y_m$이다.

$$\Delta y = y_{m+1} - y_m = (m+1)\frac{L\lambda}{d} - m\frac{L\lambda}{d}$$

$$= \frac{L\lambda}{d}$$

$$d = \frac{L\lambda}{\Delta y} = \frac{2\times600\times10^{-9}}{1\times10^{-3}}$$

$$= 12\times10^{-4}\ (m)$$

$$= 1.2\ (mm)$$

15. 문제 13의 실험에서 두께가 0.05 mm인 얇은 유리판($n = 1.5$)을 두 슬릿 중, 한 슬릿 위에 놓았다. 이로 인하여 발생한 간섭무늬의 이동을 계산하시오.

풀이

$$r_2 - r_1 = m\lambda$$

얇은 유리판(두께 t)을 삽입함으로써 발생하는 광경로차 Δ는

$$\Delta = (n-1)t$$

$$= (1.5 - 1) \times 0.05 \times 10^{-3}$$

$$= 2.5 \times 10^{-5} \ (m)$$

Shift 되는 fringe 수 $= \dfrac{\Delta}{\lambda} = \dfrac{2.5 \times 10^{-5}}{600 \times 10^{-9}}$

$$= 41.7 \ (개)$$

16. 단색광이 이중슬릿을 통과하여 간섭을 일으킨다. 슬릿의 간격은 1.2 mm, 슬릿과 스크린 사이의 거리는 5 m, 간섭무늬들 사이의 간격이 2 mm일 때 광원의 파장을 구하시오.

풀이

밝은 무늬 조건.....$y_m = m\dfrac{L\lambda}{d}$

밝은 무늬 사이의 간격 Δy는 $\Delta y = y_{m+1} - y_m$ 이다.

$$\Delta y = y_{m+1} - y_m = (m+1)\dfrac{L\lambda}{d} - m\dfrac{L\lambda}{d}$$

$$= \dfrac{L\lambda}{d}$$

$$\lambda = \frac{d\,\Delta y}{L} = \frac{1.2 \times 10^{-3} \times 2 \times 10^{-3}}{5}$$

$$= \frac{2.4 \times 10^{-6}}{5}$$

$$= 4.8 \times 10^{-7} \ (\text{m})$$

$$= 480 \ (\text{nm})$$

17. 영의 실험을 이용하여 간섭무늬를 관찰하고자 한다. 파장이 550 nm인 초록색 광원을 사용하였으며 스크린은 슬릿으로부터 1 m 떨어져 있다. 슬릿 사이의 거리가 15 μm일 때, 중심에서 3 번째 밝은 무늬까지의 거리를 구하시오. 또, 중심에서 무늬가 밝은지 어두운지를 결정하고 그 이유를 설명하시오.

풀이

$$y_m = m\frac{L\lambda}{d}$$

$$= 3 \times \frac{1 \times 550 \times 10^{-9}}{15 \times 10^{-6}}$$

$$= 0.11 \ (\text{m})$$

$$= 11 \ (\text{cm})$$

Center($m=0$)는 슬릿에서 오는 광파들 사이의 광경로차가 없기 때문에 밝은 무늬가 생긴다. 이것을 0차 밝은 무늬라고 한다.

18. Young's Experiment를 이용하여 간섭무늬를 관찰하고자 한다. 파장이 550 nm인 초록색 광원을 사용하였으며 스크린은 슬릿으로부터 1 m 떨어져 있다. 다음 물음에 답하시오.

(1) 1 mm 간격의 간섭무늬를 얻기 위한 슬릿 사이의 거리를 구하시오.

(2) 만약 두께가 0.05 mm의 얇은 유리판을 두 슬릿 중 하나의 슬릿 위에 놓았다면 스크린에서의 간섭무늬가 어떻게 변할 것인지를 논하시오.

(3) (2)번의 경우, 중심에서 무늬가 밝은지 어두운지를 결정하고 그 이유를 설명하시오.

풀이

밝은 무늬 조건.....$y_m = m\dfrac{L\lambda}{d}$

(1) 밝은 무늬 사이의 간격 Δy는 $\Delta y = y_{m+1} - y_m$이다.

$$\Delta y = y_{m+1} - y_m = (m+1)\frac{L\lambda}{d} - m\frac{L\lambda}{d}$$

$$= \frac{L\lambda}{d} = 1.0 \times 10^{-3}$$

$$d = \frac{L\lambda}{\Delta y} = \frac{550 \times 10^{-9} \times 1}{1.0 \times 10^{-3}}$$

$$= 550 \times 10^{-6} \ (\mathrm{m})$$

$$= 0.55 \ (\mathrm{mm})$$

(2) $\Delta = (n-1)t = (1.5 - 1) \times 0.05 \times 10^{-3}$

$$= 2.5 \times 10^{-5} \ (\mathrm{m})$$

Shift 되는 fringe 수 $= \dfrac{\Delta}{\lambda} = \dfrac{2.5 \times 10^{-5}}{550 \times 10^{-9}}$

$$= 45.5 \ (\text{개})$$

(3) Shift 되는 fringe 수가 45.5개이므로 중심은 어두운 무늬가 된다.

19. Mirror의 표면으로부터 광원까지의 높이가 $d/2$인 Lloyd mirror가 있다 (그림 참조). 광원으로부터 screen까지의 거리가 L일 때 다음 물음에 답하시오.

(1) Screen의 center(P')에서 m 번째 밝은 무늬까지의 거리를 구하시오.

(2) Screen의 center에서 무늬가 밝은지 어두운지를 정하고 그 이유를 설명하시오.

(3) m 번째 밝은 무늬와 $(m+1)$ 번째 밝은 무늬사이의 간격을 계산하시오.

(4) Screen에서 m 번째 밝은 무늬를 어두운 무늬로 바꾸려고 한다. 간단한 방법을 이론적으로 설명하시오.

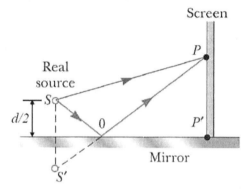

풀이

(1) Lloyd mirror에서 반사되는 광파의 위상이 π만큼 변하기 때문에 m 번째 밝은 무늬까지의 거리는 다음과 같다.

$$y_m = \left(m + \frac{1}{2}\right)\frac{L\lambda}{d}$$

(2) (1)번의 이유로 어두운 무늬가 생긴다.

(3) $\Delta y = y_{m+1} - y_m$

$$= \left(m + 1 + \frac{1}{2}\right)\frac{L\lambda}{d} - \left(m + \frac{1}{2}\right)\frac{L\lambda}{d}$$

$$= \frac{L\lambda}{d}$$

(4) 한쪽 경로의 위상차 $\delta(r_1 - r_2)$가 π만큼 생기도록 만들면 된다.

20. 그림과 같이 바닷가 절벽에 있는 안테나가 아주 먼 곳으로부터 거의 수평면을 따라 전파되어 오는 무선신호를 감지한다고 가정하자. 안테나가 첫 번째 최대 신호를 수신할 때, 직접 경로로 전파되어 온 신호와 수면에서 반사된 신호 사이의 위상차 $\delta(r_2 - r_1)$와 무선신호의 입사각 θ에 대한 표현식이

$$\theta = \sin^{-1}\left(\frac{\lambda}{4d}\right)$$

로 됨을 증명하시오.

풀이

$$\alpha = 90° - 2\theta$$

$$\sin\alpha = \frac{\Delta r_1}{x} \rightarrow \Delta r_1 = x\sin\alpha$$

$$\sin\theta = \frac{d}{x} \rightarrow x = \frac{d}{\sin\theta}$$

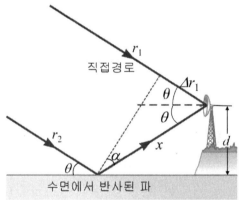

직접 경로로 전파되어 온 신호와
수면에서 반사된 신호 사이에 발생하는 위상차 $\delta(r_2 - r_1)$는

$$\delta(r_2 - r_1) = k(r_2 - r_1) + \pi$$

$$= k(x - \Delta r_1) + \pi$$

$$= k\left(\frac{d}{\sin\theta} - x\sin\alpha\right) + \pi$$

$$= k\left\{\frac{d}{\sin\theta} - \sin(90° - 2\theta)\frac{d}{\sin\theta}\right\} + \pi$$

$$= k\frac{d}{\sin\theta}(1-\cos2\theta)+\pi$$

$$= k\frac{d}{\sin\theta}\{1-(1-2\sin^2\theta)\}+\pi$$

$$= 2kd\sin\theta+\pi$$

이다. 안테나가 m 번째 최대 신호를 수신할 조건은 $\delta(r_2-r_1)=m(2\pi)$이므로 안테나가 첫 번째 최대 신호를 수신할 조건은

$$\delta(r_2-r_1)=2kd\sin\theta+\pi=2\pi$$

$$2d\frac{2\pi}{\lambda}\sin\theta=\pi$$

$$4d\sin\theta=\lambda$$

$$\sin\theta=\frac{\lambda}{4d}$$

$$\theta=\sin^{-1}\left(\frac{\lambda}{4d}\right)$$

여러 가지 간섭계

21. 굴절률이 1.434인 CaF_2의 얇은 평판을 입사하는 광선에 수직하게 마이켈슨 간섭계의 한쪽 팔에 삽입하였더니 35 개의 밝은 무늬가 지나갔다. CaF_2 평판의 두께를 구하시오. 마이켈슨 간섭계에 사용한 광원의 파장은 $\lambda_0=589$ nm이다.

풀이

평판(두께 t)을 삽입함으로써 발생하는 광경로차 Δ는

$$\Delta=(n-1)t=m\frac{\lambda}{2}$$

$$t = m \frac{\lambda}{2(n-1)}$$

$$= 35 \times \frac{589 \times 10^{-9}}{2 \times (1.434-1)}$$

$$= 2.38 \times 10^{-5} \ (\text{m})$$

$$= 23.8 \ (\mu\text{m})$$

22. 마이켈슨 간섭계를 사용하여 임의의 기체의 굴절률 n을 측정할 수 있다. 기체는 간섭계의 한 쪽 팔에 놓여져 있는 길이가 d인 tube 안으로 흐를 수 있도록 되어있다. 기체가 tube 안으로 서서히 흘러들어 갈 때, 이동한 간섭무늬의 개수를 헤아려 기체의 굴절률을 측정할 수 있다. 밝은 간섭무늬가 이동한 개수를 N이라고 하면 $N = 2d(n-1)/\lambda$임을 증명하시오.

풀이

길이가 d인 tube에 기체를 주입했을 때 발생하는 광경로차 Δ는 다음과 같다.

$$\Delta = (n-1)d = N\frac{\lambda}{2}$$

$$N = \frac{2(n-1)\lambda}{\lambda}$$

23. 굴절률이 1.65인 얇은 유리판을 Michelson 간섭계의 한 쪽 경로에 삽입하였더니 350 개의 밝은 무늬가 지나갔다. 이 유리판의 두께를 구하시오. 단 Michelson 간섭계에 사용된 광원의 파장은 633 nm이다.

풀이

$$\Delta = (n-1)d = m\frac{\lambda}{2}$$
$$d = m\frac{\lambda}{2(n-1)}$$

$$= 350 \times \frac{633 \times 10^{-9}}{2 \times (1.65 - 1)}$$

$$= 16.7 \times 10^{-5} \ (\text{m})$$

$$= 1.67 \ (\mu\text{m})$$

24. 광원의 파장이 λ인 Michelson 간섭계가 있다. 다음 물음에 답하시오.

  (1) 간섭계의 한 쪽 거울을 미세하게 움직였더니 밝은 무늬와 어두운 무늬가 각각 200 개씩 지나갔다. Mirror가 움직인 거리를 계산하시오.

  (2) 간섭계의 다른 한 쪽 팔에 두께가 d, 굴절률이 n인 투명한 평행판을 삽입하였다. 평행판을 삽입함으로써 발생한 광 경로차를 구하시오.

  (3) (2)의 경우 몇 개의 무늬가 움직이겠는가?

  (4) (1)에서와 같이 한쪽 거울을 움직인 다음 (2)에 투명한 평행판을 삽입하여 양쪽 팔의 광 경로가 같아졌다면 평행판의 두께를 구하시오.

풀이

  (1) $d = m\dfrac{\lambda}{2} = 100\lambda$

  (2) $\Delta = 2(n-1)d$

  (3) $\Delta = (n-1)d = m\dfrac{\lambda}{2}$

    $m = \dfrac{2d(n-1)}{\lambda}$

  (4) 한쪽 거울을 100λ 만큼 움직였기 때문에 투명한 평행판을 삽입하여 100λ 만큼의 광경로차가 생기면 된다.

    $\Delta = (n-1)d = 100\lambda$

    $d = \dfrac{100\lambda}{(n-1)}$

CHAPTER 6

편광과 반사

편광(Polarization)은 전자기파가 진행할 때 파를 구성하는 전기장이나 자기장이 공간상에서 규칙적인 방향성을 가지고 진동하는 현상을 가리킨다. 태양광이나 백열등의 빛과 같이 대부분의 광은 임의의 모든 방향으로 진동하는 빛이 혼합된 상태이지만, 특정한 광물질이나 광학필터를 사용하여 편광된 상태의 빛을 얻을 수 있다. 일반적으로 벡터를 이용해 편광상태를 설명하는데, 전자기파를 이루는 전기장과 자기장의 벡터는 서로 수직하기 때문에, 전기장의 벡터만을 설명해도 충분하다.

파동의 진행방향을 z축으로 가정할 때, 전기장은 x축과 y축의 두 수직한 성분으로 구성된 임의의 벡터로 생각할 수 있다. 전기장 벡터의 크기는 조화파(sine 혹은 cosine) 곡선의 형태로 변한다. 다가오는 전자기파를 마주보았을 때, 전기장 벡터의 방향 및 크기가 시간에 따라 규칙적인 패턴을 보여주며 변할 때 이 전자기파가 편광된 상태라고 한다. 빛의 경우 전기장의 변화 형태에 따라 선편광, 원편광 및 가장 일반적인 편광의 형태인 타원편광으로 구분하게 된다.

빛의 편광은 액정 디스플레이 장치를 비롯하여 여러 가지 광학적 장치 및 소자에 널리 활용됨은 물론 우리의 일상생활에도 깊숙이 영향을 미치고 있다. Chapter 6에서는 이러한 빛의 편광과 반사에 대해 기초적인 이론과 원리, 그리고 수학적인 기술방법과 그 응용에 대해 학습하고자 한다.

6.1 편광의 종류

■ 선편광

선편광(linear polarization)은 선형 편광이라고도 하며, 가장 간단한 편광의 형태라고 할 수 있다. 아래 그림 6-1은 z축 방향으로 진행하는 빛의 전기장과 자기장의 진동 양식을 보여주고 있다. 그림에서 보는 바와 같이 전기장의 진동 방향을 보면 빛의 어느 부분에서나 x축 방향으로 진동하고 있음을 알 수 있다. 이러한 전기장(광파)의 진동 양식을 x축 방향으로 "선편광되었다" 또는 간단히 "x축 방향으로 편광된 빛"이라고 말한다.

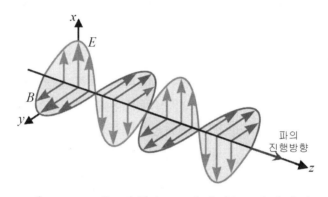

그림 6-1. z축 방향으로 진행하는 전자기파

만일 z축 상에서 다가오는 빛을 바라본다면, 그림 6-2와 같이 전기장과 자기장의 진동을 볼 수 있을 것이다. 이때, 전기장의 진동 방향은 x, 자기장의 진동 방향은 y로 고정되어 있음을 알 수 있다.

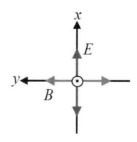

그림 6-2. z축 방향으로 진행하는 전자기파의 전기장과 자기장의 방향

이렇게 x축 방향으로 선편광되어 있는 평면파인 빛을 수학적으로 표현할 때는 다음과 같이 전기장 벡터 $\vec{E}$로 나타낼 수 있다.

$$\vec{E}(z,t) = \vec{E}_0 \cos(kz - \omega t) = E_0 \,\hat{i}\, \cos(kz - \omega t) \tag{6-1}$$

식 (6-1)에서 E_0는 전기장의 진폭, k는 파수(wave number)로서 $2\pi/\lambda$이고, ω는 빛의 각진동수(angular frequency)로서 $2\pi f$이며 $\hat{i}$는 x축 방향의 단위 벡터(unit vector)이다. 공간상의 어느 지점에서나 전기장의 방향은 x축 방향임을 수식에서 알 수 있다.

■ 원편광

서로 수직하는 편광면을 가지고, 같은 진폭을 가진 선편광된 두 광파를 생각해 보자. x축 방향과 y축 방향으로 선편광된 두 광파를 생각하자. 단, y축 방향에 대한 전기장의 위상이 x축 방향에 대한 전기장의 위상에 비해 $\frac{\pi}{2}$(즉, 90°)만큼 작다고 하고, 두 광파의 전기장을 더하면 다음과 같다.

$$\begin{aligned}
\vec{E}(z,t) &= \vec{E}_x(z,t) + \vec{E}_y(z,t) \\
&= E_0\left\{ \hat{i} \cos(kz - \omega t) + \hat{j} \cos\left(kz - \omega t - \frac{\pi}{2}\right) \right\} \\
&= E_0\left\{ \hat{i} \cos(kz - \omega t) + \hat{j} \sin(kz - \omega t) \right\}
\end{aligned} \tag{6-2}$$

식 (6-2)로 표현되는 전기장 벡터 $\vec{E}_x$, $\vec{E}_y$는 2차 미분 파동방정식인 맥스웰 방정식을 만족하는 해이다. 식 (6-2)에서 z를 고정시키고 t를 변화시키면 그림 6-3과 같이 전기장 벡터의 편광방향이 시계방향으로 원을 그리면서 돌게 됨을 알 수 있다. 이와 같이 전기장 벡터 $\vec{E}$의 편광방향이 원을 그리면서 돌게 되는 편광을 **원편광**(circular polarization)이라고 하며 그 회전 방향이 시계방향이라면 우원편광(RCP : Right Circularly Polarized)이라고 한다.

시간 t가 $t=kz_0/\omega$ 만큼 지난 후에는 $\overrightarrow{E_x}=\hat{i}E_0,\ \overrightarrow{E_y}=0$이 되어 전기장 벡터 $\overrightarrow{E}$는 x축에 있게 되며 시간이 경과됨에 따라 전기장 벡터 $\overrightarrow{E}$는 관찰자가 광원을 향해 볼 때 ω의 각속도로 시계방향으로 회전하고 있다는 것을 알 수 있다.

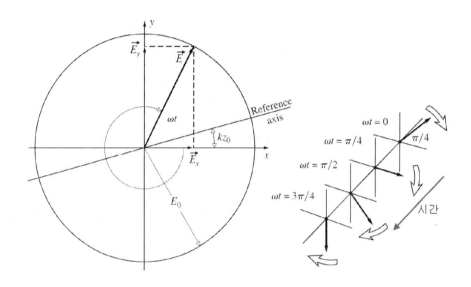

그림 6-3. 광파의 진행 축상의 임의의 점 z_0에서 전기장 벡터 $\overrightarrow{E}$의 시간에 따른 상태

마찬가지로 식 (6-2)에서 y축 방향에 대한 전기장의 위상을 x축 방향에 대한 전기장의 위상에 비해 $\dfrac{\pi}{2}$만큼 크게 하여 더하면 다음과 같다.

$$\overrightarrow{E}(z,t)=\overrightarrow{E}_x(z,t)+\overrightarrow{E}_y(z,t) \tag{6-3}$$

$$=E_0\left\{\hat{i}\cos(kz-\omega t)+\hat{j}\cos(kz-\omega t+\frac{\pi}{2})\right\}$$

$$=E_0\left\{\hat{i}\cos(kz-\omega t)-\hat{j}\sin(kz-\omega t)\right\}$$

식 (6-3)은 z를 고정시키고 t를 변화시키면 전기장 벡터의 편광방향이 반시계방향으로 원을 그리면서 돌게 되는데, 편광방향이 반시계방향으로 회전하는 원편광을 좌원편광(LCP : Left Circularly Polarized)이라고 한다.

예제 6.1 광파의 전기장 벡터에 대한 표현

광파의 전기장 벡터에 대한 일반적인 복소수 표현식은 다음과 같이 나타낼 수 있다.

$$\vec{E}(z,t) = E_0(\hat{i} + \hat{j}\,ae^{i\phi})e^{i(kz-\omega t)}$$

이 식이 광파의 전기장 벡터에 대한 실수 표현식

$$\vec{E}(z,t) = E_0\{\hat{i}\cos(kz-\omega t) + \hat{j}\,a\cos(kz-\omega t+\phi)\}$$

와 같다는 것을 보이시오.

풀이 $\vec{E}(z,t) = E_0(\hat{i} + \hat{j}\,ae^{i\phi})e^{i(kz-\omega t)}$

$$= E_0\{\hat{i}\,e^{i(kz-\omega t)} + \hat{j}\,a\,e^{i(kz-\omega t+\phi)}\}$$

$e^{i\theta} = \cos\theta + i\sin\theta$ 이므로 위 식에서 실수부를 취하면 다음과 같이 나타낼 수 있다.

$$\vec{E}(z,t) = E_0\{\hat{i}\cos(kz-\omega t) + \hat{j}\,a\cos(kz-\omega t+\phi)\}$$

■ 타원편광

　서로 수직하는 편광면을 가지고 x축 및 y축 방향으로 선편광된 두 광파의 진폭을 E_{0x}, E_{0y}라고 하고 서로 ε의 위상차를 가지는 두 광파의 전기장은 다음과 같이 표현할 수 있다.

$$E_x(z,\ t) = E_{0x}\cos(kz - \omega t) \tag{6-4}$$

$$E_y(z,\ t) = E_{0y}\cos(kz - \omega t + \varepsilon)$$

　식 (6-4)를 $(kz - \omega t)$의 항을 제거하고 식을 정리하면, 다음 식 (6-5)를 얻을 수 있다.

$$\left(\frac{E_x}{E_{0x}}\right)^2 + \left(\frac{E_y}{E_{0y}}\right)^2 - 2\left(\frac{E_x}{E_{0x}}\right)\left(\frac{E_y}{E_{0y}}\right)\cos\varepsilon = \sin^2\varepsilon \tag{6-5}$$

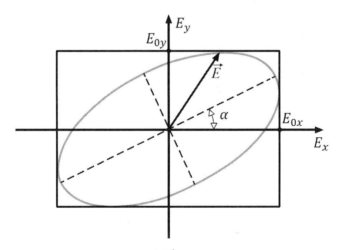

그림 6-4. 전기장 벡터 $\vec{E}$에 의한 타원편광의 궤적

　식 (6-5)는 그림 6-4에서 보는 바와 같이 $(E_x,\ E_y)$ 좌표계에서 주축의 각도가 α인 타원방정식이며 α는 다음과 같다.

$$\tan2\alpha = \frac{2E_{0x}E_{0y}\cos\varepsilon}{E_{0x}^2 - E_{0y}^2} \tag{6-6}$$

그림 6-5는 여러 가지 위상차 ε에 따른 전기장 벡터의 타원궤적을 나타 내는 그림으로서 $\varepsilon=0, \pm\pi, \pm2\pi, \pm3\pi\cdots$일 경우에 선편광이 되며 $E_{0x} = E_{0y}$이고 $\varepsilon=\pm\pi/2, \pm3\pi/2, \pm5\pi/2\cdots$일 때는 원편광이 된다. 그러므로 선편광과 원편광은 **타원편광**(elliptical polarization)의 특별한 경우에 해당 함을 알 수 있다.

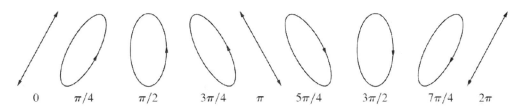

0     $\pi/4$ $\pi/2$ $3\pi/4$ π $5\pi/4$ $3\pi/2$ $7\pi/4$ 2π

(a) E_x가 E_y보다 0, $\pi/4$, $\pi/2\cdots$만큼 앞선 경우의 타원편광

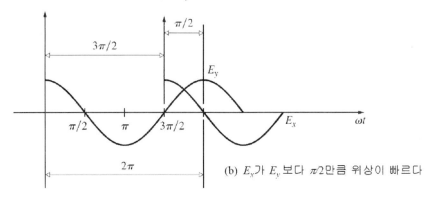

(b) E_x가 E_y보다 $\pi/2$만큼 위상이 빠르다

그림 6-5. 여러 가지 위상차 ε에 따른 전기장 벡터의 타원궤적

■ 여러 가지 편광특성

편광자

광학소자 중에서 특정한 편광의 광파만을 통과시키는 특성을 가진 것이 있는데 그러한 소자들을 **편광자**(polarizer)라고 한다. 편광자에서 에너지의

손실 없이 통과하는 편광의 방향을 편광자의 투과축이라고 한다.

입사파가 선편광되었다면 투과축과 평행한 $\vec{E_0}$의 성분이 편광자를 통과하게 된다.

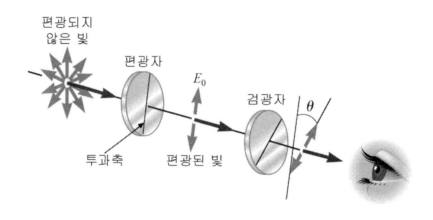

그림 6-6. 투과축이 서로 θ의 각도를 이룬 두 개의 편광자

그림 6-6에서 편광자의 투과축과 검광자의 투과축 사이의 각을 θ라고 하면 투과된 광파의 파동함수는 $E = E_0 \cos\theta$ 이며 투과된 광파의 강도는 파동함수의 제곱에 비례하므로 다음과 같이 표현된다.

$$I = I_0 \cos^2\theta \tag{6-7}$$

이것을 **말러스(Malus) 법칙**이라고 한다.

예제 6.2 말러스의 법칙

입사파의 강도가 I_0인 편광되지 않은 빛이 그림과 같이 두 개의 판 편광자에 입사한다. 첫 번째 편광자의 투과축은 수직이며 두 번째 편광자의 투과축은 수직축에 대하여 30° 기울어져 있다.두 편광자를 통과한 빛의 편광 상태와 강도를 구하시오.

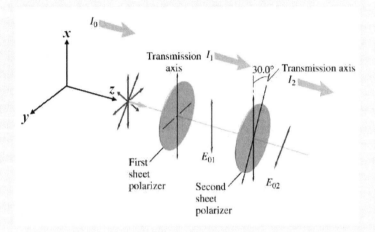

풀이 편광되지 않은 빛이 편광자에 입사하면 투과된 광파의 강도는 $I = I_0/2$ 이므로 첫 번째 편광자를 통과한 빛의 강도 I_1은 $I_1 = I_0/2$ 이다. 말러스 법칙에 의하여 두 번째 편광자를 통과한 빛의 강도 I_2는

$$I_2 = I_1 \cos^2\theta$$

$$= \left(\frac{1}{2}I_0\right)\cos^2 30°$$

$$= 0.375\, I_0$$

이며 편광 상태는 선편광이며 그 방향은 두 번째 편광자의 투과축과 나란한 방향이다.

복굴절

원자들이 일정하게 규칙적인 배열을 하고 있으면 결정이라고 하고 원자의 배열이 규칙성을 갖지 못하면 비정질이라고 한다. 많은 결정 물질들은 광학적으로 비등방적 특성을 가지고 있다. 석영이나 방해석 등과 같은 결정 물질은 결정축에 따라 굴절률의 값이 다르며 그에 따라 빛의 속도가 다르다. 이러한 특성을 **복굴절**이라고 한다.

코펜하겐대학교의 수학자인 바르톨리누스는 방해석에 편광되지 않은 빛을 방해석에 수직하게 입사(입사각 $\theta = 0°$)시켜서 복굴절 현상을 관찰하였다. 그림 6-7에서 보는 바와 같이 편광되지 않은 빛이 복굴절 물질로 입사되면 빛의 편광에 따라 굴절률이 달라져 복굴절 물질에서의 빛의 속도 또한 달라진다. 따라서 편광방향에 따라 정상광선(O : ordinary ray)과 이상광선(E : extraordinary ray)로 나뉘어져 진행하게 된다. 이들 두 광선의 편광은 서로 수직이며 정상광선에 대한 굴절률을 n_O, 이상광선에 대한 굴절률을 n_E로 나타낸다.

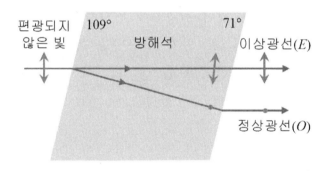

그림 6-7. 방해석에 의한 복굴절

정상광선과 이상광선이 서로 같은 속력으로 진행되는 방향이 한 개 존재하는데 그 방향을 광축이라고 한다. 정상광선의 굴절률 n_O는 모든 방향에 대해 동일하므로 정상광선은 광원으로부터 구 모양으로 퍼져 나간다. 그러나 이상광선의 굴절률 n_E는 광선의 진행방향에 따라 변하므로 점광원에서 나온 광선은 단면이 타원인 파면을 이루면서 퍼져 나간다.

예제 6.3 복굴절 물질에서의 빛의 속도

파장이 589.3 nm인 광원을 사용할 때 방해석의 n_O는 1.658이고 n_E는 1.468까지 변한다. 이 파장에 대한 방해석에 있어서 이상광선과 정상광선 사이의 최대 속도차이를 구하시오.

풀이 굴절률의 정의는 $n = c/v$이다. 따라서 방해석에 있어서 정상광선의 속도는 다음과 같이 나타낼 수 있다.

$$v_O = \frac{c}{n_O} = \frac{3.0 \times 10^8}{1.658}$$

$$= 1.81 \times 10^8 \text{ m/s}$$

이상광선의 최대 속도를 v_E라고 하면

$$v_E = \frac{c}{n_E} = \frac{3.0 \times 10^8}{1.468}$$

$$= 2.05 \times 10^8 \text{ m/s}$$

이다. 따라서 $\Delta v = v_E - v_O = 2.4 \times 10^7$ m/s이다.

■ 존스 벡터

편광을 수학적으로 보다 간단히 표현하는 방법으로 존스 벡터(Jones vector)라는 것이 있다. 존스 벡터를 구하는 방법은 광의 표현을 복소수를 사용한 표현으로 만들어 주는 것인데, x방향으로 선편광된 광을 예로 들면 다음과 같이 실수부에 대응하는 허수부를 더해준다.

$$\vec{E}_x(z,t) = E_0\,\hat{i}\,\{\cos(kz-\omega t)+i\sin(kz-\omega t)\} \tag{6-8}$$

$$= E_0\,e^{i(kz-\omega t)}\,\hat{i}$$

식 (6-2)의 우원편광(RCP)을 복소수를 사용하여 나타내면 다음과 같다.

$$\vec{E}(z,t) = E_0\,\{\cos(kz-\omega t)+i\sin(kz-\omega t)\}\hat{i} \tag{6-9}$$

$$+ E_0\Big\{\cos(kz-\omega t-\frac{\pi}{2})+i\sin(kz-\omega t-\frac{\pi}{2})\Big\}\hat{j}$$

$$= E_0 e^{i(kz-\omega t)}\hat{i} + E_0 e^{i(kz-\omega t-\frac{\pi}{2})}\hat{j} = E_0 e^{i(kz-\omega t)}(\hat{i}-i\hat{j})$$

같은 방법으로 좌원편광(LCP)은 다음과 같이 표현된다.

$$\vec{E}(z,t) = E_0\,e^{i(kz-\omega t)}(\hat{i}+i\hat{j}) \tag{6-10}$$

모든 수식에서 E_0, E_{0x}, E_{0y}는 원래 전기장 벡터에서 진폭의 크기를 나타내는 것으로 복소수가 아닌 실수임을 기억하자. 식 (6-8)부터 (6-10)을 기초로 편광의 존스 벡터 표현을 만드는 방법은 다음과 같다. 수식에서 $\hat{i}$ 벡터와 $\hat{j}$ 벡터를 각각 다음과 같이 나타낸다.

$$\hat{i} = \begin{pmatrix}1\\0\end{pmatrix},\ \ \hat{j} = \begin{pmatrix}0\\1\end{pmatrix} \tag{6-11}$$

식 (6-11)을 각 편광의 복소수 표현에 적용하여 공통인 부분을 제외하면 벡터 부분이 존스 벡터가 되는데, 그것을 정리하면 표 6-1과 같이 된다.

표 6-1. 각 편광의 존스 벡터 표현

편광		Jones vector
선편광	x 방향	$\begin{pmatrix} 1 \\ 0 \end{pmatrix}$
	y 방향	$\begin{pmatrix} 0 \\ 1 \end{pmatrix}$
원편광	RCP	$\begin{pmatrix} 1 \\ -i \end{pmatrix}$
	LCP	$\begin{pmatrix} 1 \\ i \end{pmatrix}$
타원편광		$\begin{pmatrix} E_{0x} \\ -iE_{0y} \end{pmatrix}$

6.2 편광의 응용

■ 복굴절과 파장판

어떤 물질들은 동일한 파장에 대해서도 빛의 편광상태에 따라 굴절률이 달라지는 특성을 가지고 있다. 서로 수직한 두 개의 선편광에 대해 다른 굴절률을 가지며 이러한 특성을 **선복굴절**(linear birefringence)이라고 한다.

또한 어떤 물질들은 RCP와 LCP에 대해 서로 다른 굴절률을 가지는데 이러한 물질들을 **원복굴절**(circular birefringence), 또는 **광학활성**(optical activity)을 가진다고 말한다. 선복굴절을 가진 대표적인 물질로서 방해석을 들 수 있다. 방해석은 그림 6-8과 같이 고속 축(fast axis)과 저속 축(slow axis)를 가지고 있어서 그러한 축에 평행한 전기장에 대해 각각 다른 굴절률을 가지고 있다. 즉, 그림에서 고속 축과 평행한 x축으로 편광된 빛에 대해서는 굴절률이 n_f이고, 저속 축과 평행한 y축으로 편광된 빛에 대해서는 굴절률이 n_s가 된다.

각 편광의 속력을 보면 아래와 같이 x축으로 편광된 빛이 y축으로 편광된 빛에 비해 방해석 내부에서 더 빨리 진행한다.

$$v_x(=c/n_f) > v_y(=c/n_s) \qquad\qquad (6\text{-}12)$$

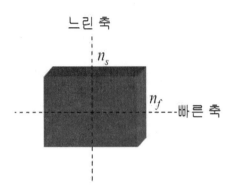

그림 6-8. 선복굴절을 가진 물질의 고속(빠른) 축과 저속(느린) 축

그런데 그림 6-9와 같이 편광축이 고속 축에 대하여 θ의 각으로 선편광된 빛이 선복굴절을 가지는 길이가 ℓ인 물질을 통과했다고 하면 빛의 편광은 어떻게 될 것인가?

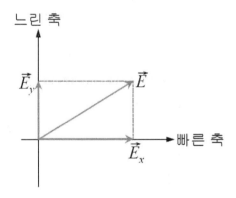

그림 6-9. 물질 내의 편광변화를 알기 위한 편광의 분해

물질의 시작점을 $z=0$으로 하면 물질에 들어가기 직전의 빛은 다음과 같이 표현된다.

$$\vec{E}(0,t) = \left(E_0 \cos\theta\, \hat{i} + E_0 \sin\theta\, \hat{j}\right)e^{-i\omega t} \tag{6-13}$$

이 빛의 편광상태를 존스 벡터를 이용하여 표현하면 $\begin{pmatrix} \cos\theta \\ \sin\theta \end{pmatrix}$가 된다. 즉, x축과 θ의 각을 이루는 선편광이다. 한편, 물질 속에 들어가서 이제 물질을 막 **빠져나오는** 빛의 전기장 벡터는 다음과 같다.

$$\vec{E}(l,t) = \left(E_0 \cos\theta\, e^{ik_f \ell}\, \hat{i} + E_0 \sin\theta\, e^{ik_s \ell}\, \hat{j}\right)e^{-i\omega t} \tag{6-14}$$

이때의 편광상태는 아래와 같이 된다.

$$\begin{pmatrix} \cos\theta\, e^{ik_f \ell} \\ \sin\theta\, e^{ik_s \ell} \end{pmatrix} = e^{ik_f \ell}\begin{pmatrix} \cos\theta \\ \sin\theta\, e^{i(k_s - k_f)\ell} \end{pmatrix} = e^{ik_f \ell}\begin{pmatrix} \cos\theta \\ \sin\theta\, e^{2\pi i(n_s - n_f)\ell/\lambda_0} \end{pmatrix} \tag{6-15}$$

식 (6-15)에서 $e^{ik_f \ell}$은 공통 성분이므로 실제 물질을 빠져나온 빛의 편광상태는 다음과 같이 쓸 수 있다.

$$\begin{pmatrix} \cos\theta \\ \sin\theta\, e^{2\pi i(n_s - n_f)\ell/\lambda_0} \end{pmatrix} \tag{6-16}$$

식 (6-16)을 원래 물질에 들어가기 전의 존스 벡터 $\begin{pmatrix} \cos\theta \\ \sin\theta \end{pmatrix}$와 비교해 보면, y축 성분의 위상이 x축 성분에 비해 $2\pi(n_s - n_f)\ell/\lambda_0$ 만큼 더해진 것을 볼 수 있다. 이렇게 고속 축과 저속 축을 가진 물질을 **위상 지연판**(phase retarder)라고도 부른다. 앞서 살펴본 $\lambda/4$ 파장판 역시 위상 지연판의 일종이다.

예제 6.4 복굴절을 이용한 1/4 파장판 만들기

석영으로 546.0 nm인 파장에서 사용할 1/4 파장판을 만들고자 한다. 석영의 두께를 계산하시오. 단, 상온에서 석영의 n_s는 1.55535, n_f는 1.54617이다.

풀이 파장판을 통과한 후의 광경로차는 $\Delta = d(n_s - n_f)$이다. 따라서 석영의 두께 d는 다음과 같이 계산할 수 있다.

$$d = \frac{\Delta}{(n_s - n_f)}$$

$$= \frac{\frac{1}{4} \times 546.0 \times 10^{-9}}{1.55535 - 1.54617}$$

$$= 14.87 \times 10^{-6} \text{ m}$$

$$= 14.87 \ \mu\text{m}$$

■ 패러데이 효과

1845년 패러데이(Michael Faraday)는 자기장 안에 있는 유리(Faraday Element)에 입사한 빛의 선편광 방향이 회전하는 것을 발견하였다. 그림 6-10에서 보는 바와 같이 선편광된 빛의 회전각은 특히 빛의 진행 방향과 자기장의 방향이 일치할 때 크게 나타났는데 이를 **패러데이 효과**(Faraday effect)라고 한다. 패러데이 효과에서 선편광된 빛의 편광축이 회전한 각도 β는 다음과 같음이 실험적으로 알려져 있다.

$$\beta = B \ell V \tag{6-17}$$

식 (6-17)에서 B는 자기장의 세기 또는 정자속밀도(static magnetic flux density), ℓ은 빛이 패러데이 element 내에서 진행한 길이, 그리고 V는 비례상수인 **베르데 상수**(Verdet constant)이다. 베르데 상수는 물질의 종류, 빛의 파장이나 온도 등에 따라 달라진다.

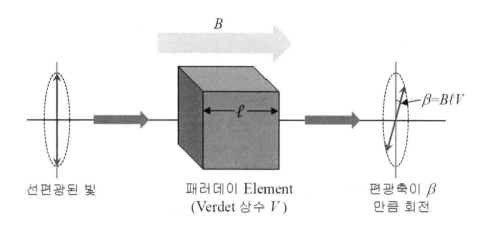

그림 6-10. 패러데이 효과

패러데이 효과와 같이 자기장이 물질에 영향을 주어 빛의 성질을 변화시키는 것을 **자기광학 효과**(magneto-optic effect)라고 한다. 또 다른 자기광학 효과로는 **보이그 효과**(Voigt effect)와 **코튼-모튼 효과**(Cotton-Mouton effect)가 있다. 이것들은 모두 투명한 물질에 빛의 진행방향에 대해 수직으로 자기장이 걸렸을 때 일어나는데, 앞의 것은 물질이 기체인 경우이고 뒤의 것은 액체인 경우이다.

■ 전기광학 효과

자기광학 효과와 비슷하게 전기장과 물질의 반응으로 인해 빛의 편광특성이 변화하는 전기광학 효과(electro-optic effect)가 1875년 커(Kerr)에 의해 처음으로 발견되었다. 그는 특정한 광학물질이 전기장 벡터 $\vec{E}$ 내에 있을 때, 인가된 전기장과 평행한 방향의 굴절률 $n_\parallel$과 그에 수직한 방향의 굴절률 $n_\perp$이 서로 다르게 됨을 알았다. 두 굴절률의 차이 Δn_K는 다음과 같음을 실험적으로 규명하였다.

$$\Delta n_K = \lambda_0 K E^2 \tag{6-18}$$

이때 K는 커 상수(Kerr constant)로서 각 물질마다 고유한 값을 가지게 된다. 이와는 별도로 **포켈스 효과**(Pockels effect)라고 하는 전기광학 효과가 있는데, 이것은 1893년 포켈스(Friedrich Carl Alwin Pockels)에 의해 연구되었다.

예제 6.5 패러데이 효과

선편광된 광파가 20℃의 상온에서 $B = 1.0 \times 10^4$ G의 자기장 내에 놓여있는 길이 1.0 cm의 물기둥을 통과하였다. 선편광된 광파의 편광축이 회전한 각도를 계산하시오. 단 20℃의 상온에서 물의 베르데 상수 V_{H_2O}는 $V_{H_2O} = 0.0131$(min of arc/G · cm)이다.

풀이 패러데이 효과에서 선편광의 편광축이 회전한 각도 β는 $\beta = B\ell V$과 같음이 실험적으로 알려져 있다. 20℃에서 물의 베르데 상수가 $V_{H_2O} = 0.0131$(min of arc/G · cm)이며 단위가 min of arc/G · cm인 것에 주의해야 한다.

$$\beta = B\ell V_{H_2O} = \frac{1}{60} \times 0.0131 \times 1.0 \times 10^4 \times 1.0$$

$$= 2.18°$$

$$= 2°11'$$

6.3 부분 편광

우리가 일상생활에서 흔히 접하는 태양빛 혹은 전구의 불빛 등은 전체적으로 보면 어떤 편광상태가 약간 우세할 수는 있지만 단 하나의 편광상태만을 가지기는 불가능하다. 이러한 빛들을 **부분 편광**(partially polarized)되었다고 말한다. 부분 편광된 빛의 강도를 I라고 하면 그것은 다음과 같이 완전 편광된 빛의 강도 I_{pol}과 편광되지 않은 빛의 강도 I_{unpol}의 합으로 표현할 수 있다.

$$I = I_{\text{pol}} + I_{\text{unpol}}$$

전체 빛의 강도에 대한 편광된 빛의 강도의 비를 **편광도**(DOP : degree of polarization)라고 정의한다.

$$\text{DOP} = \frac{I_{\text{pol}}}{I_{\text{pol}} + I_{\text{unpol}}} \tag{6-19}$$

부분 편광된 빛의 DOP 측정은 선편광자를 이용해서 쉽게 측정할 수 있는데 그 방법은 다음과 같다. 부분 편광된 빛을 선편광자에 입사시켜 이것을 통과하여 나오는 빛의 강도를 측정하되, 선편광자를 한바퀴 회전시키면서 나오는 빛의 강도의 최대값 I_{max}와 최소값 I_{min}을 구한다. 편광되지 않은 성분은 편광자의 회전에 상관없이 항상 반만 편광자를 통과하게 되므로 최대강도 I_{max}는 편광자의 편광축과 편광된 성분의 편광방향이 일치했을 때 얻어지고, 최소강도는 편광축과 편광된 빛의 편광방향이 수직이 되었을 때 얻어진다. 그러므로 I_{max}, I_{min}, I_{pol}, I_{unpol}에는 다음과 같은 관계가 성립한다.

$$I_{\text{max}} = I_{\text{pol}} + \frac{1}{2} I_{\text{unpol}} \tag{6-20}$$

$$I_{\text{min}} = \frac{1}{2} I_{\text{unpol}}$$

그러므로 DOP를 다음과 같이 표현할 수 있다.

$$\text{DOP} = \frac{I_{\text{pol}}}{I_{\text{pol}} + I_{\text{unpol}}} = \frac{I_{\text{max}} - I_{\text{min}}}{I_{\text{max}} + I_{\text{min}}} \tag{6-21}$$

6.4 반사에 대한 전자기적 해석

Chapter 2에서 세 가지의 서로 다른 해석적 방법인 페르마의 원리, 호이겐스 원리, 말러스의 정리 등을 이용하여 반사와 굴절의 법칙을 유도하였다. 전자기학의 근간을 이루는 맥스웰 방정식을 사용하면, 앞에서 기술했던 방법들과 달리 보다 완벽하게 반사와 굴절 현상을 해석할 수 있는 장점이 있다.

전자기학 이론의 경계치 조건은 입사와 굴절이 일어나는 경계면에서 전기장 $\vec{E}$와 자기장 $\vec{B}$의 평행한 성분이 경계면을 지나면서 연속적인 값을 가진다는 것이다. 이것은 경계면을 중심으로 입사하는 쪽에서 $\vec{E}$와 $\vec{B}$의 평행한 성분의 합과 투과하는 쪽에서 $\vec{E}$와 $\vec{B}$의 평행한 성분의 합이 같아야 한다는 것이다.

우리는 이러한 기본적인 전자기 이론을 바탕으로 경계면에서의 $\vec{E_i}(\vec{r}, t)$, $\vec{E_r}(\vec{r}, t)$, $\vec{E_t}(\vec{r}, t)$와의 상관관계로부터 프레넬(Fresnel) 방정식을 유도하여 광파의 강도에 대한 전자기적 접근 방법으로 물리적 현상을 해석하고자 한다.

■ 조화파에 대한 맥스웰 방정식

등방적이고 유전체인 매질에 대하여 평면 조화파는 다음과 같은 식을 만족시킨다.

$$\vec{k} \times \vec{E} = \mu\omega\vec{H}$$

$$\vec{k} \times \vec{H} = -\epsilon\omega\vec{E} \qquad (6\text{-}22)$$

$$\vec{k} \cdot \vec{E} = 0$$

$$\vec{k} \cdot \vec{H} = 0$$

예제 6.6 평면 조화파에 대한 연산자 관계식

연산자 관계식 (6-22)로부터 $E = vB$임을 보이시오.

풀이 세 벡터 $\vec{k}, \vec{E}, \vec{B}$는 서로 직교하며 $\vec{B} = \mu\vec{H}, \vec{D} = \epsilon\vec{E}$이다. 식 (6-22)의 첫 번째 식 $\vec{k} \times \vec{E} = \mu\omega\vec{H}$에서

$$|\vec{k} \times \vec{E}| = kE\sin 90° = kE \text{ 이므로}$$

$$|\vec{k} \times \vec{E}| = kE\sin 90°$$

$$= kE$$

$$= |\mu\omega\vec{H}|$$

$$= \mu\omega H$$

$v = \omega/k, B = \mu H$이므로 $E = vB$ 이다.

■ 전기장 벡터가 입사면에 수직한 경우(TE 편광)

입사파의 전기장 벡터 $\vec{E}$가 경계면에 평행하거나 입사면에 수직한 경우를 *TE*(transverse electric) 편광(혹은 s-polarization)이라고 한다. 먼저 그림 6-11과 같이 입사파의 전기장 벡터 $\vec{E}$가 입사면에 수직한 경우에 대하여 경계면에서의 경계치 조건을 적용해 보자. 경계면에서 전기장 $\vec{E}$의 평행한 성분은 경계면을 지나면서 연속적인 값을 가져야 한다.

그림 6-11에서 전기장 벡터 $\vec{E}$의 평행성분의 연속성을 이용하면 경계면에서는 다음의 조건을 만족해야 한다.

$$E_{0i} + E_{0r} = E_{0t} \tag{6-23}$$

여기서 아래첨자 i는 입사, r은 반사, 그리고 t는 투과를 의미한다. 마찬가지로 그림 6-11에서 연산자 관계식 (6-22)와 예제 6.6의 결과를 이용하여 자기장 벡터 $\vec{B}$(엄밀하게 말하면 $\vec{H} = \vec{B}/\mu$)에 대해서도 경계치 조건을 적용하면

$$-\frac{B_{0i}}{\mu_i}\cos\theta_i + \frac{B_{0r}}{\mu_i}\cos\theta_r = -\frac{B_{0t}}{\mu_t}\cos\theta_t \tag{6-24}$$

을 얻을 수 있다.

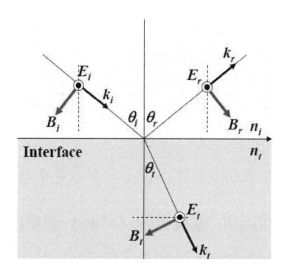

그림 6-11. 전기장 벡터 $\vec{E}$가 입사면에 수직한 광파의 반사와 투과

여기서 입사한 전기장의 진폭과 반사한 전기장의 진폭 비를 **반사계수(**

reflection coefficient) r로, 입사한 전기장의 진폭과 투과한 전기장의 진폭 비를 **투과계수**(transmission coefficient) t로 정의하면 반사계수 r과 투과계수 t를 다음과 같이 간단히 표현할 수 있다.

$$r = \left(\frac{E_{0r}}{E_{0i}}\right) \tag{6-25}$$

$$t = \left(\frac{E_{0t}}{E_{0i}}\right)$$

식 (6-24)에 예제 6.6의 결과인 $E = vB$와 $v_i = v_r$, $\theta_i = \theta_r$을 적용하면 TE 편광에 대한 반사계수 r_s는

$$r_s = \left(\frac{E_{0r}}{E_{0i}}\right)_\perp = \frac{\dfrac{n_i}{\mu_i}\cos\theta_i - \dfrac{n_t}{\mu_t}\cos\theta_t}{\dfrac{n_i}{\mu_i}\cos\theta_i + \dfrac{n_t}{\mu_t}\cos\theta_t} \tag{6-26}$$

가 된다. 여기서 아래첨자 s와 $\perp$는 전기장 벡터 $\vec{E}$가 입사면에 수직한 경우, 즉 TE 편광에 대한 것을 의미한다. 같은 방법으로 TE 편광에 대한 투과계수 t_s를 구하면 다음과 같다.

$$t_s = \left(\frac{E_{0t}}{E_{0i}}\right)_\perp = \frac{2\dfrac{n_i}{\mu_i}\cos\theta_i}{\dfrac{n_i}{\mu_i}\cos\theta_i + \dfrac{n_t}{\mu_t}\cos\theta_t} \tag{6-27}$$

만약 $\mu_i \simeq \mu_t \simeq \mu_0$인 유전체(매질이 강자성체가 아닌 경우)에서는 식 (6-26)과 (6-27)을 간단하게 더 일반적인 형태로 나타낼 수 있다.

$$r_s = \left(\frac{E_{0r}}{E_{0i}} \right)_{\perp} = \frac{\cos\theta_i - n\cos\theta_t}{\cos\theta_i + n\cos\theta_t}$$

$$t_s = \left(\frac{E_{0t}}{E_{0i}} \right)_{\perp} = \frac{2\cos\theta_i}{\cos\theta_i + n\cos\theta_t} \tag{6-28}$$

여기서 n은 $n = n_t/n_i$로서 두 매질의 상대 굴절률을 나타낸다.

■ 자기장 벡터가 입사면에 수직한 경우(TM 편광)

TE 편광에 반하여 입사파의 자기장 벡터 $\vec{B}$가 경계면에 평행하거나 입사면에 수직한 경우를 TM(transverse magnetic) 편광(혹은 p-polarization)이라고 한다.

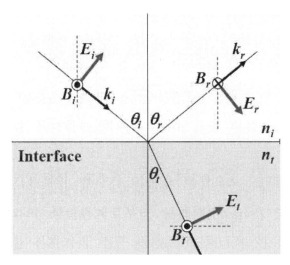

그림 6-12. 자기장 벡터 $\vec{B}$가 입사면에 수직한 광파의 반사와 투과

TE 편광의 경우와 마찬가지로 그림 6-12와 같이 입사파의 자기장 벡터 $\vec{B}$가 입사면에 수직한 경우에 대하여 경계면에서의 경계치 조건을 이용하면 다음과 같이 TM 편광에서의 반사 및 투과계수를 구할 수 있다.

$$r_p = \left(\frac{E_{0r}}{E_{0i}} \right)_{\parallel} = \frac{-\dfrac{n_t}{\mu_t}\cos\theta_i + \dfrac{n_i}{\mu_i}\cos\theta_t}{\dfrac{n_i}{\mu_i}\cos\theta_t + \dfrac{n_t}{\mu_t}\cos\theta_i} \tag{6-29}$$

$$t_p = \left(\frac{E_{0t}}{E_{0i}} \right)_{\parallel} = \frac{2\dfrac{n_i}{\mu_i}\cos\theta_i}{\dfrac{n_i}{\mu_i}\cos\theta_t + \dfrac{n_t}{\mu_t}\cos\theta_r} \tag{6-30}$$

가 된다. 만약 $\mu_i \simeq \mu_t \simeq \mu_0$인 유전체(매질이 강자성체가 아닌 경우)에서는 식 (6-29)와 (6-30)을 간단하게 더 일반적인 형태로 나타낼 수 있다.

$$r_p = \left(\frac{E_{0r}}{E_{0i}} \right)_{\parallel} = \frac{n_i\cos\theta_t - n_t\cos\theta_i}{n_i\cos\theta_t + n_t\cos\theta_i} \tag{6-31}$$

$$= \frac{\cos\theta_t - n\cos\theta_i}{\cos\theta_t + n\cos\theta_i}$$

$$t_p = \left(\frac{E_{0t}}{E_{0i}} \right)_{\parallel} = \frac{2n_i\cos\theta_i}{n_i\cos\theta_t + n_t\cos\theta_i}$$

$$= \frac{2\cos\theta_i}{\cos\theta_t + n\cos\theta_i}$$

식 (6-28)과 식 (6-31)에 스넬의 법칙 $n = \sin\theta_i / \sin\theta_t$를 적용하여 θ_i와 θ_t의 항으로 프레넬 방정식을 나타내면

$$r_s = -\frac{\sin(\theta_i - \theta_t)}{\sin(\theta_i + \theta_t)} \tag{6-32}$$

$$t_s = \frac{2\cos\theta_i \sin\theta_t}{\sin(\theta_i + \theta_t)}$$

$$r_p = -\frac{\tan(\theta_i - \theta_t)}{\tan(\theta_i + \theta_t)}$$

$$t_p = \frac{2\cos\theta_i \sin\theta_t}{\sin(\theta_i + \theta_t)\cos(\theta_i - \theta_t)}$$

의 형태로 쓸 수 있다. 반사파에 대한 진폭 비를 나타내는 또 다른 방법은 스넬의 법칙을 사용하여 식 (6-28)과 (6-31)에서 투과각 θ_t의 항을 제거하고 다음과 같이 상대굴절률 n과 입사각 θ_i의 항으로만 표현할 수도 있다.

$$r_s = \frac{\cos\theta_i - \sqrt{n^2 - \sin^2\theta_i}}{\cos\theta_i + \sqrt{n^2 - \sin^2\theta_i}} \tag{6-33}$$

$$r_p = \frac{-n^2\cos\theta_i + \sqrt{n^2 - \sin^2\theta_i}}{n^2\cos\theta_i + \sqrt{n^2 - \sin^2\theta_i}}$$

반사율(reflectance) R은 입사광파의 강도(intensity)와 반사된 광파의 강도에 대한 비율로 정의한다. 광파의 강도는 전기장 진폭의 절대값의 제곱에 비례하기 때문에, TE 편광과 TM 편광의 경우에 대하여 R_s와 R_p로 표기하며 다음과 같이 나타낼 수 있다.

$$R_s = |r_s|^2 = \left|\frac{E_{0r}}{E_{0i}}\right|^2_{TE}, \quad R_p = |r_p|^2 = \left|\frac{E_{0r}}{E_{0i}}\right|^2_{TM} \tag{6-34}$$

마찬가지로 투과율(transmittance) T는 입사광파의 강도와 투과된 광파의 강도에 대한 비율로 정의되며, TE 편광과 TM 편광의 경우에 대하여 T_s와 T_p로 표기하며

$$T_s = \frac{n_t \cos\theta_t}{n_i \cos\theta_i} |t_s|^2 = \left(\frac{n_t \cos\theta_t}{n_i \cos\theta_i}\right) \left|\frac{E_{0t}}{E_{0i}}\right|^2_{TE} \tag{6-35}$$

$$T_p = \frac{n_t \cos\theta_t}{n_i \cos\theta_i} |t_p|^2 = \left(\frac{n_t \cos\theta_t}{n_i \cos\theta_i}\right) \left|\frac{E_{0t}}{E_{0i}}\right|^2_{TM}$$

이다.

■ 프레넬 방정식의 해석

입사파가 경계면에 수직으로 입사하거나 스쳐가는 경우

식 (6-28)과 (6-31)에서 입사파가 수직으로 입사하는 경우를 생각해 보자. 이 경우 입사파의 입사각 θ_i와 투과각 θ_t는 모두 0이 되며 r_s와 r_p 값은 둘 다 $\frac{(1-n)}{(1+n)}$이 된다. 상대 굴절률 n의 값이 1보다 작을 경우는 r_s와 r_p 값은 0 보다 크지만 n의 값이 1보다 클 경우(소한 매질에서 밀한 매질로 빛이 진행할 경우) r_s와 r_p 값은 0 보다 작다. r_s와 r_p가 음의 값을 가진다는 것은 반사파의 위상이 입사파의 위상에 비해 180° 만큼 변했다는 것을 의미한다.

외부반사와 내부반사

상대굴절률 $n(n=n_t/n_i)$이 1보다 큰 경우를 외부반사(external reflection)라고 하고 1보다 작은 경우를 내부반사(internal reflection)라고 한다. 외부반사의 경우($n>1$)에 있어서, 식 (6-33)의 제곱근 부분$\left(\sqrt{n^2-\sin^2\theta_i}\right)$이 항상 $(+)$이므로 입사전기장 진폭(E_{oi})과 반사전기장 진폭 (E_{or})의 비인 r_s와 r_p 값은 어떤 θ_i 값에 대해서도 실수 값을 가진다. 따라서 반사율 R의 계산은 아주 간단해진다. 그러나 내부반사의 경우에는 $n<1$이기 때문에 $\sin\theta_i>n$ $\left(\theta_i > \sin^{-1}n\right)$을 만족하는 θ_i 값이 존재할 수 있다. $\theta_c = \sin^{-1}n$인 각 θ_c를 **임계각**(critical angle)이라고 한다.

예제 6.7 반사계수와 반사율

굴절률이 1.5인 유리에 대해 광파가 수직으로 입사(입사각 0°)할 때 반사하는 광파의 반사계수와 반사율을 구하고 반사파의 위상에 대하여 설명하시오.

풀이 입사파가 수직으로 입사하는 경우 $\theta_i = 0$, $\theta_r = 0$이므로

$$r_s = r_p = \frac{(1-n)}{(1+n)}$$

이다. 따라서 상대굴절률 $n = 1.5$이므로

$$r_s = r_p = \frac{(1-n)}{(1+n)}$$

$$= -0.2$$

$$R_s = R_p = \left(\frac{n-1}{n+1}\right)^2$$

$$= (-0.2)^2 = 0.04$$

r_s와 r_p가 음의 값을 가진다는 것은 반사파의 위상이 입사파의 위상에 비해 180° 만큼 변했다는 것을 의미한다.

내부 전반사

내부반사에 있어서 입사각이 임계각(θ_c)보다 크게 입사할 때, 반사계수 r_s와 r_p 값은 복소수가 된다. $\theta_i > \sin^{-1} n$에 대해서 식 (6-33)의 제곱근 안 $(n^2 - \sin^2 \theta_i)$이 음수가 되므로 식 (6-33)을 다음과 같이 복소수로 나타낼 수

있다.

$$r_s = \frac{\cos\theta_i - i\sqrt{\sin^2\theta_i - n^2}}{\cos\theta_i + i\sqrt{\sin^2\theta_i - n^2}} \qquad (6\text{-}36)$$

$$r_p = \frac{-n^2\cos\theta_i + i\sqrt{\sin^2\theta_i - n^2}}{n^2\cos\theta_i + i\sqrt{\sin^2\theta_i - n^2}}$$

식 (6-36)에 공액복소수를 곱하여 $|r_s|^2$과 $|r_p|^2$의 값이 1이 됨을 쉽게 알 수 있다. 이것은 반사율 R이 1이라는 것을 의미하며 입사각이 임계각(θ_c) 보다 크게 입사한 이 경우를 **내부 전반사**(total internal reflection)라고 한 다.

브루스터 각

식 (6-33)에서 $\tan\theta_i = n$ 일 때 반사계수 $r_p = 0$ 가 된다. 이 조건을 만족하 는 입사각을 **브루스터 각**(Brewster angle) 혹은 **편광 각**이라고 한다.

$$\theta_B = \tan^{-1}n \qquad (6\text{-}37)$$

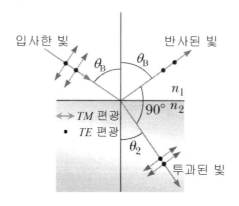

그림 6-13. 브루스터 각으로 입사한 편광되지 않은 빛의 편광

$r_p = 0$이라는 의미는 반사된 빛은 입사면에 수직한 전기장 벡터뿐이며 *TE* 편광되었다라는 의미이다. 그림 6-13에서 보는 것처럼 편광되지 않은 빛이 입사면에 브루스터 각으로 입사하면 반사된 빛은 입사면에 수직한 전기장 벡터로 선편광 되며 투과된 빛은 부분편광 된다.

연습문제

편광의 종류

1. 다음의 파동들에 대한 편광 상태를 자세히 기술하시오.

(1) $\vec{E}(z,t) = E_0\,\hat{i}\cos(kz-\omega t) - E_0\,\hat{j}\cos(kz-\omega t)$

(2) $\vec{E}(z,t) = E_0\,\hat{i}\sin 2\pi(z/\lambda - ft) - E_0\,\hat{j}\sin 2\pi(z/\lambda - ft)$

(3) $\vec{E}(z,t) = E_0\,\hat{i}\cos(kz-\omega t) + E_0\,\hat{j}\cos(kz-\omega t + \pi/2)$

(4) $\vec{E}(z,t) = E_0\,\hat{i}\sin(kz-\omega t) + E_0\,\hat{j}\sin(kz-\omega t - \pi/4)$

풀이

(1) $\vec{E}(z,t) = E_0\,\hat{i}\cos(kz-\omega t) - E_0\,\hat{j}\cos(kz-\omega t)$

편광 상태를 알아보기 위해 전기장을 존스 벡터로 표현하기로 한다. 위의 전기장을 존스 벡터로 변환하기 위해 다음과 같이 실수로 이루어진 전기장 벡터를 다음과 같이 허수부분을 인위적으로 더해준다.

$$\vec{E}(z,t) = E_0\,\hat{i}\,[\cos(kz-\omega t) + i\sin(kz-\omega t)] \qquad \text{①}$$

$$- E_0\,\hat{j}\,[\cos(kz-\omega t) + i\sin(kz-\omega t)]$$

이때, 허수부분은 코사인함수 대신 사인함수를 사용하고 그 매개변수는 실수부분의 변수와 똑같이 해 준다. 즉, 실수부분에서 코사인함수의 매개변수가 $(kz-\omega t)$이므로 사인함수 역시 매개변수를 $(kz-\omega t)$로 하는 것이다. 오일러 공식을 식 ①에 적용하면,

$$\vec{E}(z,t) = E_0\,\hat{i}\,e^{i(kz-\omega t)} - E_0\,\hat{j}\,e^{i(kz-\omega t)} = E_0\,e^{i(kz-\omega t)}\,[\hat{i}-\hat{j}] \qquad \text{②}$$

이며 식 ②를 벡터형식으로 표현하면,

$$\overrightarrow{E}(z,t) = E_0 e^{i(kz-\omega t)} \left[\hat{i} - \hat{j} \right] = E_0 e^{i(kz-\omega t)} \begin{pmatrix} 1 \\ -1 \end{pmatrix} \qquad \text{③}$$

이다. 존스 벡터는 공통부분인 $E_0 e^{i(kz-\omega t)}$는 중요하지 않고, x성분과 y성분의 상호관계가 중요하다. 식 ③으로부터 이 광파의 존스 벡터는 $\begin{pmatrix} 1 \\ -1 \end{pmatrix}$ 이 된다. 이것은 x성분과 y성분의 위상이 서로 180°만큼 차이가 나고 있고 이 광파는 선편광이며 그 방향은 x축과 45°의 각을 이룬다는 것을 알 수 있다.

* 전기장의 x성분과 y성분의 위상차가 없는 경우에는 굳이 복소수를 이용하지 않고 다음과 같이 간단히 존스 벡터를 추출해도 무방하다.

$$\overrightarrow{E}(z,t) = E_0 \hat{i} \cos(kz-\omega t) - E_0 \hat{j} \cos(kz-\omega t)$$

$$= E_0 \cos(kz-\omega t) \left[\hat{i} - \hat{j} \right]$$

$$= E_0 \cos(kz-\omega t) \begin{pmatrix} 1 \\ -1 \end{pmatrix}$$

복소수를 사용했을 때와 마찬가지로, x성분과 y성분의 공통부분을 제외한 존스 벡터는 $\begin{pmatrix} 1 \\ -1 \end{pmatrix}$로서 복소수를 사용하여 얻은 결과와 같다.

(2) $\overrightarrow{E}(z,t) = E_0 \hat{i} \sin 2\pi(z/\lambda - ft) - E_0 \hat{j} \sin 2\pi(z/\lambda - ft)$

앞의 문제와 마찬가지로 존스 벡터를 알아보기 전에 다음과 같이 사인함수를 코사인함수로 변환해 준다.

$$\overrightarrow{E}(z,t) = E_0 \hat{i} \sin \left[2\pi(z/\lambda - ft) \right] - E_0 \hat{j} \sin \left[2\pi(z/\lambda - ft) \right]$$

$$= E_0 \hat{i} \cos \left[2\pi(z/\lambda - ft) - \frac{\pi}{2} \right] - E_0 \hat{j} \cos \left[2\pi(z/\lambda - ft) - \frac{\pi}{2} \right]$$

전기장을 존스 벡터로 변환하기 위해 다음과 같이 실수로 이루어진 전기장 벡터를 다음과 같이 허수부분을 인위적으로 더해주고 오일러 공식을 사용하여 다음과 같이 정리한다.

$$\vec{E}(z,t) = E_0\,\hat{i}\left\{\cos\left[2\pi(z/\lambda - ft) - \frac{\pi}{2}\right] + i\sin\left[2\pi(z/\lambda - ft) - \frac{\pi}{2}\right]\right\}$$

$$-\,E_0\,\hat{j}\left\{\cos\left[2\pi(z/\lambda - ft) - \frac{\pi}{2}\right] + i\sin\left[2\pi(z/\lambda - ft) - \frac{\pi}{2}\right]\right\}$$

$$= E_0\,\hat{i}\,e^{i\left[2\pi(z/\lambda - ft) - \frac{\pi}{2}\right]} - E_0\,\hat{j}\,e^{i\left[2\pi(z/\lambda - ft) - \frac{\pi}{2}\right]}$$

$$= E_0\,e^{i\left[2\pi(z/\lambda - ft) - \frac{\pi}{2}\right]}\left[\hat{i} - \hat{j}\right] = E_0\,e^{i\left[2\pi(z/\lambda - ft) - \frac{\pi}{2}\right]}\begin{pmatrix} 1 \\ -1 \end{pmatrix}$$

존스 벡터는 공통부분은 중요하지 않고, x성분과 y성분의 상호관계만 중요하므로, 위 식에서도 x성분과 y성분의 위상이 서로 $180°$만큼 차이가 나므로 이 편광도 역시 x축과 $45°$의 각을 이루는 선편광임을 알 수 있다.

* 이 경우도 전기장의 x성분과 y성분의 위상차가 없기 때문에 다음과 같이 간단히 존스 벡터를 추출할 수 있다.

$$\vec{E}(z,t) = E_0\,\hat{i}\,\sin\left[2\pi(z/\lambda - ft)\right] - E_0\,\hat{j}\,\left[2\pi(z/\lambda - ft)\right]$$

$$= E_0\,\sin\left[2\pi(z/\lambda - ft)\right]\left[\hat{i} - \hat{j}\right] = E_0\,\sin\left[2\pi(z/\lambda - ft)\right]\begin{pmatrix} 1 \\ -1 \end{pmatrix}$$

복소수를 사용했을 때와 마찬가지로, x성분과 y성분의 공통부분을 제외한 존스 벡터는 $\begin{pmatrix} 1 \\ -1 \end{pmatrix}$로서 복소수를 사용하여 얻은 결과와 같다.

(3) $\vec{E}(z,t) = E_0\,\hat{i}\cos(kz - \omega t) + E_0\,\hat{j}\cos(kz - \omega t + \pi/2)$

전기장을 존스 벡터로 변환하기 위해 다음과 같이 실수로 이루어진 전기장 벡터를 다음과 같이 허수부분을 인위적으로 더해주고 오일러 공식을 사용하여 다음과 같이 정리한다.

$$\vec{E}(z,t) = E_0\,\hat{i}\,[\cos(kz-\omega t)+i\sin(kz-\omega t)]$$

$$+E_0\,\hat{j}\,[\cos(kz-\omega t+\pi/2)+i\sin(kz-\omega t+\pi/2)]$$

$$= E_0\,\hat{i}\,e^{i(kz-\omega t)} + E_0\,\hat{j}\,e^{i(kz-\omega t+\pi/2)} = E_0\,e^{i(kz-\omega t)}\left[\hat{i}+e^{i\pi/2}\hat{j}\right]$$

$$= E_0\,e^{i(kz-\omega t)}\left[\hat{i}+e^{i\pi/2}\hat{j}\right] = E_0\,e^{i(kz-\omega t)}\begin{pmatrix}1\\e^{i\pi/2}\end{pmatrix} = E_0\,e^{i(kz-\omega t)}\begin{pmatrix}1\\i\end{pmatrix}$$

위 식으로부터 존스 벡터가 $\begin{pmatrix}1\\i\end{pmatrix}$임을 알 수 있고, 따라서 이 빛은 좌원편광(LCP)이다.

(4) $\vec{E}(z,t) = E_0\,\hat{i}\,\sin(kz-\omega t) + E_0\,\hat{j}\,\sin(kz-\omega t-\pi/4)$

존스 벡터를 알아보기 선에 다음과 같이 사인함수를 코사인함수로 변환해 준다.

$$\vec{E}(z,t) = E_0\,\hat{i}\,\sin(kz-\omega t) + E_0\,\hat{j}\,\sin(kz-\omega t-\pi/4)$$

$$= E_0\,\hat{i}\,\cos(kz-\omega t-\pi/2) + E_0\,\hat{j}\,\cos(kz-\omega t-\pi/4-\pi/2)$$

전기장을 존스 벡터로 변환하기 위해 다음과 같이 실수로 이루어진 전기장 벡터를 다음과 같이 허수부분을 인위적으로 더해주고 오일러 공식을 사용하여 다음과 같이 정리한다.

$$\vec{E}(z,t) = E_0\,\hat{i}\,[\cos(kz - \omega t - \pi/2) + i\sin(kz - \omega t - \pi/2)]$$

$$+ E_0\,\hat{j}\,[\cos(kz - \omega t - \pi/4 - \pi/2) + i\sin(kz - \omega t - \pi/4 - \pi/2)]$$

$$= E_0\,\hat{i}\,e^{i(kz - \omega t - \pi/2)} + E_0\,\hat{j}\,e^{i(kz - \omega t - \pi/4 - \pi/2)}$$

$$= E_0\,e^{i(kz - \omega t - \pi/2)}[\hat{i} + e^{-i\pi/4}\hat{j}] = E_0\,e^{i(kz - \omega t - \pi/2)}\begin{pmatrix} 1 \\ e^{-i\pi/4} \end{pmatrix}$$

위 식으로부터 존스 벡터가 $\begin{pmatrix} 1 \\ e^{-i\pi/4} \end{pmatrix}$임을 알 수 있다. 이것은 전기장의 x성분과 y성분의 위상차가 ‑45° 임을 뜻하는 것이고, 따라서 이 빛은 편광상태는 타원편광이다.

2. 3차원 2차 미분 파동방정식인 맥스웰 방정식을 만족하는 해 Ψ_1, Ψ_2가 존재한다면 맥스웰 방정식의 선형성에 의해 그들의 합인 $\Psi = \Psi_1 + \Psi_2$ 역시 미분 파동방정식의 해가 됨을 증명하시오.

풀이

식 (5-2) 및 식 (5-3)에서 보듯이 맥스웰 방정식의 일반적인 형식은 다음과 같이 쓸 수 있다.

$$\nabla^2\Phi = \epsilon_0\mu_0\frac{\partial^2\Phi}{\partial t^2} = \frac{1}{v^2}\frac{\partial^2\Phi}{\partial t^2} \qquad\qquad ①$$

Ψ_1, Ψ_2가 식 ①을 만족시키므로, 다음 식이 성립한다.

$$\nabla^2\Psi_1 = \frac{1}{v^2}\frac{\partial^2\Psi_1}{\partial t^2}, \quad \nabla^2\Psi_2 = \frac{1}{v^2}\frac{\partial^2\Psi_2}{\partial t^2} \qquad\qquad ②$$

$\Psi = \Psi_1 + \Psi_2$ 라고 하면,

$$\nabla^2 \Psi = \nabla^2(\Psi_1 + \Psi_2) = \nabla^2 \Psi_1 + \nabla^2 \Psi_2 \qquad \text{③}$$

$$= \frac{1}{v^2}\frac{\partial^2 \Psi_1}{\partial t^2} + \frac{1}{v^2}\frac{\partial^2 \Psi_2}{\partial t^2} = \frac{1}{v^2}\frac{\partial^2}{\partial t^2}(\Psi_1 + \Psi_2) = \frac{1}{v^2}\frac{\partial^2 \Psi}{\partial t^2}$$

식 ③으로부터 $\nabla^2 \Psi = \dfrac{1}{v^2}\dfrac{\partial^2 \Psi}{\partial t^2}$ 이므로, Ψ_1과 Ψ_2가 각각 맥스웰 방정식을 만족한다면 그 합인 $\Psi = \Psi_1 + \Psi_2$ 역시 맥스웰 방정식을 만족시킨다는 점을 알 수 있다.

3. 임의의 방향으로 선편광된 두 광파 $\vec{E}(z,t)$, $\vec{E}'(z,t)$ 가 다음과 같이 주어질 때 두 광파의 편광축이 서로 수직하지 않음을 증명하시오.

$$\vec{E}(z,t) = (E_{0x}\,\hat{i} + E_{0y}\,\hat{j})\cos(kz - \omega t)$$

$$\vec{E}'(z,t) = (E'_{0x}\,\hat{i} - E'_{0y}\,\hat{j})\cos(kz - \omega t)$$

단, $E_{0x}E'_{0x} \neq E_{0y}E'_{0y}$ 이다.

풀이

두 광파의 편광이 모두 선편광이라면 편광의 방향은 직관적으로 이해할 수 있고, 서로 간에 직교 혹은 수직(orthogonal)인지의 여부는 편광을 나타내는 두 벡터의 내적(dot product) 또는 스칼라곱(scalar product)을 통해 쉽게 판단할 수 있다.

문제에서 주어진 두 광파는 각각 x성분 및 y성분의 위상이 같으므로, 문제에서 이미 언급한 바와 같이 선편광된 빛이다. 이미 1번 문제에서 구한 바와 같이 각 광파의 존스 벡터는 다음과 같다.

광파 $\vec{E}(z,t)$의 존스 벡터 $\vec{E_0} = \begin{pmatrix} E_{0x} \\ E_{0y} \end{pmatrix}$, 광파 $\vec{E}'(z,t)$의 존스 벡터 $\vec{E_0}' = \begin{pmatrix} E_{0x}' \\ -E_{0y}' \end{pmatrix}$.

존스 벡터를 구성하는 값들은 모두 실수(real number)이고 이 존스 벡터의 방향이 바로 각 광파의 선편광 방향이라고 보면 된다. 만일 두 광파의 선편광이 서로 수직이라면, 두 존스 벡터들의 내적은 0의 값을 가지게 될 것이다. 주어진 두 존스 벡터들의 내적을 구해보면, 다음과 같다.

$$\vec{E_0} \cdot \vec{E_0}' = E_{0x}E_{0x}' - E_{0y}E_{0y}'$$

그런데 문제의 조건에서 $E_{0x}E_{0x}' \neq E_{0y}E_{0y}'$ 이므로 $\vec{E_0} \cdot \vec{E_0}' \neq 0$, 즉 두 선편광은 서로 수직이 아니다.

참고로, 광파의 편광이 선편광이 아니라면 존스 벡터는 실수만으로 구성되지 않고 복소수로 구성이 된다. 이런 경우 두 광파의 전기장은 공간상에서 어떤 고정된 방향을 나타내기보다는 시간적 공간적으로 계속 변화하게 된다. 따라서 원편광이나 타원편광의 경우 두 편광이 서로 수직이라는 개념을 직관적으로 이해하기는 쉽지 않다. 그러나 이 경우에도 두 편광이 서로 직교한다는 것을 정의할 수 있으며, 선편광의 경우와 마찬가지로 두 광파를 나타내는 존스 벡터의 내적이 0이 될 때 두 편광이 서로 수직이라고 말한다. 이 때 주의할 점은 단순히 두 존스 벡터를 곱해서는 안 되고, 두 벡터 중 하나는 켤레복소수(complex conjugate)로 변환하여 곱해줘야 한다.

4. 파동함수가 $\vec{E} = \hat{j}E_0 \sin\left(\dfrac{2\pi x}{\lambda} - \omega t\right) - \hat{k}E_0 \sin\left(\dfrac{2\pi x}{\lambda} - \omega t\right)$로 주어진 광파의 편광면과 진폭의 크기를 구하시오.

풀이

광파의 전기장이 y성분($\hat{j}$ 벡터)과 z성분($\hat{k}$ 벡터)으로 구성되어 있으므로 광파의 편광면은 yz-평면이다. 전기장 벡터 $\vec{E}$를 다시 쓰면 다음과 같다.

$$\vec{E} = \left(\hat{j}E_0 - \hat{k}E_0\right)\sin\left(\frac{2\pi x}{\lambda} - \omega t\right)$$

위 식에서 사인함수 앞의 전기장 벡터를 $\vec{E_0}$라고 하면 이것이 이 광파의 진폭과 관련된 벡터이다. 진폭의 크기를 A라고 하면 A는 다음과 같다.

$$A = \left|\vec{E_0}\right| = \sqrt{\vec{E_0} \cdot \vec{E_0}}$$

$\vec{E_0} \cdot \vec{E_0} = \left(\hat{j}E_0 - \hat{k}E_0\right) \cdot \left(\hat{j}E_0 - \hat{k}E_0\right) = 2E_0^2$ 이므로, 이 광파의 진폭의 크기 $A = \sqrt{2}\,E_0$ 이다. (단, 여기서 E_0는 0보다 큰 실수라고 전제함).

5. 편광되지 않은 빛이 투과축 사이의 각이 45°인 두 편광자를 통과한다. 입사광의 강도에 대한 투과광의 강도 비를 계산하시오.

풀이

처음에 편광되지 않는 빛의 강도를 I_0, 첫 번째 편광자를 통과한 후의 빛의 강도를 I_1, 두 번째 편광자를 통과한 후의 빛의 강도를 I_2라고 하면 $I_1 = \frac{1}{2}I_0$ 이고, 식 (6-7) 말러스의 법칙(Malus' law)에 의해 $I_2 = I_1\cos^2 45° = \frac{1}{2}I_1$ 이므로, $I_2 = \frac{1}{2}I_1 = \frac{1}{4}I_0$ 가 된다.

그러므로 입사광의 강도에 대한 투과광의 강도의 비 I_2/I_0는 $\frac{I_2}{I_0} = \frac{1}{4}$ 이다.

6. 강도가 I_i인 편광된 빛이 두 장의 sheet(판) 편광자에 입사한다. θ_1은 입사하는 광파의 편광 방향과 첫 번째 편광자의 투과축 사이의 각이고 θ_2를 입사하는 광파의 편광 방향과 두 번째 편광자의 투과축 사이의 각이라고 할 때, 투과된 광파의 강도가 $I_f = I_i \cos^2\theta_1 \cos^2(\theta_1 - \theta_2)$임을 보이시오.

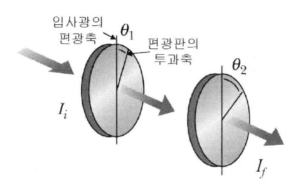

풀이

첫 번째 편광자를 통과한 후의 빛의 강도를 I_m이라고 하면, 식 (6-7) 말러스의 법칙(Malus' law)에 의해 $I_m = I_i \cos^2\theta_1$ 이다. 그리고 첫 번째 편광자를 통과한 빛은 그림의 θ_1의 방향으로 선편광된 빛이 된다. 이 빛의 선편광 방향과 두 번째 편광자의 투과축이 이루는 각은 $\theta_2 - \theta_1$ 이 된다. 그러므로 다시 말러스의 법칙에 의해

$$I_f = I_m \cos^2(\theta_2 - \theta_1) = I_m \cos^2(\theta_1 - \theta_2)$$

가 된다. 그러므로

$$I_f = I_m \cos^2(\theta_1 - \theta_2) = I_i \cos^2\theta_1 \cos^2(\theta_1 - \theta_2)$$

이 된다.

7. 그림과 같이 같은 편광축을 가진 3개의 편광판이 동일한 중심축에 놓여 있다. 수직인 기준 축 방향으로 선편광된, 입사강도가 $I_i = 10$ mW인 레이저 빔이 왼쪽에서 첫 번째 편광판으로 입사한다. $\theta_1 = 30°$, $\theta_2 = 45°$, 그리고 $\theta_3 = 60°$일 때, 투과된 레이저 빔의 강도 I_f를 계산하시오.

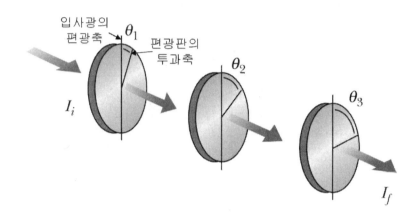

풀이

첫 번째 편광자를 통과한 후의 빛의 강도를 I_1, 두 번째 편광자를 통과한 후의 빛의 강도를 I_2라고 하면, 식 (6-7) 말러스의 법칙(Malus' law)에 의해 $I_1 = I_i \cos^2 \theta_1$ 이다. 그리고 6번 문제의 결과를 이용하면, 두 번째 편광자를 통과한 후 빛의 강도 $I_2 = I_1 \cos^2(\theta_1 - \theta_2)$가 되고 세 번째 편광자를 통과한 빛의 강도 $I_f = I_2 \cos^2(\theta_2 - \theta_3)$가 된다. 이것을 종합하면 다음과 같은 식이 성립한다.

$$I_f = I_2 \cos^2(\theta_2 - \theta_3) = I_1 \cos^2(\theta_1 - \theta_2)\cos^2(\theta_2 - \theta_3)$$

$$= I_i \cos^2 \theta_1 \cos^2(\theta_1 - \theta_2)\cos^2(\theta_2 - \theta_3)$$

$$I_f = I_i \cos^2 30° \cos^2 15° \cos^2 15° = I_i \cdot \frac{3}{4} \cdot \left(\frac{2+\sqrt{3}}{4}\right)^2 \simeq 0.653 I_i$$

그러므로 $I_f \simeq 0.653 I_i = 0.653(10$ mW$) = 6.53$ mW가 된다.

8. z 방향으로 진행하고 있는 각진동수가 ω인 선편광된 광파의 파동함수를 기술하시오. 단, 광파의 편광면과 $x-z$ 평면의 사이 각은 30°이다.

풀이

z 방향으로 진행하는 선편광된 광파이므로 광파의 파동함수는 다음과 같이 놓을 수 있다.

$$\vec{E}(z,t) = \vec{E_0}\cos(kz - \omega t + \phi)$$

위 식에서 ϕ는 광파의 위상이고, $\vec{E_0}$는 광파의 진폭 및 편광과 관련된 전기장 벡터이다. 광파의 진행방향이 z 방향이므로 $\vec{E_0}$는 그림 1과 같이 $x-y$ 평면상에 놓여있다. $x-z$ 평면과 $\vec{E_0}$ 벡터가 이루는 각이 30°이므로 $x-y$ 평면상에서 $\vec{E_0}$ 벡터는 그림 2와 같이 두 가지 경우가 가능하다. 가능한 $\vec{E_0}$를 수학적으로 표현하면,

$$\vec{E_0} = E_0\cos30°\,\hat{i} - E_0\sin30°\,\hat{j} = \frac{E_0}{2}\left(\sqrt{3}\,\hat{i} - \hat{j}\right),\ \text{또는}$$

$$\vec{E_0} = E_0\cos30°\,\hat{i} + E_0\sin30°\,\hat{j} = \frac{E_0}{2}\left(\sqrt{3}\,\hat{i} + \hat{j}\right)$$

이 된다.

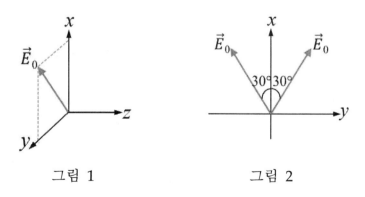

그림 1   그림 2

그러므로 문제의 조건을 만족시키는 광파의 파동함수는 다음과 같다. $x-z$ 평면과 $\vec{E_0}$ 벡터가 이루는 각이 30°이므로 $x-y$ 평면상에서 $\vec{E_0}$ 벡터는 다음 그림과 같이 두 가지 경우가 가능하다. 가능한 $\vec{E_0}$를 수학적으로 표현하면,

$$\vec{E_0} = E_0 \cos30° \, \hat{i} - E_0 \sin30° \, \hat{j} = \frac{E_0}{2}\left(\sqrt{3}\,\hat{i} - \hat{j}\right), \text{ 또는}$$

$$\vec{E_0} = E_0 \cos30° \, \hat{i} + E_0 \sin30° \, \hat{j} = \frac{E_0}{2}\left(\sqrt{3}\,\hat{i} + \hat{j}\right)$$

이 되며 문제의 조건을 만족시키는 광파의 파동함수는 다음과 같다.

$$\vec{E}(z,t) = \frac{E_0}{2}\left(\sqrt{3}\,\hat{i} + \hat{j}\right)\cos(kz - \omega t + \phi), \text{ 또는}$$

$$\vec{E}(z,t) = \frac{E_0}{2}\left(\sqrt{3}\,\hat{i} + \hat{j}\right)\cos(kz - \omega t + \phi)$$

9. 다음과 같이 표현되는 광파의 편광상태를 자세히 설명하시오.

$$\vec{E}(z,t) = E_0 \,\hat{i}\, \sin(kz - \omega t) - E_0 \,\hat{j}\, \cos(kz - \omega t)$$

풀이

편광상태를 알아보기 위해 주어진 광파의 존스 벡터를 구해보자. 문제 1 번에서와 마찬가지 방법으로 구한 광파의 복소수 표현은 다음과 같다.

$$\vec{E}(z,t) = E_0 \,\hat{i}\, \left[\cos(kz - \omega t - \pi/2) + i\sin(kz - \omega t - \pi/2)\right]$$

$$- E_0 \,\hat{j}\, \left[\cos(kz - \omega t) + i\sin(kz - \omega t)\right]$$

$$= E_0 \,\hat{i}\, e^{i(kz - \omega t - \pi/2)} - E_0 \,\hat{j}\, e^{i(kz - \omega t)}$$

$$= E_0 \, e^{i(kz - \omega t - i\pi/2)}\left(\hat{i} - e^{i\pi/2}\hat{j}\right) = E_0 \, e^{i(kz - \omega t - i\pi/2)}\begin{pmatrix} 1 \\ -i \end{pmatrix}$$

문제 1번에서 언급했듯이 광파의 표현에서 공통적인 부분은 중요한 것이 아니므로 이 광파의 존스 벡터는 $\begin{pmatrix} 1 \\ -i \end{pmatrix}$ 이고 이것은 우원편광(RCP)을 나타낸다. 그러므로 이 광파의 편광 상태는 우원편광이다.

10. 주축의 각도가 α인 타원방정식 (6-5)와 그림 6-4로부터 α가 다음과 같이 표현됨을 보이시오.

$$\tan 2\alpha = \frac{2E_{0x}E_{0y}\cos\varepsilon}{E_{0x}^2 - E_{0y}^2} \tag{6-6}$$

풀이

E_x'과 E_y'을 주축에 대해 α만큼 회전한 것을 E_x와 E_y라고 하면

$$E_x = E_x'\cos\alpha - E_y'\sin\alpha \tag{①}$$
$$E_y = E_x'\sin\alpha + E_y'\cos\alpha$$

$$\left(\frac{E_x}{E_{0x}}\right)^2 + \left(\frac{E_y}{E_{0y}}\right)^2 - 2\left(\frac{E_x}{E_{0x}}\right)\left(\frac{E_y}{E_{0y}}\right)\cos\varepsilon = \sin^2\varepsilon \times E_{0x}^2 E_{0y}^2$$

$$E_{0y}^2 E_x^2 + E_{0x}^2 E_y^2 - 2E_{0x}E_{0y}E_xE_y\cos\varepsilon = (E_{0x}E_{0y}\sin\varepsilon)^2 \tag{②}$$

식 ①을 ②에 대입하면 다음과 같이 나타낼 수 있다.

$$E_{0y}^2\left\{E_x'^2\cos^2\alpha - E_x'E_y'(2\sin\alpha\cos\alpha) + E_y'^2\sin^2\alpha\right\}$$

$$+ E_{0x}^2\left\{E_x'^2\sin^2\alpha + E_x'E_y'(2\sin\alpha\cos\alpha) + E_y'^2\cos^2\alpha\right\}$$

$$- 2E_{0x}E_{0y}\left\{E_x'^2\sin\alpha\cos\alpha + E_x'E_y'(\cos^2\alpha - \sin^2\alpha) + E_y'^2\sin\alpha\cos\alpha\right\}\cos\varepsilon$$

$$= E_x'^2\left(E_{0y}^2\cos^2\alpha + E_{0x}^2\sin^2\alpha - E_{0x}E_{0y}\sin2\alpha\cos\varepsilon\right) \quad ③$$

$$+ E_y'^2\left(E_{0y}^2\sin^2\alpha + E_{0x}^2\cos^2\alpha - E_{0x}E_{0y}\sin2\alpha\cos\varepsilon\right)$$

$$- E_x'E_y'\left\{E_{0y}^2\sin2\alpha - E_{0x}^2\sin2\alpha + 2E_{0x}E_{0y}(\cos^2\alpha - \sin^2\alpha)\cos\varepsilon\right\}$$

$$= \left(E_{0x}E_{0y}\sin\varepsilon\right)^2$$

식 ③은 타원방정식의 형태 $\dfrac{E_x'^2}{a^2} + \dfrac{E_y'^2}{b^2} = c^2$로 표현되어야 하므로 E_x'과 E_y' term은 0이다. 따라서,

$$E_{0y}^2\sin2\alpha - E_{0x}^2\sin2\alpha + 2E_{0x}E_{0y}(\cos^2\alpha - \sin^2\alpha)\cos\varepsilon = 0 \quad ④$$

이며 식 ④를 $\cos2\alpha$로 나누면

$$E_{0y}^2\tan2\alpha - E_{0x}^2\tan2\alpha + 2E_{0x}E_{0y}\cos\varepsilon = 0$$

$$\tan2\alpha = \frac{2E_{0x}E_{0y}\cos\varepsilon}{E_{0x}^2 - E_{0y}^2}$$

11. 존스 벡터들이

$$\begin{pmatrix} 1 \\ \sqrt{3} \end{pmatrix}, \quad \begin{pmatrix} i \\ -1 \end{pmatrix}, \quad \begin{pmatrix} 1-i \\ 1+i \end{pmatrix}$$

인 광파들의 편광상태를 기술하고 위의 존스 벡터들과 직교하는 존스 벡터를 구하시오.

풀이

(1) $\begin{pmatrix} 1 \\ \sqrt{3} \end{pmatrix}$

이 존스 벡터는 x성분과 y성분의 위상이 서로 같은 경우이므로 선편광 상태를 나타낸다. 이 존스 벡터와 직교하는 존스 벡터는 다음과 같다 : $\begin{pmatrix} \sqrt{3} \\ -1 \end{pmatrix}$ 또는 $\begin{pmatrix} -\sqrt{3} \\ 1 \end{pmatrix}$

* $\begin{pmatrix} \sqrt{3} \\ -1 \end{pmatrix}$와 $\begin{pmatrix} -\sqrt{3} \\ 1 \end{pmatrix}$는 수학적으로는 다르게 보이지만 사실상 같은 선편광 상태를 나타내고 있다. $\begin{pmatrix} -\sqrt{3} \\ 1 \end{pmatrix} = -\begin{pmatrix} \sqrt{3} \\ -1 \end{pmatrix}$ 이므로 공통부분을 제외하면 $\begin{pmatrix} -\sqrt{3} \\ 1 \end{pmatrix}$은 $\begin{pmatrix} \sqrt{3} \\ -1 \end{pmatrix}$과 같은 존스 벡터이다.

(2) $\begin{pmatrix} i \\ -1 \end{pmatrix}$

이 존스 벡터는 다음과 같이 다시 쓸 수가 있다: $\begin{pmatrix} i \\ -1 \end{pmatrix} = i\begin{pmatrix} 1 \\ i \end{pmatrix}$ 존스 벡터에서 공통부분은 중요하지 않으므로 이 벡터는 결국 $\begin{pmatrix} 1 \\ i \end{pmatrix}$와 동등하며 이것은 좌원편광 상태를 나타낸다. 문제 3에서와 같이 좌원편광과 직교하는 편광상태는 우원편광이므로, 위의 존스 벡터와 직교하는 존스 벡터는 우원편광을 나타내는 $\begin{pmatrix} 1 \\ -i \end{pmatrix}$ 이다.

* 두 존스 벡터가 서로 직교한다는 것은 두 존스 벡터의 내적을 다음과 같이 직접적으로 계산하여 증명할 수 있다 :

$$\begin{pmatrix} i \\ -1 \end{pmatrix} \cdot \begin{pmatrix} 1 \\ -i \end{pmatrix}^* = = \begin{pmatrix} i \\ -1 \end{pmatrix} \cdot \begin{pmatrix} 1 \\ i \end{pmatrix} = i - i = 0$$

(3) $\begin{pmatrix} 1-i \\ 1+i \end{pmatrix}$

오일러 공식을 사용하여 $1-i$와 $1+i$를 지수형식으로 변환하면 다음과 같다.

$$1-i = \sqrt{2}\left[\frac{1}{\sqrt{2}} - i\frac{1}{\sqrt{2}}\right] = \sqrt{2}\left[\cos\frac{\pi}{4} - i\sin\frac{\pi}{4}\right] = \sqrt{2}\,e^{-i\pi/4}$$

$$1+i = \sqrt{2}\left[\frac{1}{\sqrt{2}} + i\frac{1}{\sqrt{2}}\right] = \sqrt{2}\left[\cos\frac{\pi}{4} + i\sin\frac{\pi}{4}\right] = \sqrt{2}\,e^{i\pi/4}$$

그러므로 문제의 존스 벡터는 다음과 같이 쓸 수 있다.

$$\begin{pmatrix} 1-i \\ 1+i \end{pmatrix} = \begin{pmatrix} \sqrt{2}\,e^{-i\pi/4} \\ \sqrt{2}\,e^{i\pi/4} \end{pmatrix} = \sqrt{2}\,e^{-i\pi/4}\begin{pmatrix} 1 \\ e^{i\pi/2} \end{pmatrix} = \sqrt{2}\,e^{-i\pi/4}\begin{pmatrix} 1 \\ i \end{pmatrix}$$

존스 벡터에서 공통부분은 중요하지 않으므로 $\begin{pmatrix} 1-i \\ 1+i \end{pmatrix}$는 결국 좌원편광을 나타내는 $\begin{pmatrix} 1 \\ i \end{pmatrix}$와 동등한 존스 벡터이다. 그러므로 문제의 존스 벡터가 나타내는 편광 상태는 좌원편광이다. 위의 존스 벡터와 직교하는 존스 벡터는 우원편광을 나타내는 $\begin{pmatrix} 1 \\ -i \end{pmatrix}$ 이다.

* 두 존스 벡터가 서로 직교한다는 것은 두 존스 벡터의 내적을 다음과 같이 직접적으로 계산하여 증명할 수 있다 :

$$\begin{pmatrix} 1-i \\ 1+1 \end{pmatrix} \cdot \begin{pmatrix} 1 \\ -i \end{pmatrix}^{*} = = \begin{pmatrix} 1-i \\ 1+i \end{pmatrix} \cdot \begin{pmatrix} 1 \\ i \end{pmatrix} = (1-i)+(i-1) = 0$$

12. 전기장 벡터가 다음과 같이 주어질 때

$$\vec{E} = E_0\{\hat{i}\cos(kz-\omega t) + \hat{j}\,a\cos(kz-\omega t+\phi)\}$$

(1) $\phi=0,\ a=1$

(2) $\phi=0,\ a=2$

(3) $\phi = \pi/2, \; a = -1$

(4) $\phi = \pi/4, \; a = 1$

인 전기장 벡터에 대한 존스 벡터를 구하시오.

풀이

(1) $\phi = 0, \; a = 1$ 인 경우, 전기장 벡터는 다음과 같다.

$$\vec{E} = E_0\{\hat{i}\cos(kz-\omega t) + \hat{j}\cos(kz-\omega t)\}$$

$$= E_0\cos(kz-\omega t)[\hat{i}+\hat{j}] = E_0\cos(kz-\omega t)\begin{pmatrix}1\\1\end{pmatrix}$$

문제 1에서 살펴보았듯이 전기장 벡터의 x성분과 y성분의 위상이 서로 같으면 굳이 복소수 형태로 변환하지 않더라도 존스 벡터를 알 수 있다. 위 전기장이 나타내는 존스 벡터는 $\begin{pmatrix}1\\1\end{pmatrix}$ 이다.

(2) $\phi = 0, \; a = 2$ 인 경우, 전기장 벡터는 다음과 같다.

$$\vec{E} = E_0\{\hat{i}\cos(kz-\omega t) + \hat{j}2\cos(kz-\omega t)\}$$

$$= E_0\cos(kz-\omega t)[\hat{i}+2\hat{j}] = E_0\cos(kz-\omega t)\begin{pmatrix}1\\2\end{pmatrix}$$

문제 1에서 살펴보았듯이 전기장 벡터의 x성분과 y성분의 위상이 서로 같으면 굳이 복소수 형태로 변환하지 않더라도 존스 벡터를 알 수 있다. 위 전기장이 나타내는 존스 벡터는 $\begin{pmatrix}1\\2\end{pmatrix}$ 이다.

(3) $\phi = \pi/2, \; a = -1$ 인 경우, 전기장 벡터는 다음과 같다.

$$\vec{E} = E_0\{\hat{i}\cos(kz - \omega t) - \hat{j}\cos(kz - \omega t + \pi/2)\}$$

존스 벡터를 구하기 위해 위의 전기장을 복소수 형태로 변형하면 다음과 같다.

$$\vec{E} = E_0\hat{i}\left[\cos(kz - \omega t) + i\sin(kz - \omega t)\right]$$

$$- E_0\hat{j}\left[\cos(kz - \omega t + \pi/2) + i\sin(kz - \omega t + \pi/2)\right]$$

$$= E_0\hat{i}e^{i(kz-\omega t)} - E_0\hat{j}e^{i(kz-\omega t+\pi/2)} = E_0e^{i(kz-\omega t)}\left[\hat{i} - \hat{j}e^{i\pi/2}\right]$$

$$= E_0e^{i(kz-\omega t)}\left[\hat{i} - i\hat{j}\right] = E_0e^{i(kz-\omega t)}\begin{pmatrix} 1 \\ -i \end{pmatrix}$$

존스 벡터에서 공통부분은 중요하지 않으므로 이 전기장의 존스 벡터는 $\begin{pmatrix} 1 \\ -i \end{pmatrix}$ 이다.

(4) $\phi = \pi/4$, $a = 1$ 인 경우, 전기장 벡터는 다음과 같다.

$$\vec{E} = E_0\{\hat{i}\cos(kz - \omega t) + \hat{j}\cos(kz - \omega t + \pi/4)\}$$

존스 벡터를 구하기 위해 위의 전기장을 복소수 형태로 변형하면 다음과 같다.

$$\vec{E} = E_0\hat{i}\left[\cos(kz - \omega t) + i\sin(kz - \omega t)\right]$$

$$+ E_0\hat{j}\left[\cos(kz - \omega t + \pi/4) + i\sin(kz - \omega t + \pi/4)\right]$$

$$= E_0\hat{i}e^{i(kz-\omega t)} + E_0\hat{j}e^{i(kz-\omega t+\pi/4)} = E_0e^{i(kz-\omega t)}\left[\hat{i} + \hat{j}e^{i\pi/4}\right]$$

$$= E_0e^{i(kz-\omega t)}\begin{pmatrix} 1 \\ e^{i\pi/4} \end{pmatrix} = \frac{1}{\sqrt{2}}E_0e^{i(kz-\omega t)}\begin{pmatrix} \sqrt{2} \\ 1+i \end{pmatrix}$$

존스 벡터에서 공통부분은 중요하지 않으므로 이 전기장의 존스 벡터는 $\begin{pmatrix} 1 \\ e^{i\pi/4} \end{pmatrix}$ 또는 $\begin{pmatrix} \sqrt{2} \\ 1+i \end{pmatrix}$이다.

편광의 응용

13. 진공 중에서 파장이 546.1 nm인 빛이 두께가 1.0 μm인 생체시료에 수직으로 입사하면서 서로 수직하게 편광된 빛으로 나누어진다. 이 때 굴절률은 각각 1.320과 1.333이다. 서로 수직하게 편광된 두 빛이 생체시료를 나올 때, 두 빛 사이의 경로차를 계산하시오.

풀이

편광이 서로 다른 두 빛이 비록 서로 같은 경로를 지나기는 하지만, 두 빛이 경험하는 굴절률은 서로 다르다. 두 빛이 느끼는 광학적 길이의 차이, 즉 광경로차 $\Delta\ell$은 다음과 같이 주어진다.

$$\Delta l = \Delta n \cdot \ell$$

위 식에서 Δn은 각각의 편광에 따른 생체시료의 굴절률 차이이고, ℓ은 빛이 통과한 생체시료의 물리적인 길이이다. 주어진 조건들을 위 식에 적용하면, 두 빛 사이의 경로차 $\Delta\ell$은 다음과 같다.

$$\Delta\ell = \Delta n \cdot \ell = (1.333 - 1.320)(1.0 \ \mu m) = 0.013 \ \mu m = 13 \ nm$$

14. 운모는 얇은 판으로 쉽게 쪼갤 수 있기 때문에 파장판을 만드는데 많이 사용한다. 진공 중에서 파장이 580 nm인 노란색 빛이 파장판에 수직으로 입사한다고 하자. 이 파장의 빛에 대해 운모판의 느린 축 및 **빠른** 축의 굴절률이 각각 1.5997과 1.5941이다. 1/4 파장판으로 사용할 수 있는 운모판의 두께를 계산하시오.

풀이

예제 6.4로부터 1/4 파장판(quarter waveplate)로 사용하기 위한 운모판의 두께 d는 다음과 같이 주어짐을 알 수 있다.

$$d = \frac{\lambda}{4\Delta n}$$

위 식에서 Δn은 운모판의 느린 축과 **빠른** 축의 굴절률 차이이고, λ는 운모판에 입사하는 빛의 파장이다. 위 식을 이용하여 1/4 파장판의 두께 d를 계산하면 다음과 같다.

$$d = \frac{\lambda}{4\Delta n} = \frac{580 \times 10^{-9} \text{ m}}{4(1.5997 - 1.5941)} \simeq 2.59 \times 10^{-5} \text{ m} = 25.9 \text{ } \mu\text{m}$$

15. 진공 중에서 파장이 589.3 nm인 빛이 방해석에 수직으로 입사했다. 방해석의 광축은 빛의 편광축과 수직하다. 방해석 내부에서 빛의 이상광선과 정상광선의 진동수와 파장을 계산하시오. 파장이 589.3 nm인 빛에 대한 방해석의 복굴절률은 $n_E = 1.4864$, $n_O = 1.6584$이다.

풀이

진공 중에서 파장이 λ인 빛의 진동수 ν는 c/λ이다. 이 때, c는 진공 중에서의 빛의 속력이다. 그러므로 문제에서 주어진 빛의 진동수는 다음과 같다.

$$\nu = \frac{c}{\lambda} = \frac{3.0 \times 10^8 \text{ m/s}}{589.3 \times 10^{-9} \text{ m}} \simeq 5.09 \times 10^{14} \text{ Hz} = 509 \text{ THz}$$

이 진동수 ν는 빛이 방해석 안으로 들어가도 변하지 않는다. 그러므로 방해석 내부에서 빛의 이상광선과 정상광선 모두 진동수는 $\nu \simeq 509$ THz로 동일하다.

진동수와 달리 방해석 내에서 빛의 파장 λ'는 굴절률에 따라 λ/n로 주어진다. 여기서 λ는 진공 중에서 빛의 파장이고 n은 굴절률이다. 그러므로, 방해석 내부에서 이상광선의 파장 λ_E와 정상광선의 파장 λ_O는 각각 다음과 같다.

$$\lambda_E = \frac{\lambda}{n_E} = \frac{589.3 \text{ nm}}{1.4864} \simeq 396.5 \text{ nm}$$

$$\lambda_O = \frac{\lambda}{n_O} = \frac{589.3 \text{ nm}}{1.6584} \simeq 355.3 \text{ nm}$$

16. 특정한 광학물질이 전기장 벡터 $\vec{E}$ 내에 있을 때, 인가된 전기장과 평행한 방향의 굴절률 $n_{\parallel}$과 그에 수직한 방향의 굴절률 $n_{\perp}$ 사이의 굴절률의 차이 Δn_K가 $\Delta n_K = \lambda_0 K E^2$ 이다. 2개의 판이 d만큼 떨어진 커 셀에 전압 V를 인가했을 때 발생하는 위상지연 $\Delta \varphi$가

$$\Delta \varphi = 2\pi K \ell V^2 / d^2$$

임을 증명하시오. 단 여기서 ℓ은 판의 가장자리 효과를 고려한 판 사이의 유효거리이다.

풀이

광파에서 위상과 관련된 항은 $e^{i(kz - \omega t)}$이다. 여기서 $k = 2\pi/\lambda$로서 파수(wave number)이라 불리고, $\omega = 2\pi\nu$로서 각주파수(angular frequency)라고 한다. 문제 15에서 언급했듯이 빛이 어떤 물질 안으로 들어가더라도 주파수 ν는 진공에서의 주파수와 동일하다. 그러므로 진공 중에서 파장이 같은 빛들은 동일한 각주파수 ω를 가지며, 이로 인한 서로 간의 위상차는 발생하지 않는다. 그러나 $2\pi/\lambda$로 주어지는 k는 물질 내에서 빛의 파장 λ가 굴절률에 따라 다음과 같이 주어진다.

$$k = \frac{2\pi}{\lambda} = \frac{2\pi}{(\lambda_o/n)} = \frac{2\pi n}{\lambda_o} \qquad \qquad ①$$

여기서 λ_o는 진공 중에서 빛의 파장, n은 물질의 굴절률이다. Kerr 효과를 일으키는 광학물질에 전기장을 걸어주었을 때, 편광이 전기장의 방향과 나란한 빛이 느끼는 굴절률 $n_\parallel$과 전기장 방향과 수직한 편광의 빛이 느끼는 굴절률 $n_\perp$가 서로 다른 값을 가진다. Kerr 효과를 일으키는 광학물질에서는 인가된 전기장의 방향과 광의 선편광 방향의 관계에 따라 굴절률이 다르므로, 파수 k도 역시 서로 다른 두 가지 값을 가지게 된다.

식 ①에 의해 편광이 전기장의 방향과 나란한 빛의 파수 $k_\parallel = \frac{2\pi n_\parallel}{\lambda_o}$ 이고 편광이 전기장의 방향과 수직인 빛의 파수 $k_\perp = \frac{2\pi n_\perp}{\lambda_o}$ 이다. 파수가 k 인 빛이 물리적인 거리 l만큼 진행했을 때 증가한 빛의 위상은 kl이 되므로, 편광이 전기장의 방향과 나란한 빛의 위상 증가분은 $\varphi_\parallel = \frac{2\pi n_\parallel}{\lambda_o} l$ 이 되고, 편광이 전기장의 방향과 수직한 빛의 위상 증가분은 $\varphi_\perp = \frac{2\pi n_\perp}{\lambda_o} l$ 이다. $n_\parallel$과 $n_\perp$ 중 더 큰 값에서 작은 값을 뺀 값을 Δn_K 라고 하고, 마찬가지로 두 빛의 위상 증가분의 차이를 $\Delta \varphi$라고 하면 $\Delta \varphi$는 다음과 같다.

$$\Delta \varphi = \frac{2\pi \Delta n_K}{\lambda_o} l \qquad \qquad ②$$

2개의 판이 d만큼 떨어진 Kerr cell에 전압 V를 인가했으므로 2개의 판 사이에 형성된 전기장의 세기 E는 다음과 같다.

$$E = V/d \qquad\qquad\qquad ③$$

또한, 문제에서 $\Delta n_K = \lambda_0 K E^2$ 라고 했으므로

$$\Delta n_K = \lambda_0 K E^2 = \lambda_0 K V^2 / d^2 \qquad\qquad\qquad ④$$

이로 인해, 서로 물질 내에서 서로 같은 경로를 간 빛이라고 해도 편광의 방향에 따라 각자가 경험하는 위상은 달라진다. 식 ④를 식 ③에 대입하면, $\Delta\varphi = 2\pi K l V^2 / d^2$ 를 얻을 수 있다. 두 빛의 위상 증가분의 차이 $\Delta\varphi$는 어쨌든 한 빛이 다른 빛보다 더 큰 위상을 가지게 되므로 위상지연이라고도 부른다.

17. 임의의 함수 $f(t)$에 대한 시간평균은

$$\langle f(t) \rangle = \lim_{T \to \infty} \frac{1}{T} \int_0^T f(t) dt$$

로 정의한다. 시간평균의 정의를 이용하여 다음 값을 계산하시오. 여기서 T는 함수 $f(t)$의 주기이다.

(1) $\langle \sin^2 \omega t \rangle$ (2) $\langle \cos^2 \omega t \rangle$ (3) $\langle \sin \omega t \rangle$

풀이

위에서 나타난 임의의 함수 $f(t)$에 대한 시간평균은 만일 함수가 주기함수라면 극한의 표현 없이 그냥 $\langle f(t) \rangle = \dfrac{1}{T} \int_0^T f(t) dt$라고 해도 무방하다. 왜냐하면 $f(t)$가 T를 주기로 계속 같은 값이 반복되므로 한 주기만 평균을 구하면, 아무리 여러 주기 동안의 평균을 구하더라도 그 값이 변하지 않기 때문이다. 문제에서 제시한 $\sin^2(\omega t)$, $\cos^2(\omega t)$, $\sin(\omega t)$는 모

두 주기함수이므로 한 주기 동안의 평균값을 구하면 그것이 곧 그 함수에 대한 시간평균으로 볼 수 있다.

(1) $\langle \sin^2(\omega t) \rangle$

$\sin^2(\omega t) = \dfrac{1-\cos(2\omega t)}{2}$ 이므로 이 함수의 주기 T는 사실 $\cos(2\omega t)$ 와 같다. $\cos(2\omega t)$의 주기는 π/ω이므로 $\sin^2(\omega t)$의 주기도 $T = \dfrac{\pi}{\omega}$ 이다. 이로부터 $\sin^2(\omega t)$에 대한 시간평균을 구하면 다음과 같다.

$$\langle \sin^2(\omega t) \rangle = \frac{1}{T}\int_0^T \sin^2(\omega t)dt = \frac{\omega}{\pi}\int_0^{\pi/\omega}\frac{1-\cos(2\omega t)}{2}dt$$
$$= \frac{\omega}{\pi}\left[\frac{1}{2}\cdot\frac{\pi}{\omega}-0\right] = \frac{1}{2}$$

(2) $\langle \cos^2(\omega t) \rangle$

$\cos^2(\omega t) = \dfrac{1+\cos(2\omega t)}{2}$ 이므로 이 함수의 주기 T는 사실 $\cos(2\omega t)$ 와 같다. $\cos(2\omega t)$의 주기는 π/ω 이므로 $\cos^2(\omega t)$의 주기도 $T = \dfrac{\pi}{\omega}$ 이다. 이로부터 $\cos^2(\omega t)$에 대한 시간평균을 구하면 다음과 같다.

$$\langle \cos^2(\omega t) \rangle = \frac{1}{T}\int_0^T \cos^2(\omega t)dt = \frac{\omega}{\pi}\int_0^{\pi/\omega}\frac{1+\cos(2\omega t)}{2}dt$$
$$= \frac{\omega}{\pi}\left[\frac{1}{2}\cdot\frac{\pi}{\omega}+0\right] = \frac{1}{2}$$

(3) $\langle \sin(\omega t) \rangle$

$\sin(\omega t)$의 주기 $T = \dfrac{2\pi}{\omega}$이다. 이로부터 $\sin(\omega t)$에 대한 시간평균을 구하면 다음과 같다.

$$\langle \sin(\omega t) \rangle = \frac{1}{T}\int_0^T \sin(\omega t)dt = \frac{\omega}{2\pi}\int_0^{2\pi/\omega}\sin(\omega t)dt = 0$$

부분 편광

18. 7 W/m²의 자연광 중에서 3 W/m²가 편광되어 있다. 이 빛의 편광도를 구하시오.

풀이

식 (6-19)로부터 편광도(DOP : degree of polarization)는 다음과 같이 정의된다.

$$\text{DOP} = \frac{I_{pol}}{I_{pol} + I_{unpol}}$$

편광된 빛과 그렇지 않은 빛의 강도(intensity)를 합한 $I_{pol} + I_{unpol}$이 7 W/m²이고, 편광된 빛의 강도 I_{pol}은 3 W/m² 이므로 DOP는 $\dfrac{3}{7}$이다.

19. 입사광의 편광도(s-pol)가 40%인 광파가 공기-유리 경계면에 대하여 40°의 입사각으로 입사한다. 반사 광파의 편광도를 계산하시오. 단 공기와 유리의 상대 굴절률은 1.5로 계산할 것.

풀이

계산의 편의를 위해 입사광 전체의 강도(intensity)를 100 이라고 하자. 편광도가 40%라고 하였으므로, *TE* 편광(즉, s-pol)된 빛의 강도는 40이다. 편광되지 않은 빛 중에서 반은 *TE* 편광, 나머지 반은 *TM* 편광(즉,

p-pol)로 볼 수 있으므로, 편광되지 않은 빛 중 30은 s-pol, 나머지 30은 p-pol로 볼 수 있다. 결과적으로 입사광 중 s-pol의 강도는 70, p-pol의 강도는 30으로 생각할 수 있다. 각 편광에 대한 반사계수는 식 (6-33)에 의해 다음과 같이 주어진다.

$$r_s = \frac{\cos\theta_i - \sqrt{n^2 - \sin^2\theta_i}}{\cos\theta_i + \sqrt{n^2 - \sin^2\theta_i}} \qquad (6\text{-}33)$$

$$r_p = \frac{-n^2\cos\theta_i + \sqrt{n^2 - \sin^2\theta_i}}{n^2\cos\theta_i + \sqrt{n^2 - \sin^2\theta_i}}$$

이때, 문제의 조건으로부터 $n = 1.5$, $\theta_i = 40°$ 이므로 이것을 식 (6-33)에 대입하여 반사계수를 계산하면 다음과 같은 값을 얻는다.

$$r_s = \frac{\cos 40° - \sqrt{1.5^2 - \sin^2 40°}}{\cos 40° + \sqrt{1.5^2 - \sin^2 40°}} = \frac{0.7660 - \sqrt{1.837}}{0.7660 + \sqrt{1.837}} \simeq -0.2775$$

$$r_p = \frac{-1.5^2\cos 40° + \sqrt{1.5^2 - \sin^2 40°}}{1.5^2\cos 40° + \sqrt{1.5^2 - \sin^2 40°}} = \frac{-1.724 + \sqrt{1.837}}{1.724 + \sqrt{1.837}} \simeq -0.1197$$

s-pol 및 p-pol에 대한 반사율 R_s 및 R_p는 각각 해당 반사계수의 제곱이므로 다음과 같다.

$$R_s = |r_s|^2 \simeq (-0.2775)^2 \simeq 0.07701, \quad R_p = |r_p|^2 \simeq (-0.1197)^2 \simeq 0.01432$$

반사율들을 활용하여 반사된 s-pol 및 p-pol의 강도 I_s와 I_p를 각각 구하면 다음과 같다.

$$I_s = R_s \times 70 \simeq 5.391, \quad I_p = R_p \times 30 \simeq 0.4300$$

반사된 s-pol 중에서 I_p의 강도, 즉 0.4300 만큼은 p-pol과 합쳐져서 편광되지 않은 빛을 형성할 것이므로 편광되지 않은 빛의 강도 $I_{unpol} = 0.4300 \times 2 = 0.8600$가 된다. 반면, I_s에서 0.4300 만큼의 강도를 제외한 빛은 순수히 *TE* 편광된 빛으로 볼 수 있으므로, 편광된 빛의 강도 $I_{pol} = 5.391 - 0.4300 = 4.961$ 이 된다. 그러므로 반사된 빛의 편광도는 식 (6-19)에 의해

$$\mathrm{DOP} = \frac{\mathrm{I_{pol}}}{\mathrm{I_{pol} + I_{unpol}}} = \frac{4.961}{4.961 + 0.8600} \simeq 0.8522$$

가 된다. 입사광의 편광도가 40%인 반면, 반사광은 그보다 매우 높은 약 85%의 편광도를 가짐을 알 수 있다.

반사에 대한 전자기적 해석

20. $\mu_i \simeq \mu_t \simeq \mu_0$인 유전체에 대하여 스넬의 법칙 $n = \sin\theta_i / \sin\theta_t$를 적용하여 θ_i와 θ_t의 항으로 표현된 프레넬 방정식 식 (6-32)를 유도하시오.

풀이

$\mu_i \simeq \mu_t \simeq \mu_0$인 유전체에 대한 반사계수의 수식은 식 (6-28)과 (6-31)로 표현된다. 그리고 입사각 θ_i , 투과각 θ_t , 그리고 상대굴절률 n은 스넬의 법칙 $n = \sin\theta_i / \sin\theta_t$를 만족시킨다.

$$r_s = \left(\frac{E_{0r}}{E_{0i}}\right)_{\perp} = \frac{n_i\cos\theta_i - n_t\cos\theta_t}{n_i\cos\theta_i + n_t\cos\theta_t} = \frac{\cos\theta_i - n\cos\theta_t}{\cos\theta_i + n\cos\theta_t} \tag{6-28}$$

$$t_s = \left(\frac{E_{0t}}{E_{0i}}\right)_{\perp} = \frac{2n_i\cos\theta_i}{n_i\cos\theta_i + n_t\cos\theta_t} = \frac{2\cos\theta_i}{\cos\theta_i + n\cos\theta_t}$$

$$r_p = \left(\frac{E_{0r}}{E_{0i}}\right)_{\parallel} = \frac{n_i\cos\theta_t - n_t\cos\theta_i}{n_i\cos\theta_t + n_t\cos\theta_i} = \frac{\cos\theta_t - n\cos\theta_i}{\cos\theta_t + n\cos\theta_i} \qquad (6\text{-}31)$$

$$t_p = \left(\frac{E_{0t}}{E_{0i}}\right)_{\parallel} = \frac{2n_i\cos\theta_i}{n_i\cos\theta_t + n_t\cos\theta_i} = \frac{2\cos\theta_i}{\cos\theta_t + n\cos\theta_i}$$

스넬의 법칙을 식 (6-28)과 (6-31)에 적용하면,

$$r_s = \frac{\cos\theta_i\sin\theta_t - \sin\theta_i\cos\theta_t}{\cos\theta_i\sin\theta_t + \sin\theta_i\cos\theta_t} = -\frac{\sin(\theta_i - \theta_t)}{\sin(\theta_i + \theta_t)}$$

$$t_s = \frac{2\cos\theta_i\sin\theta_t}{\sin\theta_t\cos\theta_i + \sin\theta_i\cos\theta_t} = \frac{2\cos\theta_i\sin\theta_t}{\sin(\theta_i + \theta_t)}$$

$$r_p = \frac{\cos\theta_t\sin\theta_t - \sin\theta_i\cos\theta_i}{\cos\theta_t\sin\theta_t + \sin\theta_i\cos\theta_i} \qquad\qquad ①$$

식 ①의 분자 부분을 삼각함수의 특성인 $\cos^2 x + \sin^2 x = 1$을 이용하여 다음과 같이 변형해 보자.

$$\cos\theta_t\sin\theta_t - \sin\theta_i\cos\theta_i$$

$$= \cos\theta_t\sin\theta_t(\cos^2\theta_i + \sin^2\theta_i) - \sin\theta_i\cos\theta_i(\cos^2\theta_t + \sin^2\theta_t)$$

$$= \cos\theta_t\sin\theta_t\cos^2\theta_i + \cos\theta_t\sin\theta_t\sin^2\theta_i - \sin\theta_i\cos\theta_i\cos^2\theta_t - \sin\theta_i\cos\theta_i\sin^2\theta_t$$

위 식에서 첫 번째 항과 네 번째 항을 서로 공통인수로 묶어주고, 두 번째 항과 세 번째 항을 서로 공통인수로 묶어주면 다음과 같이 정리된다.

$$\cos\theta_t\sin\theta_t\cos^2\theta_i + \cos\theta_t\sin\theta_t\sin^2\theta_i - \sin\theta_i\cos\theta_i\cos^2\theta_t - \sin\theta_i\cos\theta_i\sin^2\theta_t$$

$$= \cos\theta_i \sin\theta_t (\cos\theta_i \cos\theta_t - \sin\theta_i \sin\theta_t) - \sin\theta_i \cos\theta_t (\cos\theta_i \cos\theta_t - \sin\theta_i \sin\theta_t)$$

$$= (\cos\theta_i \cos\theta_t - \sin\theta_i \sin\theta_t)(\cos\theta_i \sin\theta_t - \sin\theta_i \cos\theta_t)$$

$$= -\cos(\theta_i + \theta_t)\sin(\theta_i - \theta_t)$$

비슷한 방법으로 식 ①의 분모 부분을 변형해 보면,

$$\cos\theta_t \sin\theta_t + \sin\theta_i \cos\theta_i$$

$$= \cos\theta_t \sin\theta_t (\cos^2\theta_i + \sin^2\theta_i) + \sin\theta_i \cos\theta_i (\cos^2\theta_t + \sin^2\theta_t)$$

$$= \cos\theta_t \sin\theta_t \cos^2\theta_i + \cos\theta_t \sin\theta_t \sin^2\theta_i + \sin\theta_i \cos\theta_i \cos^2\theta_t + \sin\theta_i \cos\theta_i \sin^2\theta_t$$

위 식에서 첫 번째 항과 네 번째 항을 서로 공통인수로 묶어주고, 두 번째 항과 세 번째 항을 서로 공통인수로 묶어주면 다음과 같이 정리된다.

$$\cos\theta_t \sin\theta_t \cos^2\theta_i + \cos\theta_t \sin\theta_t \sin^2\theta_i + \sin\theta_i \cos\theta_i \cos^2\theta_t + \sin\theta_i \cos\theta_i \sin^2\theta_t$$

$$= \cos\theta_i \sin\theta_t (\cos\theta_i \cos\theta_t + \sin\theta_i \sin\theta_t) + \sin\theta_i \cos\theta_t (\cos\theta_i \cos\theta_t + \sin\theta_i \sin\theta_t)$$

$$= (\cos\theta_i \cos\theta_t + \sin\theta_i \sin\theta_t)(\cos\theta_i \sin\theta_t + \sin\theta_i \cos\theta_t)$$

$$= \cos(\theta_i - \theta_t)\sin(\theta_i + \theta_t)$$

이렇게 구한 분모와 분자 부분을 식 ①에 다시 넣어주면, 다음과 같이 식 (6-32)와 일치하는 결과를 얻을 수 있다.

$$r_p = \frac{\cos\theta_t \sin\theta_t - \sin\theta_i \cos\theta_i}{\cos\theta_t \sin\theta_t + \sin\theta_i \cos\theta_i} = -\frac{\cos(\theta_i + \theta_t)\sin(\theta_i - \theta_t)}{\cos(\theta_i - \theta_t)\sin(\theta_i + \theta_t)}$$

$$= -\frac{\dfrac{\sin(\theta_i - \theta_t)}{\cos(\theta_i - \theta_t)}}{\dfrac{\sin(\theta_i + \theta_t)}{\cos(\theta_i + \theta_t)}} = -\frac{\tan(\theta_i - \theta_t)}{\tan(\theta_i + \theta_t)}$$

마지막으로,

$$t_p = \frac{2\sin\theta_t\cos\theta_i}{\sin\theta_t\cos\theta_t + \sin\theta_i\cos\theta_i} \qquad\qquad ②$$

식 ②의 분모는 바로 앞에서 구한 r_p의 분모와 같다. 그러므로,

$$t_p = \frac{2\cos\theta_i\sin\theta_t}{\sin(\theta_i + \theta_t)\cos(\theta_i - \theta_t)}$$

가 되어 식 (6-32)와 같은 결과를 얻는다.

21. $\mu_i \simeq \mu_t \simeq \mu_0$인 유전체에 대하여 스넬의 법칙을 사용하여 식 (6-28)과 (6-31)에서 투과각 θ_t의 항을 제거하고 상대굴절률 n과 입사각 θ_i의 항으로 표현하는 방법으로 식 (6-33)의 반사계수 r_s와 r_p를 유도하시오.

풀이

식 (6-28)과 (6-31)로부터 반사계수는 다음과 같다.

$$r_s = \frac{\cos\theta_i - n\cos\theta_t}{\cos\theta_i + n\cos\theta_t} \qquad\qquad (6\text{-}28)$$

$$r_p = \frac{\cos\theta_t - n\cos\theta_i}{\cos\theta_t + n\cos\theta_i} \qquad\qquad (6\text{-}31)$$

스넬의 법칙 $n = \sin\theta_i / \sin\theta_t$ 로부터 $\sin\theta_t = \sin\theta_i / n$ 가 된다. 그러므로,

$$\cos\theta_t = \sqrt{1 - \sin^2\theta_t} = \sqrt{1 - \frac{\sin^2\theta_i}{n^2}} \qquad ①$$

식 ①을 식 (6-28)과 (6-31)에 넣으면, 다음과 같이 식 (6-33)의 결과를 얻을 수 있다.

$$r_s = \frac{\cos\theta_i - n\sqrt{1 - \frac{\sin^2\theta_i}{n^2}}}{\cos\theta_i + n\sqrt{1 - \frac{\sin^2\theta_i}{n^2}}} = \frac{\cos\theta_i - \sqrt{n^2 - \sin^2\theta_i}}{\cos\theta_i + \sqrt{n^2 - \sin^2\theta_i}}$$

$$r_p = \frac{\sqrt{1 - \frac{\sin^2\theta_i}{n^2}} - n\cos\theta_i}{\sqrt{1 - \frac{\sin^2\theta_i}{n^2}} + n\cos\theta_i} = \frac{-n^2\cos\theta_i + \sqrt{n^2 - \sin^2\theta_i}}{n^2\cos\theta_i + \sqrt{n^2 - \sin^2\theta_i}}$$

22. TM 편광된 빛이 30°의 입사각으로 공기 중에 놓인 크라운 유리 ($n_g = 1.5$)판에 입사한다. 경계면에서 반사계수와 투과계수를 계산하시오.

풀이

식 (6-33)으로부터,

$$r_p = \frac{-n^2\cos\theta_i + \sqrt{n^2 - \sin^2\theta_i}}{n^2\cos\theta_i + \sqrt{n^2 - \sin^2\theta_i}} \qquad ①$$

문제 21번의 식 ①을 이용하여 식 (6-33)에 나타난 TM 편광된 빛의 투

과계수를 변형하면,

$$t_p = \frac{2\cos\theta_i}{\cos\theta_t + n\cos\theta_i} = \frac{2n\cos\theta_i}{\sqrt{n^2 - \sin^2\theta_i} + n^2\cos\theta_i} \qquad ②$$

문제의 조건들에 의해 식 ①과 ②에 $\theta_i = 30°$이고 $n = n_g = 1.5$를 대입하면, 다음과 같이 반사계수와 투과계수를 구할 수 있다.

$$r_p = \frac{-1.5^2\cos30° + \sqrt{1.5^2 - \sin^2 30°}}{1.5^2\cos30° + \sqrt{1.5^2 - \sin^2 30°}} = \frac{-2.25 \times \dfrac{\sqrt{3}}{2} + \sqrt{2}}{2.25 \times \dfrac{\sqrt{3}}{2} + \sqrt{2}} \simeq -0.159$$

$$t_p = \frac{2 \times 1.5\cos30°}{\sqrt{1.5^2 - \sin^2 30°} + 1.5^2\cos30°} = \frac{2 \times 1.5 \times (\sqrt{3}/2)}{\sqrt{2} + 2.25 \times (\sqrt{3}/2)} \simeq 0.773$$

23. 물($n_w = 1.33$)과 다이아몬드($n_d = 2.42$)에 대해 45°의 입사각에서 TE 편광과 TM 편광에 대한 반사율을 구하시오.

풀이

문제 21번에서 구한 공식에 매질이 가지는 굴절률 및 입사각 45°를 적용하도록 한다.

(1) 물 ($n = n_w = 1.33$)

$$r_s = \frac{\cos45° - \sqrt{1.33^2 - \sin^2 45°}}{\cos45° + \sqrt{1.33^2 - \sin^2 45°}} \simeq -0.2287$$

$$r_p = \frac{-1.33^2\cos45° + \sqrt{1.33^2 - \sin^2 45°}}{1.33^2\cos45° + \sqrt{1.33^2 - \sin^2 45°}} \simeq -0.0523$$

그러므로 물로 45°의 입사하는 빛의 *TE* 편광 및 *TM* 편광에 대한 반사율 R_s와 R_p는 각각 다음과 같다.

$$R_s = \left|r_s\right|^2 \simeq (0.2287)^2 \simeq 0.0523, \quad R_p = \left|r_p\right|^2 \simeq (0.0523)^2 \simeq 0.00273$$

(2) 다이아몬드 $(n = n_d = 2.42)$

$$r_s = \frac{\cos 45\degree - \sqrt{2.42^2 - \sin^2 45\degree}}{\cos 45\degree + \sqrt{2.42^2 - \sin^2 45\degree}} \simeq -0.5319$$

$$r_p = \frac{-2.42^2 \cos 45\degree + \sqrt{2.42^2 - \sin^2 45\degree}}{2.42^2 \cos 45\degree + \sqrt{2.42^2 - \sin^2 45\degree}} \simeq -0.2380$$

그러므로 다이아몬드로 45°의 입사하는 빛의 *TE* 편광 및 *TM* 편광에 대한 반사율 R_s와 R_p는 각각 다음과 같다.

$$R_s = \left|r_s\right|^2 \simeq (0.5319)^2 \simeq 0.2829, \quad R_p = \left|r_p\right|^2 \simeq (0.2380)^2 \simeq 0.00566$$

24. 입사각과 상대굴절률로 표현되는 *TE* 편광과 *TM* 편광에 대한 반사계수는 다음과 같이 주어진다. 편광된 광파가 공기에서 유리 표면에 30°의 입사각으로 입사할 때 다음 물음에 답하시오. 단, 유리의 굴절률은 1.5로 계산하시오.

$$r_s = \frac{\cos\theta_i - \sqrt{n^2 - \sin^2\theta_i}}{\cos\theta_i + \sqrt{n^2 - \sin^2\theta_i}}, \quad r_p = \frac{-n^2\cos\theta_i + \sqrt{n^2 - \sin^2\theta_i}}{n^2\cos\theta_i + \sqrt{n^2 - \sin^2\theta_i}}$$

(1) *TE* 편광에 대한 반사계수를 계산하시오.

(2) *TM* 편광에 대한 반사계수를 계산하시오.

(3) 위의 (1)과 (2)에서 반사계수의 값이 음의 값을 가질 수 있는데 그것

의 물리적 의미를 기술하시오.

(4) TE 편광과 TM 편광에 대한 반사율을 계산하시오.

풀이

(1) TE 편광에 대한 반사계수를 계산하시오.

$$r_s = \frac{\cos\theta_i - \sqrt{n^2 - \sin^2\theta_i}}{\cos\theta_i + \sqrt{n^2 - \sin^2\theta_i}} = \frac{\cos 30° - \sqrt{1.5^2 - \sin^2 30°}}{\cos 30° + \sqrt{1.5^2 - \sin^2 30°}} \simeq -0.2404$$

(2) TM 편광에 대한 반사계수를 계산하시오.

$$r_p = \frac{-n^2 \cos\theta_i + \sqrt{n^2 - \sin^2\theta_i}}{n^2 \cos\theta_i + \sqrt{n^2 - \sin^2\theta_i}} = \frac{-1.5^2 \cos 30° + \sqrt{1.5^2 - \sin^2 30°}}{1.5^2 \cos 30° + \sqrt{1.5^2 - \sin^2 30°}}$$

$$\simeq -0.1589$$

(3) 위의 (1)과 (2)에서 반사계수의 값이 음의 값을 가질 수 있는데 그것의 물리적 의미를 기술하시오.

반사계수가 음의 값을 가진다는 의미는 반사가 일어나는 경계면에서 입사파와 반사파의 위상이 180° (또는 π)만큼 차이가 난다는 것을 의미한다. 이러한 현상은 굴절률이 낮은 매질에서 입사하는 빛이 굴절률이 높은 매질의 표면에서 반사할 때 일어난다.

(4) TE 편광과 TM 편광에 대한 반사율을 계산하시오.

반사율은 반사계수 크기의 제곱이므로 TE 편광 및 TM 편광에 대한 반사율 R_s와 R_p는 각각 다음과 같다.

$$R_s = |r_s|^2 \simeq (0.2404)^2 \simeq 0.05779, \ R_p = |r_p|^2 \simeq (0.1589)^2 \simeq 0.02525$$

25. TE 편광과 TM 편광의 투과율 T_s와 T_p가

$$T_s = \frac{n_t \cos\theta_t}{n_i \cos\theta_i} \left| t_s \right|^2 = \left(\frac{n_t \cos\theta_t}{n_i \cos\theta_i} \right) \left| \frac{E_{0t}}{E_{0i}} \right|^2_{TE} \qquad (6\text{-}35)$$

$$T_p = \frac{n_t \cos\theta_t}{n_i \cos\theta_i} \left| t_p \right|^2 = \left(\frac{n_t \cos\theta_t}{n_i \cos\theta_i} \right) \left| \frac{E_{0t}}{E_{0i}} \right|^2_{TM}$$

임을 증명하시오.

풀이

투과율은 입사공간에서 입사파 강도의 수직 성분과 투과공간에서의 투과파 강도의 수직 성분의 비로 정의 할 수 있다.

입사공간에서 입사파 강도의 수직 성분 : $n_i \cos\theta_i I_i$

투과공간에서 투과파 강도의 수직 성분 : $n_t \cos\theta_t I_t$

$$T_s = \frac{n_t \cos\theta_t}{n_i \cos\theta_i} \frac{I_t}{I_i} = \frac{n_t \cos\theta_t}{n_i \cos\theta_i} \left| t_s \right|^2 = \left(\frac{n_t \cos\theta_t}{n_i \cos\theta_i} \right) \left| \frac{E_{0t}}{E_{0i}} \right|^2_{TE}$$

$$T_p = \frac{n_t \cos\theta_t}{n_i \cos\theta_i} \frac{I_t}{I_i} = \frac{n_t \cos\theta_t}{n_i \cos\theta_i} \left| t_p \right|^2 = \left(\frac{n_t \cos\theta_t}{n_i \cos\theta_i} \right) \left| \frac{E_{0t}}{E_{0i}} \right|^2_{TM}$$

26. TE 편광과 TM 편광에 대한 투과계수는

$$t_s = \frac{2\cos\theta_i \sin\theta_t}{\sin(\theta_i + \theta_t)}, \quad t_p = \frac{2\cos\theta_i \sin\theta_t}{\sin(\theta_i + \theta_t)\cos(\theta_i - \theta_t)}$$

이다. 이 식을 이용하여 다음을 증명하시오.

$$T_s = \frac{\sin 2\theta_i \sin 2\theta_t}{\sin^2(\theta_i + \theta_t)}, \quad T_p = \frac{\sin 2\theta_i \sin 2\theta_t}{\sin^2(\theta_i + \theta_t)\cos^2(\theta_i - \theta_t)}$$

풀이

문제 25번의 식 (6-35)에 의해, $T_s = \dfrac{n_t \cos\theta_t}{n_i \cos\theta_i}|t_s|^2$, $T_p = \dfrac{n_t \cos\theta_t}{n_i \cos\theta_i}|t_p|^2$ 이므로 T_s와 T_p는 각각 다음과 같다.

$$T_s = \frac{n_t \cos\theta_t}{n_i \cos\theta_i}|t_s|^2 = \frac{n_t \cos\theta_t}{n_i \cos\theta_i}\frac{4\cos^2\theta_i \sin^2\theta_t}{\sin^2(\theta_i + \theta_t)} = \frac{n_t \cos\theta_t}{n_i}\frac{4\cos\theta_i \sin^2\theta_t}{\sin^2(\theta_i + \theta_t)}$$

스넬의 법칙에 의해 $n_i \sin\theta_i = n_t \sin\theta_t$이므로 이를 위의 식에 적용하면,

$$T_s = \frac{2\sin\theta_i \cos\theta_i}{1}\frac{2\cos\theta_t \sin\theta_t}{\sin^2(\theta_i + \theta_t)} = \frac{\sin(2\theta_i)\sin(2\theta_t)}{\sin^2(\theta_i + \theta_t)} \text{ 이다.}$$

$$T_p = \frac{n_t \cos\theta_t}{n_i \cos\theta_i}|t_p|^2 = \frac{n_t \cos\theta_t}{n_i \cos\theta_i}\frac{4\cos^2\theta_i \sin^2\theta_t}{\sin^2(\theta_i + \theta_t)\cos^2(\theta_i - \theta_t)}$$

$$= \frac{4n_t \cos\theta_t \cos\theta_i \sin^2\theta_t}{n_i \sin^2(\theta_i + \theta_t)\cos^2(\theta_i - \theta_t)}$$

스넬의 법칙에 의해 $n_i \sin\theta_i = n_t \sin\theta_t$이므로 이를 위의 식에 적용하면,

$$T_p = \frac{4n_t \cos\theta_t \cos\theta_i \sin^2\theta_t}{n_i \sin^2(\theta_i + \theta_t)\cos^2(\theta_i - \theta_t)} = \frac{4n_i \sin\theta_i \cos\theta_i \cos\theta_t \sin\theta_t}{n_i \sin^2(\theta_i + \theta_t)\cos^2(\theta_i - \theta_t)}$$

$$= \frac{\sin(2\theta_i)\sin(2\theta_t)}{\sin^2(\theta_i + \theta_t)\cos^2(\theta_i - \theta_t)}$$

임을 얻을 수 있다.

27. 물$(n_w = 1.33)$ 속에 직사각 기둥의 유리$(n_g = 1.5)$가 잠겨있다. 빛이 유리를 통과하여 물속으로 진행할 때, 경계면에서 전반사가 일어날 임계각을

구하시오.

풀이

스넬의 법칙에 의해 다음 식이 성립한다. $n_g \sin\theta_g = n_w \sin\theta_w$. 여기서 θ_g 는 빛이 유리에서 물로 진행할 때의 입사각이고 θ_w는 물 속으로 굴절된 빛의 굴절각이다. 전반사가 일어나는 조건은 $\theta_w = 90°$ 이고 이 조건을 만족시키는 θ_g를 임계각이라고 한다. 그러므로 임계각 θ_c에서 스넬의 법칙은 다음과 같다.

$$n_g \sin\theta_c = n_w \sin 90° = n_w$$

위 식으로부터, 임계각

$$\theta_c = \sin^{-1}(n_w/n_g) = \sin^{-1}(0.887) \simeq 62.5° \text{ 이다.}$$

28. 편광되지 않은 빛이 공기−유리 경계면에 브루스터 각으로 입사하였다. 반사된 빛이 완전히 편광된 빛이지만 입사된 빛의 아주 일부분만이 반사한다. 브루스터 각과 빛의 반사율을 구하시오. 단 유리의 굴절률은 1.5이다.

풀이

식 (6-37)에 의해, 이 문제의 브루스터 각은
$$\theta_B = \tan^{-1} n = \tan^{-1} 1.5 \simeq 56.3° \text{ 이다.}$$

입사각이 브루스터 각인 경우에는 TM 편광의 반사계수 r_p는 0 이므로 TE 편광의 반사계수 r_s만 살펴보면 된다. 문제 21번의 결과를 이용하면,

$$r_s = \frac{\cos 56.3° - \sqrt{1.5^2 - \sin^2 56.3°}}{\cos 56.3° + \sqrt{1.5^2 - \sin^2 56.3°}} \simeq -0.385$$

반사율 $R_p = |r_p|^2 = 0.385^2 \simeq 0.148$ 이다.

29. 편광되지 않은 빛이 공기에서 임의의 매질로 입사한다. 입사각이 48°일 때, 반사된 빛은 완전히 편광된다. (1) 임의의 매질의 굴절률을 계산하시오. (2) 만약 입사된 빛$(\theta_i = 48°)$의 일부가 물질 표면 아래로 들어간다면 굴절각은 얼마가 되겠는가?

풀이

(1) 반사된 빛이 완전히 편광되었다는 것은 입사각 48°가 바로 브루스터 각이었다는 것을 의미한다. 그러므로 이 매질의 굴절률 n은 식 (6-37)에 의해 다음과 같은 식을 만족시킨다.

$$n = \tan\theta_B = \tan 48° \simeq 1.11$$

그러므로 이 물질의 굴절률은 약 1.11이다.

(2) 이 매질에서의 굴절각을 θ_t라고 하면, 스넬의 법칙에 의해,

$$\sin 48° = n \sin\theta_t$$

그러므로 굴절각은 다음과 같다.

$$\theta_t = \sin^{-1}\left(\frac{\sin 48°}{n}\right) \simeq \sin^{-1}\left(\frac{0.743}{1.11}\right) \simeq 42.0°$$

CHAPTER 7

박막의 다중간섭

Chapter 5에서는 빛의 간섭에 대한 기본적인 개념과 여러 가지 간섭계, 그리고 빛의 간섭을 일으키는 가간섭적인 특성에 관해 공부하였으며, 특히 가간섭성을 가진 두 광파가 임의의 관측점에서 만드는 간섭무늬와 현상에 대하여 알아보았다. Chapter 7에서는 단순히 두 빛의 간섭을 넘어 여러 빛들이 동시에 간섭을 일으키는 다중간섭에 대한 현상을 다루도록 하겠다.

일반적으로 투명하고 양면이 평행한 평행판에 반사계수 r이 적당한 값을 갖도록 coating을 하고 여기에 일정한 각도로 광선을 입사시키면 다중선속을 얻을 수 있다. 대표적인 것으로서 패브리-페로(Fabry-Perot) 간섭계가 있다. 이것은 높은 분해능을 갖는 분광기나 레이저의 공진기로도 널리 사용된다. 패브리-페로 간섭계는 반투명한 은이나 알루미늄으로 표면을 coating한 광학유리의 두 평면으로 반사 경계면을 형성한 것으로서 양면 사이의 간격은 수 mm~수 cm 정도이다. 만일 두 반사면 사이의 거리를 매우 길게 하면 레이저 공진기로도 사용할 수 있다.

반면 페브리-페로 간섭계와 같은 구조를 가지지만, 양면 사이의 간격이 고정된 것을 에탈론(etalon)이라고 한다. Chapter 7에서는 에탈론에서의 다중간섭 이론과 패브리-페로 간섭계의 원리와 활용에 관하여 자세히 다루도록 한다.

또한, 비록 다중간섭은 아니지만 선폭이 큰 빛이 얇은 박막에서 반사되면서 일어나는 간섭에 관해서도 간단히 살펴보고, 일상생활에서 우리가 쉽게 볼 수 있는 간섭현상에 관해서도 언급하기로 하겠다.

7.1 박막에 의한 간섭

■ 박막에 의한 간섭 이론

그림 7-1은 굴절률이 n_2인 얇은 박막의 윗면과 아랫면에서 빛이 각각 반사되고 있는 것을 보여준다.

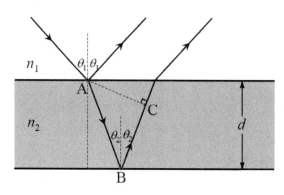

그림 7-1. 박막에 의한 간섭

박막의 두께가 d일 때, 윗면과 아랫면에서 반사된 빛의 경로차 $\Delta\ell$은

$$\Delta\ell = \overline{AB} + \overline{BC} = \frac{d}{\cos\theta_2} + \frac{\cos(2\theta_2)d}{\cos\theta_2} = 2d\cos\theta_2 \tag{7-1}$$

이며, 따라서 두 빛의 위상차 δ는

$$\delta = k\,\Delta\ell = 2kd\cos\theta_2 = \frac{4\pi d\cos\theta_2}{\lambda} = \frac{4\pi n_2 d\cos\theta_2}{\lambda_0} \tag{7-2}$$

로 나타낼 수 있다.

식 (7-2)에서 λ_0는 자유공간에서 빛의 파장이다. 두 빛이 서로 보강간섭을 일어나기 위해서는 윗면과 아랫면에서 반사된 빛의 광 경로차가 파장의 정수배가 되어야 한다. 빛이 소한 매질에서 밀한 매질($n_1 < n_2$)로 입사할 때

부분적으로 반사되는 반사파의 위상이 입사파에 비해 180° 만큼 변하기 때문에 보강간섭에 대한 조건은 다음과 같다.

$$2n_2 d\cos\theta_2 = (m+\frac{1}{2})\lambda_0 \quad \text{(보강간섭, } m\text{은 정수)} \tag{7-3}$$

반대로 광 경로차가 파장의 정수배가 되는 파장은 소멸간섭이 일어나게 되어 간섭무늬의 강도가 0이 된다.

$$2n_2 d\cos\theta_2 = m\lambda_0 \quad \text{(소멸간섭, } m\text{은 정수)} \tag{7-4}$$

예제 7.1 박막에 의한 간섭

공기 중에 있는 비눗물 박막에 수직으로 가시광선을 입사시켰다. 박막에 있는 임의의 점에서 반사된 빛에서 $\lambda_1 = 504$ nm와 $\lambda_2 = 630$ nm인 파장의 빛이 간섭에 의해서 소멸되었다면 박막의 두께는 얼마인가? 단 비눗물 박막의 굴절률은 $n = 1.36$이다.

풀이 박막에 의한 간섭에서 소멸간섭이 일어날 조건은 $2n_2 d\cos\theta_2 = m\lambda_0$이다. $\theta_2 = 0°$ 이므로 임의의 점에서 사라진 간섭무늬의 차수가 λ_2에 대하여 m차, λ_1에 대하여 $(m+1)$차 라고 가정하면 다음과 같이 쓸 수 있다.

$$2n_2 d = m\lambda_2 = (m+1)\lambda_1$$

m에 대해서 풀면

$$m \times 630 \times 10^{-9} = (m+1) \times 504 \times 10^{-9}$$

$$630m = 504m + 504$$

$$126m = 504$$

$$\therefore \ m = 4$$

이다. 따라서 비눗물 박막의 두께는 다음과 같다.

$$d = \frac{m\lambda_2}{2n_2} = \frac{4.0 \times 630 \times 10^{-9}}{2 \times 1.36}$$

$$= 926.5 \times 10^{-9} \ \text{m}$$

■ 쐐기형 박막에 의한 간섭

일반적으로 쐐기형 박막에 거의 수직하게 입사한 광파의 반사파에 의해 형성된 등고선 형태의 동일두께 간섭무늬를 **피조 무늬**(Fizeau fringe)라고 한다. 박막의 굴절률 n_f가 일정한 쐐기형 박막의 기하학적 구조를 이용하여 박막의 광학적 두께에 따른 간섭현상을 알아보기로 하자. 그림 7-2와 같이 경사각 α가 아주 작은 쐐기형 박막에 의해 반사된 두 광파 사이의 광경로차는 식 (7-1)에 따라 $2n_f d\cos\theta$로 쓸 수 있으며 관측점에서의 기하학적 두께 d는 $d \simeq L\alpha$이다.

쐐기형 박막 윗면에서 반사된 광파 1은 소한 매질에서 밀한 매질(공기에서 굴절률이 n_f인 박막으로)로 진행하며 일어난 반사이므로 반사파의 위상이 입사파와 쐐기형 박막 아랫면에서 반사된 광파 2에 비해 180° 만큼 변하게 된다. 따라서 거의 수직하게 입사(입사각 $\theta \simeq 0$)한 광파의 반사파에 의해 형성된 간섭무늬 강도가 최대인 조건은

$$\left(m + \frac{1}{2}\right)\lambda_0 = 2n_f d_m = 2n_f L_m \alpha \tag{7-5}$$

가 된다. $n_f = \lambda_0/\lambda$이므로 식 (7-5)로부터 m 번째 밝은 무늬까지의 거리 L_m을 얻을 수 있다.

$$L_m = \left(m + \frac{1}{2}\right)\lambda_0 \frac{1}{2\alpha n_f} = \left(\frac{m+1/2}{2\alpha}\right)\lambda \qquad (7\text{-}6)$$

또한, 밝은 무늬 사이의 간격 ΔL은

$$\Delta L = L_m - L_{(m-1)} = \frac{\lambda}{2\alpha}$$

이다.

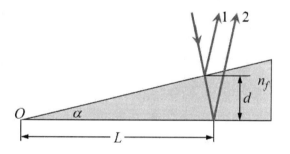

그림 7-2. 쐐기형 박막에 의한 간섭

마찬가지로 식 (7-5)로부터 m 번째 밝은 무늬에 대응하는 박막의 두께 d_m은 다음과 같이 주어진다.

$$d_m = \left(m + \frac{1}{2}\right)\lambda_0 \frac{1}{2n_f} = \left(m + \frac{1}{2}\right)\frac{\lambda}{2} \qquad (7\text{-}7)$$

예제 7.2 쐐기형 박막에 의한 간섭

길이가 $L=20$ cm인 두 유리판의 한 쪽 끝에 그림과 같이 지름이 D인 가는 선을 놓아 쐐기 모양의 공기 박막을 만들었다. 파장이 500 nm인 빛을 조사하였더니 1 cm 마다 10개의 어두운 무늬가 나타났을 때 D를 계산하시오.

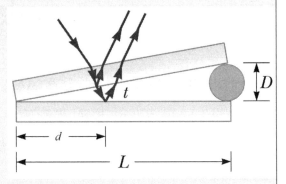

풀이 쐐기형 공기 박막에 의한 간섭에서 소멸간섭이 일어날 조건은 $2d_m = m\lambda_0$이다. 어두운 무늬 사이의 두께 변화는 $\Delta t = \lambda_0/2$, 어두운무늬 사이의 수평거리는 $\Delta d = 1/10$ cm$=1.0 \times 10^{-3}$ m이다. 그림에서

$$\frac{D}{L} = \frac{\Delta t}{\Delta d}$$

이므로 D를 다음과 같이 계산할 수 있다.

$$D = \frac{L\Delta t}{\Delta d} = \frac{L\lambda_0}{2\Delta d}$$

$$= \frac{0.2 \times 500 \times 10^{-9}}{2 \times 1.0 \times 10^{-3}}$$

$$= 50 \times 10^{-6} \text{ m}$$

$$= 50 \ \mu\text{m}$$

■ 뉴턴의 원 무늬

광학 평판 위에 평면-볼록렌즈를 올려놓고 단색의 평행광을 조사하면 나타나는 동심원 형태의 간섭무늬(피조 무늬)를 **뉴턴의 원 무늬**(Newton's rings)라고 한다. 이 원 무늬는 쐐기형 박막에 의한 간섭무늬와 같은 원리로 이해할 수 있다. 뉴턴 원 무늬의 균일성은 피검사체인 렌즈면의 모양이 어느 정도 완벽한가를 평가하는 척도로 사용할 수 있다.

그림 7-3은 뉴턴의 원 무늬 실험 장치와 간섭무늬를 보여주고 있다. 그림 7-3에서 보는 바와 같이 뉴턴의 원 무늬는 광학 평판에서 반사된 광선 1과 렌즈의 볼록면에서 반사한 광선 2의 간섭에 의해서 형성된다.

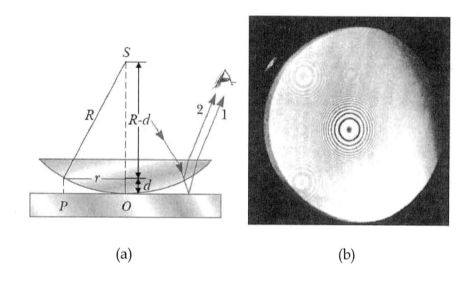

(a) (b)

그림 7-3. (a) 뉴턴 원 무늬 실험장치 및 (b) 뉴턴 원 무늬

입사파에 대한 반사광선 2의 위상 변화는 일어나지 않지만 반사광선 1은 소한 매질에서 밀한 매질로의 진행에서 일어난 반사이므로 180°의 위상 변화가 일어난다. 따라서 뉴턴 원 무늬의 m차 최대 강도 조건은

$$2d_m = \left(m + \frac{1}{2}\right)\lambda_0 \tag{7-8}$$

로 나타낼 수 있다. 여기서 d_m은 밝은 무늬 아래 공기층의 두께이다. 렌즈의 접촉점 O에서부터 뉴턴 원 무늬의 m차 최대 강도까지의 거리 r_{max}은 $R \gg d_m$이라는 조건을 이용하면 다음과 같이 쓸 수 있다.

$$r^2_{max} = R^2 - (R - d_m)^2 = 2Rd_m - d^2_m \qquad (7\text{-}9)$$

$$\simeq 2Rd_m = \left(m + \frac{1}{2}\right)\lambda_o R$$

그러므로

$$r_{max} = \left[\left(m + \frac{1}{2}\right)\lambda_0 R\right]^{\frac{1}{2}} \qquad (7\text{-}10)$$

이다. 마찬가지로 뉴턴 원 무늬의 m차 최소 강도 조건은 $2d_m = m\lambda_0$가 되므로, 접촉점 O에서부터 뉴턴 원 무늬의 m차 최소 강도까지의 거리 r_{min}과 공기층의 두께 d_m과의 관계는 다음과 같다.

$$r^2_{min} \simeq 2Rd_m = m\lambda_0 R$$

$$r_{min} = \sqrt{m\lambda_0 R} \qquad (7\text{-}11)$$

접촉점 O에서는 광학 평판에서 반사된 광선 1은 소한 매질에서 밀한 매질로의 진행에서 일어난 반사이므로 180°의 위상 변화가 일어나기 때문에 소멸간섭이 발생한다.

예제 7.3 뉴턴의 원 무늬

파장이 500 nm인 그림 7-3 (a)의 뉴턴 원 무늬 실험 장치를 사용하여 뉴턴의 원 무늬를 관찰하였다. 사용된 렌즈의 곡률반경이 2.0 m일 때 100 번째 어두운 무늬의 반지름을 계산하시오.

풀이 접촉점 O에서부터 뉴턴 원 무늬의 m차 최소 강도까지의 거리 r_{min}은 $r_{min} = \sqrt{m\lambda_0 R}$ 이다.

$$r_{min} = \sqrt{m\lambda_0 R}$$

$$= \sqrt{100 \times 500 \times 10^{-9} \times 2} \ \text{m}$$

$$= \sqrt{1.0 \times 10^{-4}} \ \text{m}$$

$$= 1.0 \times 10^{-2} \ \text{m}$$

$$= 1.0 \ \text{cm}$$

7.2 다중간섭

■ 패브리-페로 에탈론에서의 다중간섭

그림 7-4와 같이 서로 마주보고 서 있는 두 반사면 내부로 빛이 들어가서 여러 차례의 반사를 거치고 밖으로 빠져나가는 경우를 살펴보자. 이 때, 두 반사면 사이의 거리가 일정한 광학소자를 패브리-페로(Febry-Perot) 에탈론, 또는 줄여서 에탈론(etalon)이라고 부른다. 그림 7-4에서 반사면 M_1으로 들어온 빛 E_0는 일부는 반사면에서 반사되어 되돌아가고, 나머지는 투과되어 반사면 안쪽으로 진행한다. 두 반사면 M_1과 M_2 사이는 빈 공간이거나 또는 어떤 물질이 차 있을 수도 있다. 이 때, 반사되는 빛은 $E_0 r$이고

투과되는 빛은 $E_0 t$ 이다. 여기서 r 과 t 는 각각 반사계수와 투과계수이다. r 과 t 는 일반적으로 빛이 반사되거나 투과될 때의 위상변화를 반영하므로 일반적으로 복소수가 된다.

$$r = |r|e^{i\delta_r}, \; t = |t|e^{i\delta_t} \tag{7-12}$$

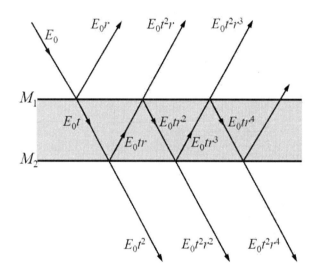

그림 7-4. 두 개의 평행한 반사면(에탈론)에서 일어나는 다중반사 (위쪽 반사면 M_1, 아래쪽 반사면 M_2)

식 (7-12)에서 δ_r 과 δ_t 는 각각 빛이 반사될 때와 투과될 때 발생하는 위상변이를 의미한다. 그리고 r 과 t 의 크기에 대한 제곱은 각각 반사율 R 과 투과율 T 가 된다.

$$R = |r|^2 = \frac{I_{ref}}{I_0}, \; T = |t|^2 = \frac{I_{tran}}{I_0} \tag{7-13}$$

식 (7-13)에서 I_0는 반사면으로 입사하는 빛의 강도, I_ref는 반사면에서 반사되는 빛의 강도, 그리고 I_tran은 반사면을 투과하는 빛의 강도이다. 단, 여기서 반사율은 하나의 반사면에서 빛이 한 번 반사될 때의 반사율을 의미하며 투과율도 빛이 한 번 투과될 때의 투과율을 의미한다. 그리고 표면에서 빛의 흡수, 산란 등으로 인한 손실이 없다고 가정하면 에너지 보존법칙에 의하여 반사율과 투과율의 합은 1이 되어야 한다.

$$R + T = |r|^2 + |t|^2 = rr^* + tt^* = 1$$

그림 7-5는 두 반사면 사이의 거리가 d인 에탈론에 입사각 θ_i로 입사한 빛이 에탈론을 진행함에 따라 발생하는 경로 차이를 보여주고 있다. 에탈론에서 한 번도 반사되지 않고 투과된 빛을 E_{t0}라고 하면 $E_{t0} = E_0 t^2$이다. 두 번의 반사를 더 겪고 에탈론 밖으로 나간 빛을 E_{t1}이라고 하면, 이것은 E_{t0}에 비해 두 번의 반사를 더 겪었으므로 앞에서 보았듯이 $E_0 t^2 r^2$가 된다.

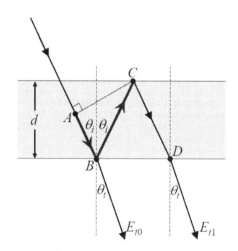

그림 7-5. 빛의 진행과정에 따른 경로 차이 (입사각 θ_i, 투과각 θ_t)

그림에서 에탈론을 투과한 E_{t0}와 E_{t1} 사이의 경로차 $\Delta \ell$은 다음과 같다.

$$\Delta\ell = \overline{BC} + \overline{AB} = \frac{d}{\cos\theta_i} + \frac{\cos(2\theta_i)d}{\cos\theta_i}$$

$$= \frac{d\{\cos(2\theta_i)+1\}}{\cos\theta_i} = \frac{2d\cos^2\theta_i}{\cos\theta_i} = 2d\cos\theta_i$$

그러므로 투과된 두 빛 사이의 위상차 δ 는

$$\delta = k\Delta\ell = 2kd\cos\theta_i = \frac{4\pi d\cos\theta_i}{\lambda} = \frac{4\pi nd\cos\theta_i}{\lambda_0} \qquad (7\text{-}14)$$

이 된다. 식 (7-14)에서 λ_0 는 진공 중에서의 빛의 파장이고, λ 는 두 반사면 사이에 있는 물질 내에서의 빛의 파장, n 은 물질의 굴절률이다. 에탈론을 투과한 빛 E_t 는 이러한 빛들의 합으로 이루어져 있으므로 E_t 는 다음과 같이 쓸 수 있다.

$$E_t = E_{t1} + E_{t2} + E_{t3} + \cdots = E_0 t^2 + E_0 t^2 r^2 e^{i\delta} + E_0 t^2 r^4 e^{2i\delta} + \cdots$$

$$= E_0 t^2 \left(1 + r^2 e^{i\delta} + r^4 e^{2i\delta} + \cdots\right)$$

$$= E_0 t^2 \frac{1}{1 - r^2 e^{i\delta}}$$

에탈론을 투과한 빛의 강도 I_t 는 E_t 의 크기의 제곱이므로

$$I_t = |E_t|^2 = \frac{E_0^2 |t|^4}{\left(1 - r^2 e^{i\delta}\right)\left(1 - r^2 e^{i\delta}\right)^*} = \frac{I_0 T^2}{\left(1 - r^2 e^{i\delta}\right)\left(1 - r^2 e^{i\delta}\right)^*} \qquad (7\text{-}15)$$

로 표현할 수 있다. $I_0 = E_0^2$ 은 에탈론으로 처음 입사한 빛의 강도이다. 식 (7-12)를 이용하여 식 (7-15)를 정리하면 다음과 같이 나타낼 수 있다.

$$I_t = \frac{I_0 T^2}{(1 - r^2 e^{i\delta})(1 - r^2 e^{i\delta})^*} = \frac{I_0 T^2}{\left(1 - |r|^2 e^{2i\delta_r} e^{i\delta}\right)\left(1 - |r|^2 e^{-2i\delta_r} e^{-i\delta}\right)} \tag{7-16}$$

$$= \frac{I_0 T^2}{1 + |r|^4 - |r|^2\left(e^{2i\delta_r} e^{i\delta} + e^{-2i\delta_r} e^{-i\delta}\right)} = \frac{I_0 T^2}{1 + R^2 - 2\cos\Delta}$$

식 (7-16)에서의 Δ는

$$\Delta = \delta + 2\delta_r = \frac{4\pi n d \cos\theta_i}{\lambda_0} + 2\delta_r \tag{7-17}$$

으로 정의되며 식 (7-16)의 분모는

$$1 - 2R\cos\Delta + R^2 = \left(1 - 2R + R^2\right) + 2R(1 - \cos\Delta) = (1 - R)^2 + 4R\sin^2\left(\frac{\Delta}{2}\right)$$

$$= (1 - R)^2\left\{1 + \frac{4R}{(1 - R)^2}\sin^2\left(\frac{\Delta}{2}\right)\right\}$$

이므로 이것을 식 (7-16)에 적용하여 정리하면 입사한 빛의 강도 I_0와 투과한 빛의 강도 I_t의 비를 얻을 수 있다.

$$\frac{I_t}{I_0} = \frac{T^2}{(1 - R)^2}\frac{1}{\left\{1 + \frac{4R}{(1 - R)^2}\sin^2\left(\frac{\Delta}{2}\right)\right\}} \tag{7-18}$$

반사면이나 에탈론 내부의 물질에서 빛의 흡수나 산란과 같은 외적 요인으로 인한 손실이 없다고 하면 에너지 보존 법칙에 의하여 $T + R = 1$ 이므로

$$\frac{I_t}{I_0} = \frac{1}{1 + \dfrac{4R}{(1-R)^2}\sin^2\left(\dfrac{\Delta}{2}\right)} = \frac{1}{1 + F\sin^2\left(\dfrac{\Delta}{2}\right)} \qquad (7\text{-}19)$$

가 된다. 식 (7-19)에 있는 F를 **예리도 계수**(coefficient of finesse)라고 부르며 다음과 같이 정의된다.

$$F = \frac{4R}{(1-R)^2}$$

식 (7-19)는 빛의 흡수가 없는 에탈론에서, 입사한 빛의 강도에 대한 투과한 빛의 강도 비를 의미하며 이것을 **에어리 함수**(Airy function) $\mathcal{A}(\theta_i)$라고 한다.

$$\mathcal{A}(\theta_i) = \frac{I_t}{I_0} = \frac{1}{1 + F\sin^2\left(\dfrac{\Delta}{2}\right)} \qquad (7\text{-}20)$$

입사한 빛이 에탈론에서 입사광 방향으로 반사되어 나가는 빛의 강도를 I_r이라고 하면 입사광에 대한 반사광 강도의 비는 다음과 같다.

$$\frac{I_r}{I_0} = 1 - \frac{I_t}{I_0} = 1 - \mathcal{A}(\theta_i) = \frac{F\sin^2(\Delta/2)}{1 + F\sin^2(\Delta/2)} \qquad (7\text{-}21)$$

■ 패브리-페로 간섭계

패브리-페로 간섭계에서 간섭을 일으키는 부분은 에탈론과 동일하다. 즉, 두 반사면이 서로 평행하며 그 사이에는 특정한 매질 혹은 공기가 채워져 있을 수 있다. 에탈론과는 달리 패브리-페로 간섭계에서는 그림 7-6과 같이 두 반사면으로 입사하는 빛의 입사각 θ_i는 항상 0°가 되므로 반사면을 투과하여 나온 빛도 모두 반사면에 수직이 됨을 알 수 있다.

그러므로 패브리-페로 간섭계에서는 에탈론과 달리 식 (7-17)의 입사각 θ_i는 위상차 Δ를 변화시킬 수 있는 인자가 아니라 상수$(\cos\theta_i = 1)$임을 알 수 있다. 그리고 그림 7-6에서 보는 바와 같이 두 반사면을 투과한 빛은 집속 렌즈에 의하여 광 검출기로 집속된다. 따라서 패브리-페로 간섭계에서는 에탈론의 경우와 같은 간섭무늬를 형성하고 그것을 관찰하여 광원에 대한 어떤 정보를 얻는 것이 아니고, 간섭계를 통과한 빛의 전체적인 강도를 측정함으로써 원하는 정보를 추출하게 된다.

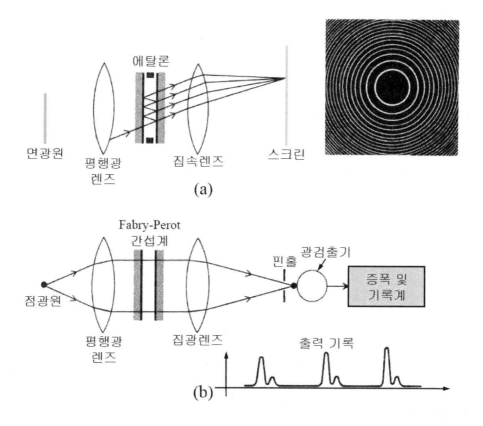

그림 7-6. (a) 패브리-페로 에탈론 (b) 패브리-페로 간섭계의 구성

위상차 $\Delta = \dfrac{4\pi n d \cos\theta_i}{\lambda_0} + 2\delta_r$ 이므로 패브리-페로 간섭계에서 두 반사면을

투과하는 빛들 사이의 위상 차이를 변화시켜 광 검출기에 집속되는 빛의 강도를 변화시키기 위해서는 광원의 파장 λ_0나 두 반사면 사이의 거리 d를 변화시켜야 한다. 그러므로 패브리-페로 간섭계에서는 에탈론과는 달리 반사면 중 하나를 움직여 d를 변화시킬 수 있다.

패브리-페로 간섭계에서는 입사각 θ_i가 0°로 정해져 있기 때문에 에어리 함수도 다음과 같이 Δ의 함수로 직접 생각하는 것이 바람직하다.

$$\frac{(I_t/I_0)}{(I_t/I_0)_{\max}} = \frac{I_t}{I_{t,\max}} = \mathcal{A}(\Delta) = \frac{1}{1+F\sin^2(\Delta/2)} \tag{7-22}$$

식 (7-22)에서 $\cos\theta_i = 1$ 이므로 Δ는 다음과 같다.

$$\Delta = \delta + 2\delta_r = \frac{4\pi n d \cos\theta_i}{\lambda_0} + 2\delta_r = \frac{4\pi n d}{\lambda_0} + 2\delta_r \tag{7-23}$$

이제 패브리-페로 간섭계에 파장이 λ_a인 빛 E_a와 λ_b인 빛 E_b가 동시에 입사한다고 하고, 편의상 두 빛의 강도는 같다고 가정하자. 서로 파장이 다르기 때문에 두 빛은 반사면 사이의 거리 d가 같더라도 각각 서로 다른 위상차 Δ를 가진다.

$$\Delta_a = \delta_a + 2\delta_r = \frac{4\pi n d}{\lambda_a} + 2\delta_r, \ \Delta_b = \delta_b + 2\delta_r = \frac{4\pi n d}{\lambda_b} + 2\delta_r \tag{7-24}$$

그러므로 이와 같은 조건에서 d를 연속적으로 변화시키면서 투과되는 빛의 강도를 측정하면 그림 7-7과 같은 결과를 얻을 수 있다. 그림 7-7에서 안쪽에 있는 실선의 두 그래프는 각각의 파장에 대한 에어리 함수를 나타낸다. 광 검출기에서는 두 빛이 동시에 들어오게 되므로, 광 검출기가 측정하는 빛의 강도는 각각의 파장에 대한 빛의 강도의 합으로 나타난다.

그림 7-7에서 각각의 peak가 생기는 위치 $\delta_{a,m}$과 $\delta_{b,m}$은 식 (7-22)의 sine

함수 값이 0이 될 때 나타나므로 다음의 조건을 만족시켜야 한다.

$$\Delta_{a,m} = \delta_{a,m} + 2\delta_r = \frac{4\pi n d_{a,m}}{\lambda_a} + 2\delta_r = 2m\pi \qquad (7\text{-}25)$$

$$\Delta_{b,m} = \delta_{b,m} + 2\delta_r = \frac{4\pi n d_{b,m}}{\lambda_a} + 2\delta_r = 2m\pi$$

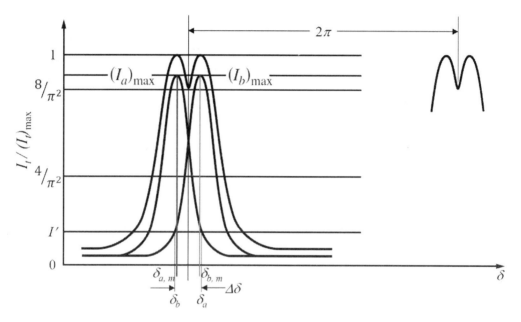

그림 7-7. 파장이 서로 다른 두 빛에 의한 패브리-페로 간섭계의 출력

식 (7-25)에서 m은 정수이다. 패브리-페로 간섭계에서 두 반사면 사이의 거리는 빛의 파장에 비해 매우 크므로 다음과 같은 식이 성립한다.

$$d_{a,m} \gg \lambda_a, \; d_{b,m} \gg \lambda_b, \; m \gg 1 \qquad (7\text{-}26)$$

또한, 식 (7-25)에서 $2\delta_r$을 무시하고 다음과 같이 근사할 수 있다.

$$\Delta_{a,m} = \delta_{a,m} + 2\delta_r \simeq \frac{4\pi n d_{a,m}}{\lambda_a} = 2m\pi \tag{7-27}$$

$$\Delta_{b,m} = \delta_{b,m} + 2\delta_r \simeq \frac{4\pi n d_{b,m}}{\lambda_a} = 2m\pi$$

식 (7-27)로부터 λ_a와 λ_b는 식 (7-28)과 같으며, 그로부터 두 파장 사이의 관계는 식 (7-29)와 같음을 알 수 있다.

$$\lambda_a = \frac{2n d_{a,m}}{m}, \ \ \lambda_b = \frac{2n d_{b,m}}{m} \tag{7-28}$$

$$\lambda_b = \frac{d_{b,m}}{d_{a,m}}\lambda_a \tag{7-29}$$

빛 E_a의 파장인 λ_a를 우리가 정확하게 알고 있다면, 식 (7-29)로부터 파장 λ_b를 구할 수 있으므로, 패브리-페로 간섭계는 일종의 스펙트로미터(spectrometer)로도 활용할 수 있을 것이다.

자유 스펙트럼 영역

패브리-페로 간섭계에서 두 파장의 차이가 점점 커진다면 그림 7-7의 두 peak는 서로 분리되어 점점 멀어질 것이다. λ_a에 비해 λ_b가 더욱 증가한다면, λ_b에 대한 m 번째 최대값과 λ_a에 대한 $(m+1)$ 번째 최대값이 서로 겹치게 된다. 이때 식 (7-28)을 이용하면 다음과 같은 식이 성립한다.

$$d_{a,m+1} = \frac{(m+1)\lambda_a}{2n} = \frac{m\lambda_b}{2n} = d_{b,m}$$

이런 관계가 성립할 때 두 파장의 차이를 **자유 스펙트럼 영역**(FSR : free spectral range) $(\Delta\lambda)_{FSR}$이라고 그것은 다음 식 (7-30)과 같다.

$$(\Delta\lambda)_{FSR} = \lambda_b - \lambda_a = \left(1 + \frac{1}{m}\right)\lambda_a - \lambda_a = \frac{\lambda_a}{m} = \frac{\lambda_a^2}{2nd_{a,m}} \qquad (7\text{-}30)$$

$(\Delta\lambda)_{FSR} \ll \lambda$일 때 $\dfrac{(\Delta f)_{FSR}}{f} \simeq \dfrac{(\Delta\lambda)_{FSR}}{\lambda}$ 이므로, 자유 스펙트럼 영역을 주파수 관점에서 보면 다음과 같다.

$$(\Delta f)_{FSR} = (\Delta\lambda)_{FSR}\frac{f}{\lambda} = (\Delta\lambda)_{FSR}\frac{c}{\lambda^2} = \frac{\lambda_a^2}{2nd_{a,m}}\frac{c}{\lambda^2} = \frac{c}{2nd_{a,m}}$$

예를 들어, λ_a를 500 nm, $nd_{a,m}$를 15 mm로 놓으면 $(\Delta\lambda)_{FSR}$는 0.0083 nm가 되고 이를 주파수로 환산하면 $(\Delta f)_{FSR}$은 10 GHz가 된다. 간섭계의 성능으로 보면, 최소 분해 가능한 파장폭인 $(\Delta\lambda_a)_{\min}$은 가능한 한 작으면 좋고 스펙트럼 영역은 가능한 한 크면 좋다. 이 둘 사이의 관계는 다음과 같다.

$$\frac{(\Delta\lambda_a)_{FSR}}{(\Delta\lambda_a)_{\min}} = \frac{\dfrac{\lambda_a^2}{2nd_{a,m}}}{\dfrac{\lambda_a^2}{2nd_{a,m}F}} = F \qquad (7\text{-}31)$$

그러므로 예리도 F를 크게 하면, 다시 말해서 반사면의 반사율을 높임으로써 스펙트럼 영역을 크게 하면서도 최소 분해가능 파장은 작게 할 수 있다. 단, 예리도가 커지면 에탈론의 경우에서 보았듯이 간섭계를 통과하는 빛의 절대적인 양이 감소하게 됨을 유의해야 한다.

7.3 다층박막 간섭

■ 다층박막 간섭이론

굴절률이 서로 다른 박막을 여러 층으로 쌓게 되면, 앞서 살펴본 단일 박막에 의한 간섭보다 더 복잡한 간섭현상을 유도할 수 있고 이를 활용하여 다양한 광학소자를 만들 수 있다. 그림 7-8에서 보는 바와 같이 굴절률이 n_0, n_T 인 매질 속에 있는 굴절률이 n_1, 박막의 두께가 d인 단층박막에 있어서 빛의 반사와 투과 특성을 알아보자.

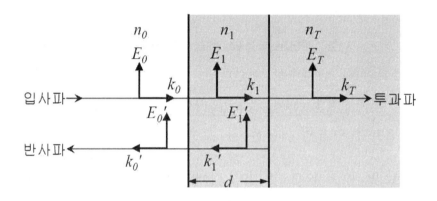

그림 7-8. 단층박막에 수직으로 입사한 전기장 벡터의 진폭

그림과 같이 굴절률이 n_0인 매질에서 n_1인 매질(박막 층)로 입사할 때, 입사광선이 수직으로 입사하는 것을 가정하자. 입사광선의 전기장 벡터의 진폭은 E_0, 첫 번째 면에서 반사된 광선의 진폭은 E_0', 단층의 박막을 투과한 전기장 벡터의 진폭은 E_T, 그리고 그림 7-8에서 보는 바와 같이 단층의 박막을 진행하는 광파의 전기장 벡터 진폭은 E_1, 두 번째 경계면에서 반사되어 거꾸로 진행하는 광파의 전기장 벡터 진폭은 E_1'라고 하자.

경계치 조건에 따라 경계면에서의 전기장(E)과 자기장($H = B/\mu$)은 연속이다. 따라서 첫 번째 경계면에서, 입사파와 반사파에 대한 전기장 벡터와 자기장 벡터의 진폭은

$$E_0 + E_0' = E_1 + E_1' \tag{7-32}$$

$$H_0 - H_0' = H_1 - H_1'$$
$$(n_0 E_0 - n_0 E_0' = n_1 E_1 - n_1 E_1')$$

이며, 마찬가지로 두 번째 경계면에서의 입사파와 반사파에 대한 전기장 벡터와 자기장 벡터의 진폭 역시 다음과 같이 표현할 수 있다.

$$E_1 e^{ikd} + E_1' e^{-ikd} = E_T \tag{7-33}$$

$$H_1 e^{ikd} - H_1' e^{-ikd} = H_T$$
$$(n_1 E_1 e^{ikd} - n_1 E_1' e^{-ikd} = n_T E_T)$$

여기서 k는 파수로서 $k = 2\pi/\lambda = 2\pi n_1/\lambda_0$이다. 식 (7-32)와 (7-33)을 정리하면, 식 (7-34)와 (7-35)를 얻을 수 있다.

$$1 + \frac{E_0'}{E_0} = \left(\cos kd - i\frac{n_T}{n_1}\sin kd\right)\frac{E_T}{E_0} \tag{7-34}$$

$$n_0 - n_0\frac{E_0'}{E_0} = \left(-i\, n_1\sin kd + n_T\cos kd\right)\frac{E_T}{E_0} \tag{7-35}$$

식 (7-34)와 (7-35)를 행렬식으로 간단히 표현하면 다음과 같다.

$$\begin{bmatrix} 1 \\ n_0 \end{bmatrix} + \begin{bmatrix} 1 \\ -n_0 \end{bmatrix}\frac{E_0'}{E_0} = \begin{bmatrix} \cos kd & \dfrac{-i}{n_1}\sin kd \\ -i\,n_1\sin kd & \cos kd \end{bmatrix}\begin{bmatrix} 1 \\ n_T \end{bmatrix}\frac{E_T}{E_0} \tag{7-36}$$

이다. 반사계수 $r = E_0'/E_0$와 투과계수 $t = E_T/E_0$를 이용하면 식 (7-36)은

$$\begin{bmatrix} 1 \\ n_0 \end{bmatrix} + \begin{bmatrix} 1 \\ -n_0 \end{bmatrix}r = M\begin{bmatrix} 1 \\ n_T \end{bmatrix}t \tag{7-37}$$

로 쓸 수 있다. 여기서 행렬 M은 다음과 같으며 이를 전이행렬이라 한다.

$$M = \begin{bmatrix} \cos kd & \dfrac{-i}{n_1}\sin kd \\ -i\,n_1\sin kd & \cos kd \end{bmatrix} \tag{7-38}$$

■ N층의 다층박막에 의한 반사계수와 투과계수

이제 N개의 층으로 증착된 다층박막을 생각해 보자. 각각 층의 굴절률이 n_1, n_2, n_3, $\cdots n_N$이고 박막의 두께가 d_1, d_2, d_3, $\cdots d_N$인 다층박막에 식 (7-37)을 유도했던 방식을 적용하여 다층박막에 대한 반사계수와 투과계수에 관한 유사한 matrix 방정식을 다음과 같이 나타낼 수 있다.

$$\begin{bmatrix} 1 \\ n_0 \end{bmatrix} + \begin{bmatrix} 1 \\ -n_0 \end{bmatrix} r = M_1 M_2 M_3 \cdots M_N \begin{bmatrix} 1 \\ n_T \end{bmatrix} t = M \begin{bmatrix} 1 \\ n_T \end{bmatrix} t \tag{7-39}$$

여기서 $M_1 M_2 M_3 \cdots M_N$은 다층 각각의 박막에 대한 전이행렬을 나타낸다. 각각의 전이행렬은 다층 각각의 물리적 특성인 n, k, d의 인자를 가지는 식 (7-38)의 형태로 주어지며 N개의 층으로 증착된 다층박막 전체의 전이행렬 M은 다층 각각의 전이행렬의 곱으로 나타낼 수 있다.

전체 전이행렬 M의 원소를 A, B, C, D라고 하면 전이행렬 M은

$$M = M_1 M_2 M_3 \cdots M_N = \begin{bmatrix} A & B \\ C & D \end{bmatrix} \tag{7-40}$$

로 쓸 수 있다. 식 (7-39)와 전이행렬의 원소 항을 사용해서 반사계수 r과 투과계수 t로 이루어진 두 개의 방정식을 나열하면

$$1 + r = (A + Bn_T)t \tag{7-41}$$

$$n_0 - n_0 r = (C + Dn_T)t$$

이며 식 (7-41)로부터 반사계수 r과 투과계수 t를 다음과 같이 구할 수 있다.

$$r = \frac{An_0 + Bn_0 n_T - C - Dn_T}{An_0 + Bn_0 n_T + C + Dn_T}$$

$$t = \frac{2n_0}{An_0 + Bn_0 n_T + C + Dn_T} \tag{7-42}$$

마찬가지로 반사율 R과 투과율 T는 $R = |r|^2$과 $T = |t|^2$으로 주어진다.

■ 무반사 박막

굴절률이 n_1, 두께가 d인 단층박막의 전이행렬은 식 (7-38)로 주어진다. 이제 이 단층박막이 굴절률이 n_T인 유리기판 위에 증착되어 있는 경우에 대해 생각해 보자. 빛이 입사하는 층이 공기층이므로 $n_0 \simeq 1.0$이다. 따라서 식 (7-42)로 주어진 반사계수는 다음과 같이 표현된다.

$$r = \frac{n_0 \cos kd - \dfrac{i}{n_1} n_0 n_T \sin kd + i n_1 \sin kd - n_T \cos kd}{n_0 \cos kd - \dfrac{i}{n_1} n_0 n_T \sin kd - i n_1 \sin kd + n_T \cos kd} \tag{7-43}$$

$$= \frac{n_1(1 - n_T) \cos kd - i\left(n_T - n_1^2\right) \sin kd}{n_1(1 + n_T) \cos kd - i\left(n_T + n_1^2\right) \sin kd}$$

만약 단층박막의 광학적 두께가 광원으로 사용한 빛의 파장의 1/4이라면 $kd = \pi/2$이 되고 $\sin kd = 0$, $\cos kd = 1$이 되어 반사계수 r와 반사율은 다음과 같이 아주 간결하게 표현된다.

$$r = \frac{\left(n_T - n_1^2\right)}{\left(n_T + n_1^2\right)}, \quad R = |r|^2 = \frac{\left(n_T - n_1^2\right)^2}{\left(n_T + n_1^2\right)^2}$$

만일 $n_1 = \sqrt{n_T}$이면 반사율은 $R=0$이 되므로, 유리기판 위에 $n_1 = \sqrt{1.5}$의 조건을 만족하는 물질로 $\lambda/4$의 두께의 박막을 증착하면 반사율은 0이 된다. 그러나 이것은 특정한 파장의 빛에 대해서만 반사율이 0이 되는 것이지 다른 파장의 빛에 대해서는 **무반사 박막**의 역할을 할 수 없다.

가시광선 영역에서라도 전 파장영역에 걸쳐 반사율을 낮추기 위해서는 단층박막만으로는 불가능하다. 두 층 이상의 무반사 박막을 사용할 경우 단층박막에 비하여 비교적 넓은 영역에서 무반사 효과를 나타낼 수 있다.

두 층으로 된 무반사 박막은 기판 위에 굴절률이 높은 물질(n_H)과 낮은 물질(n_L)을 각각 $\lambda/4$의 두께로 박막을 증착한 것이다. 두 층으로 된 무반사 박막의 전이행렬은 식 (7-38)과 (7-40)을 이용하면

$$M = \begin{bmatrix} 0 & -\dfrac{i}{n_L} \\ -in_L & 0 \end{bmatrix} \begin{bmatrix} 0 & -\dfrac{i}{n_H} \\ -in_H & 0 \end{bmatrix} = \begin{bmatrix} -\dfrac{n_H}{n_L} & 0 \\ 0 & -\dfrac{n_L}{n_H} \end{bmatrix} \qquad (7\text{-}44)$$

로 나타낼 수 있다. 식 (7-44)를 (7-42)에 대입하여 반사계수 r와 반사율은 다음과 같다.

$$r = \frac{\left(n_H^2 - n_L^2 n_T\right)}{\left(n_H^2 + n_L^2 n_T\right)}, \quad R = |r|^2 = \frac{\left(n_H^2 - n_L^2 n_T\right)^2}{\left(n_H^2 + n_L^2 n_T\right)^2}$$

이때, 특정 파장에 대해서 $R=0$이 될 조건은 다음과 같다.

$$\frac{n_H}{n_L} = \sqrt{n_T}$$

■ 고반사 박막

다층박막을 이용하여 고반사율(high-reflectance)을 얻기 위해서는 그림

7-9와 같이 각 층의 박막 두께가 $\lambda/4$가 되도록, 높은 굴절률 n_H와 낮은 굴절률 n_L의 층을 교대로 적층한 두 층 박막에 대한 전이행렬은

$$M=\begin{bmatrix} 0 & -\dfrac{i}{n_L} \\ -in_L & 0 \end{bmatrix}\begin{bmatrix} 0 & -\dfrac{i}{n_H} \\ -in_H & 0 \end{bmatrix}=\begin{bmatrix} -\dfrac{n_H}{n_L} & 0 \\ 0 & -\dfrac{n_L}{n_H} \end{bmatrix}$$

이다. 그림 7-9의 다층박막이 $2N$ 층으로 이루어져 있다면 $2N$ 층에 대한 전이행렬은 다음과 같이 나타낼 수 있다.

$$M=\begin{bmatrix} -\dfrac{n_H}{n_L} & 0 \\ 0 & -\dfrac{n_L}{n_H} \end{bmatrix}^N=\begin{bmatrix} \left(\dfrac{-n_H}{n_L}\right)^N & 0 \\ 0 & \left(\dfrac{-n_L}{n_H}\right)^N \end{bmatrix} \tag{7-45}$$

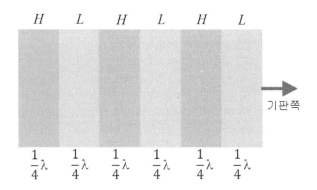

그림 7-9. 고반사율을 얻기 위한 다층박막 (λ는 매질에서의 파장)

반사율에 대한 표현을 간단히 하기 위하여 n_0와 n_T를 모두 1이라고 가정하고 $2N$ 층의 다층박막에 대한 전이행렬인 식 (7-45)의 행렬요소를 식 (7-42)에 대입하면 다층박막의 반사율은 식 (7-46)과 같다. 식 (7-46)에서

$\left(\dfrac{n_H}{n_L}\right)>1$이기 때문에 다층박막의 반사율 R은 N의 값이 클수록 1에 가까워진다.

$$R=|r|^2 = \left\{\frac{\left(-\dfrac{n_H}{n_L}\right)^N - \left(-\dfrac{n_L}{n_H}\right)^N}{\left(-\dfrac{n_H}{n_L}\right)^N + \left(-\dfrac{n_L}{n_H}\right)^N}\right\}^2 = \left\{\frac{\left(-\dfrac{n_H}{n_L}\right)^{2N}-1}{\left(-\dfrac{n_H}{n_L}\right)^{2N}+1}\right\}^2 \qquad (7\text{-}46)$$

그림 7-10은 레이저 분야에 사용되고 있는 여러 가지 다층박막의 파장에 따른 반사율의 특성곡선을 보여주는 그림이다.

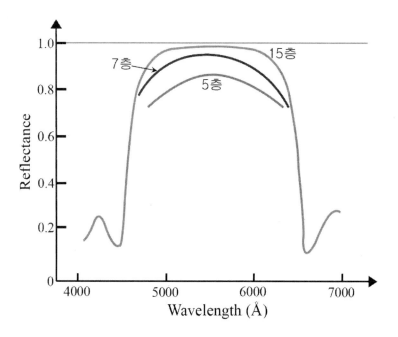

그림 7-10. 여러 가지 다층박막의 파장에 따른 반사율의 특성곡선

연습문제

박막에 의한 간섭

1. 빛이 다음의 박막에서 반사하거나 투과할 때 몇 번의 위상반전(π의 위상 변화)이 일어나겠는가?
    (1) 공기 중에 있는 굴절률 1.4의 단층 박막
    (2) 두 개의 유리판 사이에 있는 얇은 공기층

풀이

빛이 현재 매질보다 더 높은 굴절률을 가진 매질의 표면에서 반사할 때 위상이 반전되고, 투과 시에는 위상반전이 일어나지 않는다는 점을 이용하여 답을 구할 수 있다.

(1) 공기 중에 있는 굴절률 1.4의 단층 박막
- 어떤 상황에도 투과 시에는 위상반전이 없음
- 반사의 경우, 공기 중에서 진행하던 빛이 단층박막 표면에서 반사할 때 위상반전이 생기지만, 박막 내에서 진행하던 빛이 공기 쪽으로 진행하다 박막의 표면에서 반사되어 다시 박막 내로 돌아오는 경우에는 위상반전이 없음.

(2) 두 개의 유리판 사이에 있는 얇은 공기층
- 어떤 상황에도 투과 시에는 위상반전이 없음
- 유리판 사이의 공기층에서 유리판 쪽으로 진행하다가 경계면에서 반사하여 다시 공기층으로 돌아가는 경우에만 위상반전이 생기고, 유리판 내에서 공기가 있는 곳으로 진행하다가 경계면에서 다시 반사하여 유리판 안으로 돌아오는 경우는 위상반전이 일어나지 않는다. (다음 그림 참조: 위상반전이 일어나지 않는 경우는 점선 화살표, 위상반전이 일어나는 경우는 실선 화살표로 표시하였음).

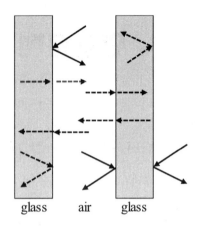

glass   air   glass

2. 두께가 100 nm, 굴절률이 1.5인 기름 박막이 물 위에 떠 있다. 이 박막
에 빛이 수직으로 입사할 때, 다음 물음에 답하시오.

    (1) 반사에 의해 몇 번의 위상반전(π의 위상변화)이 일어나겠는가?

    (2) 기름 박막에 의해 완전 보강간섭 조건으로 반사되는 빛의 파장을 계
        산하시오.

풀이

    (1) 반사에 의해 몇 번의 위상반전(π의 위상변화)이 일어나겠는가?

        빛이 박막의 윗면과 아랫면에서 한 번씩 반사한다고 가정하면, 윗면
        에서 반사할 때는 위상반전이 일어나지만, 아랫면에서 반사할 때는
        기름의 굴절률이 물보다 크기 때문에 위상반전이 일어나지 않는다.

    (2) 기름 박막에 의해 완전 보강간섭 조건으로 반사되는 빛의 파장을 계
        산하시오.

        식 (7-3)에 의해 보강간섭이 일어날 조건은 다음과 같다.

$$2n_2 d\cos\theta_2 = \left(m + \frac{1}{2}\right)\lambda_0 \quad (m\text{은 정수})$$

        빛이 박막에 수직으로 입사하므로 위 식에서 $\theta_2 = 0°$이고, $n_2 = 1.5$

이다. 이 조건을 위 식에 대입하면,

$$\lambda_0 = \frac{2n_2 d}{\left(m+\dfrac{1}{2}\right)} = \frac{2(1.5)(100 \text{ nm})}{\left(m+\dfrac{1}{2}\right)} = \frac{300 \text{ nm}}{\left(m+\dfrac{1}{2}\right)}$$

$m = 0, 1, 2, 3, \cdots$에 대해 위의 식을 만족시키는 빛의 파장들은 다음과 같다. $\lambda_0 = 600 \text{ nm}, 200 \text{ nm}, 120 \text{ nm}, 85.7 \text{ nm}, ...$

만일 빛이 가시광선이라고 하면, 완전 보강간섭을 일으키는 파장은 위의 파장들 중에서 600 nm 밖에 없다.

3. 굴절률이 1.4인 비누방울의 두께는 300 nm이다. 만약 비누방울에 백색광이 수직으로 입사하면 완전 보강간섭 조건으로 반사되는 빛의 색깔은 무엇인가?

풀이

문제 2번에서와 마찬가지로 완전 보강간섭의 조건은 다음과 같다.

$$\lambda_0 = \frac{2n_2 d}{\left(m+\dfrac{1}{2}\right)} = \frac{2(1.4)(300 \text{ nm})}{\left(m+\dfrac{1}{2}\right)} = \frac{840 \text{ nm}}{\left(m+\dfrac{1}{2}\right)}$$

$m = 0, 1, 2, 3, \cdots$에 대해 위의 식을 만족시키는 빛의 파장들은 다음과 같다. $\lambda_0 = 1680 \text{ nm}, 560 \text{ nm}, 336\text{nm}, 240 \text{ nm}, ...$

완전 보강간섭을 일으키는 파장들 중에서 사람의 눈에 보이는 파장은 560 nm 뿐이고, 이 색깔은 노랑과 초록의 중간 정도인 연두색이다. 보다 상세한 것은 다음 인터넷 사이트에서 알아볼 수 있다:

https://academo.org/demos/wavelength-to-colour-relationship/

4. 5 번째 밝은 뉴턴 원 무늬의 반경이 10 mm이다. 알 수 없는 액체가 렌즈와 지지대 사이의 틈으로 흘러 들어간 후, 5 번째 밝은 뉴턴 원 무늬의 반경이 8 mm가 되었다. 이 액체의 굴절률을 계산하시오.

풀이

밝은 뉴턴 원 무늬와 관련된 공식은 식 (7-10)으로부터

$$r_{max} = \left[\left(m + \frac{1}{2}\right)\lambda_0 R\right]^{\frac{1}{2}}$$

이다. 알 수 없는 액체가 렌즈와 지지대 사이의 틈으로 흘러 들어간 후에는 액체 내부에서는 광의 파장이 $\lambda = \lambda_o/n$으로 바뀌므로 이로 인한 밝은 뉴턴 원무늬의 반지름은 다음과 같이 바뀌게 된다. (여기서 n은 액체의 굴절률이다).

$$r'_{max} = \left[\left(m + \frac{1}{2}\right)\frac{\lambda_0}{n}R\right]^{\frac{1}{2}}$$

액체의 굴절률을 알아내기 위해, r_{max}와 r_{min}을 연계하여 풀면,

$$\left(\frac{r_{max}}{r'_{max}}\right)^2 = \frac{\left(m + \frac{1}{2}\right)\lambda_o R}{\left(m + \frac{1}{2}\right)\frac{\lambda_o}{n}R} = n$$

위 식으로부터, 액체의 굴절률이 다음과 같음을 알 수 있다.

$$n = \left(\frac{r_{max}}{r'_{max}}\right)^2 = \left(\frac{10}{8}\right)^2 = \frac{25}{16} \simeq 1.563$$

5. 굴절률이 1.4, 두께가 500 nm의 비누 박막이 있다. 햇빛이 비누 박막 위에서 비칠 때 반사가 일어나지 않는 가시광선에 대한 진공 중에서의 파장을 계산하시오.

풀이

문제가 의미하는 것은 비누 박막에 의해 소멸간섭이 일어나는 파장을 구하라는 것이다. 소멸간섭과 관련된 공식은 식 (7-4)이다.

$$2n_2 d \cos\theta_2 = m\lambda_0$$

햇빛이 비누 박막 위에서 비친다고 했으므로 식 (7-4)에서 $\theta_2 = 0°$ 라고 놓을 수 있다. 식 (7-4)로부터 소멸간섭이 일어나는 빛의 진공 중에서의 파장은 다음과 같다.

$$\lambda_0 = \frac{2n_2 d \cos 0°}{m} = \frac{2n_2 d}{m} = \frac{2(1.4)(500 \text{ nm})}{m} = \frac{1400 \text{ nm}}{m}$$

$m = 1, 2, 3, 4, \cdots$ 에 대해 소멸간섭이 일어나는 파장을 계산해 보면, $\lambda_0 = 1400 \text{ nm}, 700 \text{nm}, 467 \text{ nm}, 350 \text{nm}, ...$이다. 이 중에서 가시광선은 700 nm와 467 nm이다.

6. Newton's Ring의 실험으로 곡률반경이 $R = 20$ cm인 볼록렌즈를 평가하였다. 렌즈의 중심으로부터 1.0 mm 떨어진 지점에서 10번째 어두운 무늬를 관찰하였다면 이 실험에 사용한 광원의 파장은 얼마인가? 또, 렌즈의 중심에서 무늬가 밝은지 어두운지를 결정하고 그 이유를 설명하시오.

풀이

뉴턴 원 무늬의 m차 최소 강도까지의 거리 $r_{\min}$은 식 (7-11)에 의해 주어진다.

$$r_{\min} = \sqrt{m\lambda_0 R}$$

식 (7-11)로부터,

$$\lambda_0 = \frac{r_{\min}^2}{mR}$$

$R = 20$ cm, $m = 10$ 일 때, $r_{\min} = 1.0$ mm라는 조건을 위 식에 대입하면,

$$\lambda_0 = \frac{(1.0 \times 10^{-3} \text{ m})^2}{10(0.20 \text{ m})} = 5.0 \times 10^{-7} \text{ m} = 500 \text{nm}.$$

그러므로 실험에 사용한 광원의 파장은 500 nm이다. 또한, 식 (7-11)에서 $m = 0$ 일 때, $r_{\min}$ 역시 0이 된다. 이것은 렌즈의 중심이 어두운 무늬에 해당하므로 어둡다는 것을 의미한다.

7. 파장이 500 nm인 단색광의 광원을 사용하여 뉴턴의 원 무늬를 관찰하였다. 만약 10 번째 밝은 원 무늬의 반경이 1 cm이면 뉴턴 원 무늬 실험 장치에 사용한 렌즈의 곡률반경은 얼마인가?

풀이

밝은 뉴턴 원 무늬와 관련된 공식은 식 (7-10)으로부터

$$r_{\max} = \left[\left(m + \frac{1}{2} \right) \lambda_0 R \right]^{\frac{1}{2}}$$

이다. $m = 10$ 일 때, $r_{\max} = 1.0$ cm 이라는 조건을 식 (7-10)에 적용하면,

$$R = \frac{r_{\max}^2}{\left(m + \frac{1}{2} \right) \lambda_o} = \frac{(1.0 \text{ cm})^2}{\left(10 + \frac{1}{2} \right)(500 \text{ nm})} \simeq 19.0 \text{ m}.$$

그러므로 렌즈의 곡률반경은 약 19 m이다.

8. 평면 유리판 위에 아주 얇게 퍼져 있는 굴절률이 1.35인 에탄올 박막에 햇빛을 반사시켜 간섭무늬를 관찰하였다. 박막에서 400 nm의 빛만이 강하

게 반사되었을 때 에탄올 박막의 두께를 계산하시오.

풀이

박막에서 보강간섭에 대한 조건은 식 (7-3)에 의해 다음과 같다.

$$2n_2 d\cos\theta_2 = \left(m+\frac{1}{2}\right)\lambda_0 \quad (m=0,1,2,3,\cdots)$$

위 식을 변형하면, 박막의 두께는

$$d = \left(m+\frac{1}{2}\right)\frac{\lambda_0}{2n_2\cos\theta_2}$$

이다. 위 식에서 $\theta_2 = 0°$, $n_2 = 1.35$, $\lambda_0 = 400$ nm 라는 조건을 대입하면,

$$d = \left(m+\frac{1}{2}\right)\frac{400 \text{ nm}}{2(1.35)}$$

위 식에서 $m = 0, 1, 2, 3, 4, \cdots$의 경우에 400 nm의 빛이 완전 보강간섭을 일으킴으로써 강하게 반사된다. 그런데 문제의 조건에서 박막의 두께가 아주 얇다는 조건이 있으므로 $m = 0$ 으로 놓는 것이 가장 적합한 선택이라 판단되며, 이 때 박막의 두께는 다음과 같다.

$$d = \frac{1}{2}\frac{400 \text{ nm}}{2(1.35)} \simeq 74.1 \text{ nm}$$

9. 아래 그림과 같이 곡률반경이 R인 Newton ring이 있다. 다음 물음에 답하시오.
   (1) $r^2 \simeq 2Rd$ 임을 보이시오.
   (2) 뉴턴 원 무늬의 중심에서의 무늬가 밝은지 어두운지를 결정하고 그 이유를 설명하시오.
   (3) m 번째 밝은 무늬의 반경을 구하시오.

(4) m 번째 어두운 무늬의 반경을 구하시오.

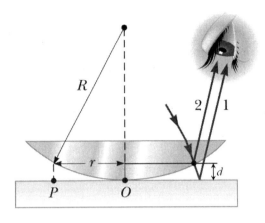

풀이

(1) $r^2 \simeq 2Rd$ 임을 보이시오.

그림에서 $r^2 = R^2 - (R-d)^2 = 2Rd - d^2 = 2Rd\left(1 - \dfrac{d}{2R}\right)$ 이다. 그런데,

$R \gg d$ 이므로 r^2은 다음과 같이 근사할 수 있다.

$$r^2 = 2Rd\left(1 - \frac{d}{2R}\right) \simeq 2Rd$$

(2) 뉴턴 원 무늬의 중심에서의 무늬가 밝은지 어두운지를 결정하고 그
이유를 설명하시오.

그림을 보면 뉴턴 원 무늬는 렌즈의 아랫면에서 반사된 2번으로 표
시된 빛과 바닥의 광학평판에서 반사된 1번으로 표시된 빛의 간섭으
로 인해 생기는 것이다.

1번 빛은 반사될 때 180°의 위상반전이 일어나는 반면, 2번 빛은 위
상반전이 일어나지 않는다. 뉴턴 원 무늬의 중심에 오는 광은 그림의
O점에서 나오는 1번 빛과 2번 빛의 간섭인데 두 빛의 경로가 같은
대신 하나는 위상반전이 일어나고 다른 하나는 위상반전이 없으므로
두 빛은 서로 완전 소멸간섭을 일으킨다. 그러므로 뉴턴 원 무늬의

중심에서는 어두운 무늬가 생긴다.

(3) m 번째 밝은 무늬의 반경을 구하시오.

뉴턴 원 무늬가 가장 밝아지는 것은 식 (7-8)에 의해 공기층의 두께 d_m이 다음 조건을 만족시킬 때 일어난다.

$$2d_m = \left(m + \frac{1}{2}\right)\lambda_0$$

위 식에서 $m = 0, 1, 2, 3, 4, \dots$ 이므로 각 m에 따라 달라지는 공기층의 두께를 d_m이라고 하였다. 식 (7-8)을 $2d_m = \left(m + \frac{1}{2}\right)\lambda_0$에 대입하여, m번째 밝은 뉴턴 원 무늬의 반지름 $r_{\max}$를 다음과 같이 구할 수 있다.

$$r_{\max} = \sqrt{2Rd_m} = \sqrt{\left(m + \frac{1}{2}\right)\lambda_0 R}$$

(4) m 번째 어두운 무늬의 반경을 구하시오.

뉴턴 원 무늬가 가장 어두워지는 공기층의 두께 d_m이 다음 조건을 만족시킬 때 일어난다.

$$2d_m = m\lambda_0$$

위 식에서 $m = 0, 1, 2, 3, 4, \dots$ 이므로 각 m에 따라 달라지는 공기층의 두께를 d_m이라고 하였다. $2d_m = m\lambda_0$를 $2d_m = \left(m + \frac{1}{2}\right)\lambda_0$에 대입하여, m번째 어두운 뉴턴 원 무늬의 반지름 $r_{\min}$를 다음과 같이 구할 수 있다.

$$r_{\min} = \sqrt{2Rd_m} = \sqrt{m\lambda_0 R}$$

10. 굴절률이 1.5인 쐐기형 박막에 파장이 500 nm인 단색광의 평행광을 수직으로 입사시켜 간섭무늬를 관찰하였다. 간섭무늬 사이의 간격이 0.2 cm일 때 쐐기형 박막의 기울어진 각도를 계산하시오.

풀이

각 α 만큼 기울어진 쐐기형 박막에서 생기는 m번째 밝은 간섭무늬의 위치는 식 (7-6)에 의해 다음과 같이 주어진다.

$$L_m = \left(\frac{m+1/2}{2\alpha}\right)\lambda$$

식 (7-6)에서 λ는 박막 내부에서 빛의 파장이므로 박막의 굴절률이 n_f라고 할 때, 진공 중의 빛의 파장 λ_0와는 $\lambda = (\lambda_0/n_f)$의 관계가 있다. 그러므로 인접한 밝은 무늬 사이의 간격 ΔL은 다음과 같다.

$$\Delta L = L_m - L_{(m-1)} = \frac{\lambda}{2\alpha} = \frac{\lambda_0}{2n_f\alpha}$$

위 식으로부터 각 $\alpha = \dfrac{\lambda}{2n_f\Delta L} = \dfrac{500 \text{ nm}}{2(1.5)(2.0\times10^{-3} \text{ m})} \simeq 8.3\times10^{-5}$

위에서 얻은 값은 라디안이므로 이를 degree로 환산하면 약 $(4.8\times10^{-3})^\circ$ 또는 약 $17''$가 된다.

다중간섭

11. 페브리-페로 간섭계에 사용된 거울들의 반사계수 r이 $r = 0.90$의 값을 가질 때 다음을 계산하시오.

    (1) 예리도   (2) 반치폭   (3) 예리도 계수

풀이

계산을 하기 전에 반사율 $R = |r|^2 = (0.90)^2 = 0.81$ 임을 알아두자.

(1) 예리도

예리도 $\mathcal{F}$는 finesse라고 하며 예리도 계수(coefficient of finesse) F와는 다음과 같은 관계가 있다.

$$\mathcal{F} = \frac{\pi\sqrt{F}}{2}$$

아래 (3)번에서 구한 예리도 계수의 값을 이용하면 다음과 같다.

$$\mathcal{F} = \frac{\pi\sqrt{F}}{2} \simeq \frac{\pi\sqrt{89.8}}{2} \simeq 14.9$$

(2) 반치폭

식 (7-19)에서 입사광의 강도에 대해 페브리-페로 간섭계를 투과한 빛의 강도를 살펴보면 다음과 같다.

$$\frac{I_t}{I_0} = \frac{1}{1 + F\sin^2\left(\dfrac{\Delta}{2}\right)}$$

이러한 투과광의 상대적인 강도는 $\Delta = 2m\pi$ (m은 정수)일 때 $\sin(\Delta/2) = 0$ 이 되어 최댓값인 1이 되고 반면, $\sin(\Delta/2) = \pm 1$이 될 때 $\dfrac{I_t}{I_0} = \dfrac{1}{1+F}$ 이 되어 최소가 된다. 반치폭이란 투과광의 상대적인 강도가 최댓값의 반인 1/2이 되는 두 지점 사이의 Δ값의 차이를 의미한다. 즉, 상대적인 강도가 최댓값인 1을 기준으로 Δ값이 증가 및 감소함에 따라 I_t/I_0 값이 점차 감소하여 각각 1/2이 되었을 때의 Δ값을 각각 Δ_1 및 Δ_2라 했을 때, 반치폭은 두 값의 차이를 뜻한다.

식 (7-19)에서 다음과 같이 $I_t/I_0 = 1/2$로 놓고 이를 만족시키는 Δ_1 및 Δ_2를 구해보자.

$$\frac{I_t}{I_0} = \frac{1}{1 + F\sin^2\left(\dfrac{\Delta}{2}\right)} = \frac{1}{2}$$

위 식으로부터, $F\sin^2\left(\dfrac{\Delta}{2}\right) = 1$ 즉, $\sin\left(\dfrac{\Delta}{2}\right) = \pm\dfrac{1}{\sqrt{F}}$를 얻는다. 그러므로 $\Delta_1 = \sin^{-1}\left(-\dfrac{1}{\sqrt{F}}\right)$, $\Delta_2 = \sin^{-1}\left(\dfrac{1}{\sqrt{F}}\right)$ 라고 할 수 있다. 다음 문항 (3)으로부터 $F \simeq 89.8$ 이므로 반치폭 Δ_{half}를 다음과 같이 구할 수 있다.

$$\Delta_{half} = \Delta_2 - \Delta_1 = \sin^{-1}\left(\frac{1}{\sqrt{F}}\right) - \sin^{-1}\left(-\frac{1}{\sqrt{F}}\right)$$

$$= 2\sin^{-1}\left(\frac{1}{\sqrt{F}}\right) \simeq 2\sin^{-1}\left(\frac{1}{\sqrt{89.8}}\right) \simeq 0.211$$

위의 계산에서는 $\sin^{-1}(x)$ 함수가 기함수임을 이용하였다. 위의 반치폭은 라디안이므로 이를 degree로 환산하면, $\Delta_{half} \simeq 0.211\left(\dfrac{180\,°}{\pi}\right) \simeq 12.1\,°$ 가 된다.

(3) 예리도 계수

예리도 계수 F의 정의에 의해, $F = \dfrac{4R}{(1-R)^2} = \dfrac{4(0.81)}{(1-0.81)^2} \simeq 89.8$ 이다.

12. 두께가 d이고 굴절률이 n_f인 thin film에 입사각 θ_i로 강도가 I_0인 광선이 입사하고 있다. 다중반사, 투과를 고려하여 인접한 반사광선과 투과광선 사이의 광경로차가 $2n_f d\cos\theta_t$로 주어질 때 다음 물음에 답하시오. 여기서 θ_t는 투과각이다.

(1) 투과된 빛의 강도를 구하시오.

(2) Airy function을 이용하여 (1)을 표현하시오.

(3) 흡수가 없을 때 최대 투과율을 구하시오.

(4) 흡수가 없을 때 최소 투과율을 구하시오.

풀이

(1) 투과된 빛의 강도를 구하시오.
식 (7-19)에 의해 투과된 빛의 강도 I_t는 다음과 같다.

$$I_t = \cfrac{I_0}{1 + \cfrac{4R}{(1-R)^2}\sin^2\left(\cfrac{\Delta}{2}\right)}$$

$$= \cfrac{I_0}{1 + F\sin^2\left(\cfrac{\Delta}{2}\right)}$$

위 식에서 $\Delta = \delta + 2\delta_r = \dfrac{4\pi n d\cos\theta_t}{\lambda_0} + 2\delta_r$ 이고 $F = \dfrac{4R}{(1-R)^2}$ 이다.

(2) Airy function을 이용하여 (1)을 표현하시오.

식(7-20) Airy function의 정의를 이용하면, 투과된 빛의 강도는

$$I_t = \mathcal{A}(\theta_i)\,I_0$$

(3) 흡수가 없을 때 최대 투과율을 구하시오.

흡수가 없는 경우 투과율은 식 (7-19)에 의해 주어진다.

$$\frac{I_t}{I_0} = \frac{1}{1 + F \sin^2\left(\frac{\Delta}{2}\right)}$$

위 식에서 알 수 있듯이 흡수가 없을 때 최대 투과율은 $\Delta = 2m\pi$ (m은 정수)이고, 그 값은 1이다.

(4) 흡수가 없을 때 최소 투과율을 구하시오.

위의 식 (7-19)에 의하면, 최소 투과율은 $\Delta = (2m+1)\pi$ (m은 정수) 일 때 이며 그 값은 $\frac{1}{1+F}$ 이다.

13. 페브리-페로 간섭계에 사용된 거울들의 반사율이 0.9, 투과율은 0.05, 그리고 흡수가 0.05 되는 은 도금물로 coating이 되어 있다. 간섭계의 투과율에 대한 최대값(극대값)과 최소값(극소값)을 구하시오. 그리고 예리도 계수는 얼마인가?

풀이

흡수가 있는 경우는 식 (7-19) 대신 식 (7-18)을 사용한다.

$$\frac{I_t}{I_0} = \frac{T^2}{(1-R)^2} \frac{1}{\left\{1 + \frac{4R}{(1-R)^2} \sin^2\left(\frac{\Delta}{2}\right)\right\}}$$

문제의 조건으로부터, $T = 0.05$, $R = 0.90$ 이다. 문제 12번에서 알아본 바와 같이 최대 투과율은 $\Delta = 2m\pi$ (m은 정수) 일 때 나타난다. 식 (7-18)로부터 최대 투과율은 다음과 같다.

$$\frac{I_t}{I_0} = \frac{0.05^2}{(1-0.90)^2} \frac{1}{\left\{ 1 + \dfrac{4(0.90)}{(1-0.90)^2} \sin^2(m\pi) \right\}} = \frac{0.05^2}{(1-0.90)^2} = 0.25$$

최소 투과율은 $\Delta = (2m+1)\pi$ (m은 정수) 일 때 나타나고 그 값은 다음과 같다.

$$\frac{I_t}{I_0} = \frac{0.05^2}{(1-0.90)^2} \frac{1}{\left\{ 1 + \dfrac{4(0.90)}{(1-0.90)^2} \right\}} = \frac{1}{4} \cdot \frac{1}{361} \simeq 6.93 \times 10^{-4}$$

14. 만일 N이 정수이고 반지름이 0인 간섭무늬가 있다고 가정하면, 평면평행의 페브리-페로 에탈론의 간섭무늬 반경들이 $\sqrt{0}$, $\sqrt{1}$, $\sqrt{2}$, $\sqrt{3}$, …, $\sqrt{N}$에 근사적으로 비례함을 보이시오.

풀이

에어리 함수(Airy function) $\mathcal{A}(\theta_i)$는 식 (7-20)으로 주어진다.

$$\mathcal{A}(\theta_i) = \frac{I_t}{I_0} = \frac{1}{1 + F\sin^2\left(\dfrac{\Delta}{2}\right)}$$

에어리 함수 내의 정현함수의 각 $\Delta/2$가 π의 정수배일 경우, F 값에 상관없이 1이라는 극대값을 가진다. 간섭무늬의 극대값 조건은

$$\frac{\Delta}{2} = N\pi \rightarrow 2N\pi = \Delta = \frac{4\pi n d}{\lambda_0}\cos\theta + \delta_r \quad (N은 \ 정수)$$

이다. 따라서 페브리-페로 에탈론의 N번째 간섭무늬 반경과 0번째 간섭무늬 반경은 다음과 같이 나타낼 수 있다.

$$2N\pi = \frac{4\pi nd}{\lambda_0}\cos\theta + \delta_r$$

$$N = \frac{2nd}{\lambda_0}\cos\theta_N + \frac{\delta_r}{2\pi}$$

$$0 = \frac{2nd}{\lambda_0}\cos\theta_0 + \frac{\delta_r}{2\pi}$$

....

$$N = \frac{2nd}{\lambda_0}\left(\cos\theta_N - \cos\theta_0\right)$$

$$\simeq \frac{2nd}{\lambda_0}\left\{1 - \frac{1}{2}\theta_N^2 - \left(1 - \frac{1}{2}\theta_0^2\right)\right\} = \frac{nd}{\lambda_0}\left(\theta_N^2 + \theta_0^2\right)$$

$$\theta_N^2 = \frac{\lambda_0}{nd}N \leftarrow \left(r = s\theta, \ \theta = \frac{r}{s}\right)$$

$$\left(\frac{r}{s}\right)^2 = \frac{\lambda_0}{nd}N \rightarrow r \propto \sqrt{N}$$

15. 파장이 500 nm인 광원을 사용하는 페브리-페로 에탈론의 자유 스펙트럼 영역이 0.1 nm일 때 페브리-페로 에탈론의 간격을 계산하시오.

풀이

식 (7-30)에 의하면 자유스펙트럼 영역 $(\Delta\lambda)_{FSR}$는 다음과 같이 주어진다.

$$(\Delta\lambda)_{FSR} = \lambda_b - \lambda_a = \left(1 + \frac{1}{m}\right)\lambda_a - \lambda_a = \frac{\lambda_a}{m} = \frac{\lambda_a^2}{2nd_{a,m}}$$

여기서 페브리-페로 에탈론 내부에 공기가 들어있다고 하면 굴절률 $n = 1$ 이 되고 이 때 페브리-페로 에탈론의 간격 $d_{a,m}$ 은 다음과 같다.

$$d_{a,m} = \frac{\lambda_a^2}{2n(\Delta\lambda)_{FSR}} = \frac{(500 \times 10^{-9})^2}{2(0.1 \times 10^{-9})} \ \text{m} = 1.25 \times 10^{-3} \ \text{m} = 1.25\,\text{mm}$$

다층박막 간섭

16. 굴절률이 1.5인 광학유리로 제작된 렌즈 위에 유전체인 $MgF_2(n = 1.4)$로 박막을 coating 하였다. 다음 물음에 답하시오.
    (1) 만약에 파장이 500 nm인 반사광에 의해 소멸간섭이 일어나도록 coating 되어 있다면 박막의 두께는 얼마이겠는가?
    (2) 반면에 파장이 500 nm인 빛을 가장 강하게 반사시킬 수 있도록 coating 되어 있다면 박막의 두께는 얼마이겠는가?

풀이

(1) 만약에 파장이 500 nm인 반사광에 의해 소멸간섭이 일어나도록 coating 되어 있다면 박막의 두께는 얼마이겠는가?

단층박막에서 다중반사에 의한 반사계수는 다음과 같이 식 (7-43)에 의해 주어진다.

$$r = \frac{n_1(1 - n_T)\cos kd - i\left(n_T - n_1^2\right)\sin kd}{n_1(1 + n_T)\cos kd - i\left(n_T + n_1^2\right)\sin kd}$$

여기서 n_1은 유리의 굴절률이고, n_T는 유리 위의 MgF_2 박막의 굴절률이다. 식 (7-43)을 보면 다중반사에 의해 반사계수의 크기가 0이 되기 위해서는 $kd = \pi/2$와 $n_1^2 = n_T$라는 두 가지 조건이 만족되어야 함을 알 수 있다.

문제의 조건에서 $n_1 = 1.4$, $n_T = 1.5$이므로 $n_1^2 = n_T$라는 조건이 만족되지 않는다. 그러므로 다중반사에 의해 소멸간섭이 일어날 수 있는 박막의 두께는 존재하지 않는다.

만일, 다중반사가 아닌 박막과 공기의 경계면과 박막과 유리의 경계면에 의해 반사된 광이 서로 소멸간섭을 일으킬 조건을 찾는다면, 그것은 식 (7-4)를 이용하여 알 수 있다. (단, 수식에서 $n_2 = n_T$로 보면 된다).

$$2n_T d\cos\theta_2 = m\lambda_0 \qquad (m은 \ 정수)$$

광이 박막에 수직으로 입사하므로, $\theta_2 = 0°$로 놓으면 식 (7-4)는 다음과 같이 쓸 수 있다.

$$d = \frac{m\lambda_0}{2n_1} = \frac{m(500 \ \text{nm})}{2(1.4)} \simeq m(178.6 \ \text{nm})$$

그러므로 박막의 각 면에서의 반사로 인해 소멸간섭을 일으키는 박막의 두께는 178.6 nm, 357.2 nm, 534.6 nm, ... 등이다.

(2) 반면에 파장이 500 nm인 빛을 가장 강하게 반사시킬 수 있도록 coating 되어 있다면 박막의 두께는 얼마이겠는가?

이 문제는 위의 식 (7-43)의 반사계수로부터 반사율을 계산해 보아야 한다. 우선 문제에서 주어진 조건들을 이용하여 식 (7-43)을 다시 쓰면 다음과 같다.

$$r = \frac{n_1(1-n_T)\cos kd - i(n_T - n_1^2)\sin kd}{n_1(1+n_T)\cos kd - i(n_T + n_1^2)\sin kd} = \frac{-0.7\cos kd + i\,0.46\sin kd}{3.5\cos kd - i\,3.46\sin kd}$$

반사율 R은 반사계수 크기의 제곱이므로,

$$R = |r|^2 = rr^*$$

$$= \frac{-0.7\cos kd + i\,0.46\sin kd}{3.5\cos kd - i\,3.46\sin kd} \cdot \frac{-0.7\cos kd - i\,0.46\sin kd}{3.5\cos kd + i\,3.46\sin kd}$$

$$= \frac{0.7^2\cos^2 kd + 0.46^2\sin^2 kd}{3.5^2\cos^2 kd + 3.46^2\sin^2 kd}$$

와 같이 된다. $\sin^2 kd = 1 - \cos^2 kd$ 을 사용하여 위의 식을 정리하면 다음과 같다.

$$R = \frac{0.2784\cos^2 kd + 0.49}{0.3475\cos^2 kd + 11.97}$$

위 식에서 $\cos^2 kd$ 는 0에서부터 1까지 변하는 변수로 볼 수 있으므로 $x = \cos^2 kd$ 라고 놓고 위 식의 그래프를 그려보면 다음과 같다.

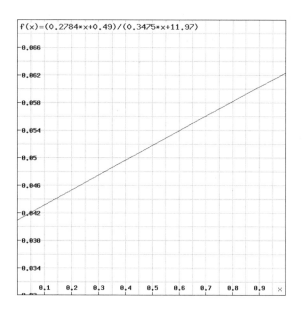

그래프에서 알 수 있듯이 위에서 구한 R의 값은 $\cos^2 kd$ 의 값이 증가함에 따라 계속 증가하고 있다. 그러므로 R의 최댓값은

$\cos^2 kd = 1$ 일 때 나타나게 되고, 위 식에 $\cos^2 kd = 1$을 대입하면 $R \simeq 0.0624$이 된다.

반사율이 최대가 될 조건은 $\cos kd = \pm 1$, 즉 $kd = m\pi$ 이다. k는 박막 내에서의 파수이므로 $k = \dfrac{2\pi}{\lambda} = \dfrac{2\pi}{(\lambda_0/n_1)} = \dfrac{2\pi n_1}{\lambda_0}$ 가 되고, 따라서 반사율이 최대가 될 박막의 두께 d는 다음과 같다.

$$d = \frac{m\pi}{k} = \frac{m\lambda_0}{2n_1} \quad (m = 1, 2, 3, \cdots)$$

$n_1 = 1.4$, $\lambda_0 = 500$ nm이므로 반사율이 최대가 되는 박막의 두께는 약 178.6 nm, 357.1 nm, 535.7 nm, 714.3 nm, $\cdots$ 등이다.

17. 파장이 540 nm인 빛이 유리면($n = 1.5$)에 수직입사(입사각 $\theta_i = 0\,°$)할 때, 빛이 반사되는 것을 방지하기 위하여 증착해야 할 박막의 굴절률과 두께를 계산하시오.

풀이

유리기판 위에 증착된 두께가 $\dfrac{1}{4}\lambda$인 단층박막의 반사율은 $R = |r|^2 = \dfrac{\left(n_T - n_1^2\right)^2}{\left(n_T + n_1^2\right)^2}$ 이며, 특히 $n_1 = \sqrt{n_T}$ 이면 반사율은 $R = 0$이 된다. 그러므로 빛이 반사되는 것을 방지하기 위해 증착해야 할 박막의 굴절률 n_1은 $n_1 = \sqrt{n_T} = \sqrt{1.5} \simeq 1.22$로 하면 되고, 박막의 두께 d는 $d = \dfrac{\lambda}{4} = \dfrac{\lambda_0}{4n_1} = \dfrac{540 \text{ nm}}{4\sqrt{1.5}} \simeq 110$ nm가 된다.

18. 굴절률이 1.5인 현미경 유리렌즈에 파장이 $\lambda_0 = 550$ nm인 황색광의 수

직입사(입사각 $\theta_i = 0\degree$)에 대한 투과율을 증가시키기 위하여 굴절률이 1.35 인 MgF_2 박막을 증착하고자 한다. MgF_2 박막의 두께를 계산하시오.

풀이

우선 $n_1 = 1.35 \neq \sqrt{n_T}$ 이므로 박막의 두께를 $\dfrac{\lambda}{4} = \dfrac{\lambda_0}{4n_1}$ 로 한다고 해도 반사율 R은 0이 되지 않는다. 반사율 R을 최소로 하는 박막의 두께를 찾기 위해 문제 16번의 (2)에서와 마찬가지로 반사계수 r을 먼저 알아보기로 한다.

$$r = \frac{n_1(1 - n_T)\cos kd - i\left(n_T - n_1^2\right)\sin kd}{n_1(1 + n_T)\cos kd - i\left(n_T + n_1^2\right)\sin kd} = \frac{-0.675\cos kd + i\,0.3225\sin kd}{3.375\cos kd - i\,3.3225\sin kd}$$

반사율 R은 반사계수 크기의 제곱이므로,

$$R = |r|^2 = rr^*$$

$$= \frac{-0.675\cos kd + i\,0.3225\sin kd}{3.375\cos kd - i\,3.3225\sin kd} \cdot \frac{-0.675\cos kd - i\,0.3225\sin kd}{3.375\cos kd + i\,3.3225\sin kd}$$

$$= \frac{0.675^2\cos^2 kd + 0.3225^2\sin^2 kd}{3.375^2\cos^2 kd + 3.3225^2\sin^2 kd}$$

와 같이 된다. $\sin^2 kd = 1 - \cos^2 kd$ 을 사용하여 위의 식을 정리하면 다음과 같다.

$$R \simeq \frac{0.3516\cos^2 kd + 0.1040}{0.3516\cos^2 kd + 11.04}$$

위 식에서 $\cos^2 kd$ 는 0에서부터 1까지 변하는 변수로 볼 수 있으므로

$x = \cos^2 kd$ 라고 놓고 위 식의 그래프를 그려보면 아래 그림과 같다. 그 래프에서 알 수 있듯이 반사율은 $\cos^2 kd$의 값이 증가할 때 함께 증가하고 있다. 투과율이 최대가 될 조건은 반사율이 최소가 될 조건이다. 그 러므로 $\cos kd = 0$, 즉 $kd = \dfrac{(2m+1)\pi}{2}$ 일 때, 투과율이 최대가 된다. k 는 박막 내에서의 파수이므로 $k = \dfrac{2\pi}{\lambda} = \dfrac{2\pi}{(\lambda_0/n_1)} = \dfrac{2\pi n_1}{\lambda_0}$ 가 되고, 따라 서 투과율이 최대가 될 박막의 두께 d는 다음과 같다.

$$d = \frac{m\pi}{k} = \frac{(2m+1)\lambda_0}{4n_1} \quad (m = 0, 1, 2, 3, \cdots)$$

$n_1 = 1.4$, $\lambda_0 = 500$ nm이므로 반사율이 최대가 되는 박막의 두께는 약 178.6 nm, 357.1 nm, 535.7 nm, 714.3 nm, $\cdots$ 등이다.

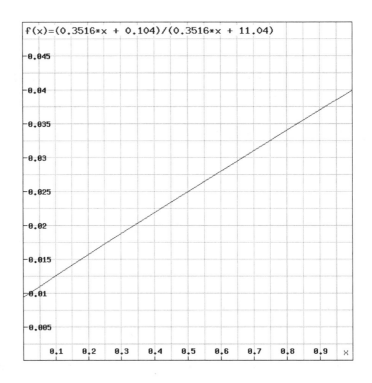

19. 굴절률이 $n_L = 1.4$와 $n_H = 2.8$인 물질들을 그림 7-9와 같이 교대로 적층하여 8층의 더미(dummy)를 증착함으로써 고반사 다층박막을 만들고자 한다. 이와 같이 증착된 반사 다층박막의 반사율을 계산하시오.

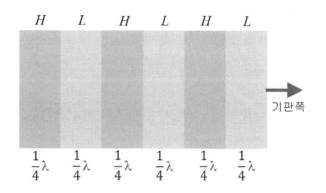

그림 7-9. 고반사율을 얻기 위한 다층박막

풀이

식 (7-46)으로부터 다층박막의 반사율은 같다.

$$R = |r|^2 = \left\{ \frac{\left(-\dfrac{n_H}{n_L}\right)^{2N} - 1}{\left(-\dfrac{n_H}{n_L}\right)^{2N} + 1} \right\}^2 \tag{7-46}$$

총 8층의 박막을 쌓았으므로 식 (7-46)에서 $2N = 8$이다. 그러므로 이 다층박막의 반사율 R은 다음과 같다.

$$R = \left\{ \frac{\left(-\dfrac{n_H}{n_L}\right)^{2N} - 1}{\left(-\dfrac{n_H}{n_L}\right)^{2N} + 1} \right\}^2$$

$$= \left\{ \frac{\left(-\dfrac{2.8}{1.4} \right)^8 - 1}{\left(-\dfrac{2.8}{1.4} \right)^8 + 1} \right\}^2$$

$$= \left(\frac{255}{257} \right)^2$$

$$\simeq 0.984$$

그러므로 이 다층박막의 반사율은 약 98.4%이다.

CHAPTER 8

빛의 회절

광원과 스크린 사이에 빛이 통과할 수 없는 장애물이 존재하면 스크린에 나타나는 장애물의 가장자리 그림자는 기하학적인 예측과 달리 밝고 어두운 그림자가 섞여서 복잡한 형태로 나타난다. 빛의 입자성을 근거로 하여 고전적인 방법으로 직선 경로를 벗어난 빛의 진행 현상을 설명하는 것은 불가능하다. 앞에서 살펴보았듯이, 영(Thomas Young)에 의하여 빛의 간섭 현상이 실험적으로 증명되었으며 빛의 파동성을 이용하여 간섭에 관한 이론이 확립되었다. 그러나 당시에는 뉴턴역학의 성공을 배경으로 한 입자설이 지배적이었기 때문에 영의 업적은 인정받지 못했다.

그러나, 뉴턴과 비슷한 시기에 이미 호이겐스(Christian Huygens)는 **호이겐스의 원리**를 기반으로 여러 가지의 슬릿에서 나타나는 빛의 회절 현상을 수학적으로 해석할 수 있었다. 그 이후에 영과 마찬가지로 빛이 파동이라고 생각했던 프레넬(Fresnel)은 1822년 빛이 파동이라는 전제를 바탕으로 빛의 회절 현상을 완전하게 설명할 수 있는 이론을 완성하였다. 이로 인하여 오랫동안 논란을 거듭하던 빛의 근원에 대한 논쟁에서 빛의 파동설이 입자설을 압도하게 되었다.

빛의 **회절**(diffraction)은 nano-science의 산업에 대한 응용이 폭발적으로 증대함에 따라 많은 연구가 진행되고 있는 분야이다. 최근에 이르러 반도체, 디스플레이 장치 등 각종 광학적 장치 및 소자 등에서 널리 활용됨은 물론 우리의 일상생활에도 깊숙이 영향을 미치고 있다. 본 장에서는 이러한 빛의 회절에 대해 기초적인 부분부터 시작하여 수학적인 기술방법과 그 응용에 대해 공부하고자 한다.

8.1 호이겐스 원리와 빛의 회절

■ N 개의 가간섭적인 광원에 의한 간섭

그림 8-1과 같이 N 개의 가간섭적 광원에 의한 간섭을 생각해 보자. 각각의 광원은 동일한 초기 위상을 가지며 진동수와 진폭 역시 같다고 가정하자. 계산을 복잡성을 피하기 위하여 광원에서 조사되는 광파를 평면파로 가정하면 광파의 파동함수는 $E(r, t) = E_0(r)e^{i(kr - \omega t)}$로 나타낼 수 있다. 광원들의 배열이 갖는 크기가 매우 작다면 관측점에 도달하는 각 광파의 진폭은 실질적으로 같다. 따라서 다음과 같이 표현할 수 있다.

$$E_0(r_1) = E_0(r_2) = E_0(r_3) = \cdots = E_0(r_N) \equiv E_0(r)$$

각각의 파원들이 임의의 관측점에 형성하는 합성 전기장 $E(r, t)$는 식 (8-1)과 같이 나타낼 수 있다.

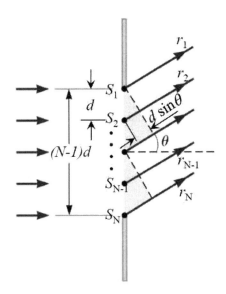

그림 8-1. 동일한 위상, 진동수, 진폭을 갖는 N 개의 가간섭 광원이 만드는 간섭

$$E(r,\, t) = E_1 + E_2 + E_3 + \cdots + E_N \tag{8-1}$$

$$= E_0 e^{i(kr_1 - \omega t)} \left\{ 1 + e^{ik(r_2 - r_1)} + e^{ik(r_3 - r_1)} + \cdots + e^{ik(r_N - r_1)} \right\}$$

인접한 광원들 사이에 발생하는 광경로차는 그림 8-1에서 보는 것과 같이 $d\sin\theta$이므로 위상차 δ는 $\delta = kd\sin\theta$이다. 식 (8-1)을 δ의 항으로 다시 정리하면 다음과 같다.

$$E(r,\, t) = E_0 e^{i(kr_1 - \omega t)} \left\{ 1 + e^{ik(r_2 - r_1)} + e^{ik(r_3 - r_1)} + \cdots + e^{ik(r_N - r_1)} \right\} \tag{8-2}$$

$$= E_0 e^{i(kr_1 - \omega t)} \left\{ 1 + \left(e^{i\delta}\right) + \left(e^{i\delta}\right)^2 + \left(e^{i\delta}\right)^3 + \cdots + \left(e^{i\delta}\right)^{N-1} \right\}$$

$$= E_0 e^{-i\omega t} e^{i\left[kr_1 + (N-1)\delta/2\right]} \left[\frac{\sin(N\delta/2)}{\sin(\delta/2)} \right]$$

광원 S_1과 S_N 사이에 발생하는 광경로차는 $(N-1)d\sin\theta$이므로 선형으로 배열된 광원의 중심에서부터 관측점까지의 거리를 R이라고 하면 $R = \frac{1}{2}(N-1)d\sin\theta + r_1$ 이므로 이것을 이용하면 식 (8-2)는 다음과 같다.

$$E(r,\, t) = E_0(r) e^{i(kR - \omega t)} \left(\frac{\sin N\delta/2}{\sin \delta/2} \right) \tag{8-3}$$

간섭무늬의 강도 I는 $I \propto EE^*/2$이므로 따라서 동일한 위상, 진동수, 진폭을 갖는 N 개의 가간섭 광원이 만드는 간섭무늬의 강도 I는

$$I(\theta) = I_0 \frac{\sin^2(N\delta/2)}{\sin^2(\delta/2)} \tag{8-4}$$

로 주어진다. 여기서 I_0는 점광원 하나가 관측점에 만드는 강도이다.

다음은 그림 8-2와 같이 N 개의 점광원 대신에 무수히 많은 점광원(∞

개, 즉 연속체)이 모여 있는, 광원의 폭이 d인 선광원(line light source)을 생각해 보자. 각 점에서 방출하는 2차 구면파의 파동함수(전기장)는 진폭이 거리에 반비례함으로

$$E(r,\,t) = \left(\frac{\varepsilon_0}{r}\right)e^{i(\omega t - kr)} \qquad (8\text{-}5)$$

와 같이 표현할 수 있다. 여기서 ε_0는 점광원 한 개가 방출하는 광파의 진폭 크기이다. 전체 광원의 개수를 N, 선광원의 폭을 d라고 하자. 이 선광원은 M 개의 미소선분 Δy_i의 집합으로 이루어져 있다.

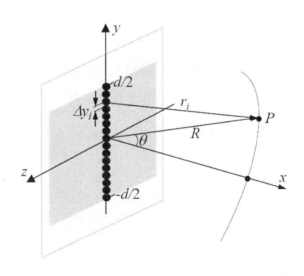

그림 8-2. 무수히 많은 점광원이 모여 있는 선광원

각각의 미소선분 Δy_i에서 방출되는 광파가 서로 가간섭적이고 N을 무수히 큰 수로 가정하면 미소선분 Δy_i에는 $(N/d)\Delta y_i$ 개의 점광원이 있으며 i 번째 미소선분 Δy_i에 의한 관측점 P에서의 전기장 세기는

$$E_i = \left(\frac{\varepsilon_0}{r_i}\right)e^{i(\omega t - kr)}\left(\frac{N}{d}\right)\varDelta y_i \qquad (8\text{-}6)$$

로 쓸 수 있다. N을 ∞로 확장하면 점광원 배열은 가간섭성이 있는 연속적인 선광원이 된다. 연속적인 선광원이 단위길이 당 방출하는 광파의 진폭 크기 ε_L을 다음과 같이 정의하자.

$$\varepsilon_L = \frac{1}{d}\lim_{N\to\infty}(\varepsilon_0 N) \qquad (8\text{-}7)$$

따라서 식 (8-6)과 (8-7)을 이용하여 M 개의 미소선분으로 이루어진 연속적인 선광원 전체가 관측점 P에 만드는 전기장은

$$E(r,\ t) = \sum_{i=1}^{M}\frac{\varepsilon_L}{r_i}e^{i(\omega t - kr_i)}\varDelta y_i \qquad (8\text{-}8)$$

가 되며 연속적인 선광원으로 확장하면 $\varDelta y_i \to dy$, $\sum \to \int$ 로 연산할 수 있으며 식 (8-8)은 다음과 같이 정적분 형태로 일반화할 수 있다.

$$E(r,\ t) = \varepsilon_L\int_{-d/2}^{d/2}\frac{e^{i(\omega t - kr)}}{r}dy \qquad (8\text{-}9)$$

식 (8-9)로부터, 폭이 d인 단일 슬릿에 의한 회절현상을 설명할 수 있다.

8.2 프라운호퍼 회절
■ 단일 슬릿에 의한 회절

그림 8-2에서와 같이 슬릿의 폭이 d인 단일 슬릿(single slit)에 의해 원거리의 관측점 P에 나타나는 프라운호퍼 회절에 대해 알아보기로 하자. 관측

점 P가 광원으로부터 멀리 떨어져 있으므로 $R \gg d$이고 $r \simeq R - y\sin\theta$로 근사할 수 있다. 따라서 식 (8-9)로부터 미소선분 dy에 의한 관측점 P에서의 전기장은

$$dE = \frac{\varepsilon_L}{R} e^{i(\omega t - kr)} \, dy$$

로 표현할 수 있다. 그러므로 슬릿의 폭이 d인 단일 슬릿에 의한 관측점 P에서의 전기장은 다음과 같이 계산된다.

$$E(r, t) = \frac{\varepsilon_L}{R} \int_{-d/2}^{d/2} e^{i(\omega t - kr)} \, dy = \frac{\varepsilon_L}{R} \int_{-d/2}^{d/2} e^{i[\omega t - k(R - y\sin\theta)]} \, dy \qquad (8\text{-}10)$$

$\omega t - kR + ky\sin\theta \equiv u$로 치환하고 식 (8-10)의 적분을 수행한 후, 그 결과에서 $\beta \equiv kd\sin\theta/2$ 라고 놓으면 다음 식을 얻을 수 있다.

$$E(r, t) = \frac{\varepsilon_L d}{R} e^{i(\omega t - kR)} \left(\frac{\sin\beta}{\beta} \right) \qquad (8\text{-}11)$$

관측점 P에 나타나는 회절무늬의 강도 $I(\theta)$는 $|E(r, t)|^2$, 즉 $E(r, t) \cdot E^*(r, t)$이므로 식 (8-12)와 같다. $I(0)$는 $\theta = 0$일 때 $I(\theta)$의 값이다.

$$I(\theta) = \left(\frac{\varepsilon_L d}{R} \right)^2 \left(\frac{\sin\beta}{\beta} \right)^2 = I(0) \left(\frac{\sin\beta}{\beta} \right)^2 \qquad (8\text{-}12)$$

식 (8-12)를 이용하여 단일 슬릿에 의해 관측점 P에 나타나는 회절무늬의 강도 $I(\theta)$의 최대값과 최소값을 구해 보기로 하자. 회절무늬 강도 $I(\theta)$는 θ와 β의 함수이므로 극값은 $dI/d\beta = 0$의 조건을 만족해야 한다. 이 조건으로부터 $\beta = 0$에서 최대값을 가지며 $\sin\beta = 0$(단 $\beta \neq 0$)일 때 최소값을 갖는다. 즉,

$$\beta = \frac{1}{2}kd\sin\theta = m\pi, \text{ 또는 } d\sin\theta = m\lambda \ (\pm 1, \ \pm 2, \ \pm 3, \ \cdots) \tag{8-13}$$

인 경우에 회절무늬 강도 $I(\theta)$는 최소값 0이 되고, 다음 조건에서 극대값을 가진다.

$$\beta\cos\beta - \sin\beta = 0, \text{ 또는 } \tan\beta = \beta \tag{8-14}$$

식 (8-14)의 해는 곡선 $f_1(\beta) = \tan\beta$와 직선 $f_2(\beta) = \beta$의 교점인데, 이를 구해 보면 $I(\theta)$는 $\beta = 0$에서 최대가 되며 $\beta \simeq \pm 1.4303\pi, \ \pm 2.4590\pi,$ $\pm 3.4707\pi, \ \cdots$에서 극대값을 가진다. 식 (8-12)와 식 (8-14)로부터 β에 대한 회절무늬 강도 $I(\theta)/I(0)$의 그래프를 그려보면 그림 8-3과 같다.

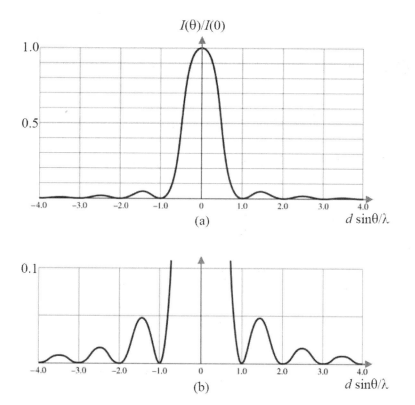

그림 8-3. 단일 슬릿에 의한 회절무늬

예제 8.1 단일 슬릿에 의한 회절

슬릿의 폭이 0.02 mm인 단일 슬릿에 의한 회절무늬를 스크린에서 보았다. 스크린과 슬릿 사이의 거리가 2.0 m이고 사용된 광원의 파장이 500 nm라면 중앙 극대의 폭은 얼마인가?

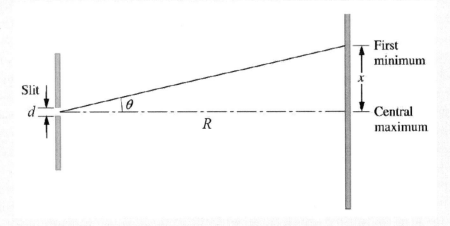

풀이 단일 슬릿에 의한 회절무늬의 최소 조건은 다음과 같다.

$$d\sin\theta = m\lambda \quad (m = \pm1,\ \pm2,\ \pm3,\ \cdots)$$

제 1 극소값은 $m = 1$일 때 이며 θ는 매우 작은 값이다.

$$d\sin\theta \simeq d\tan\theta = d\frac{x}{R} = \lambda$$

$$d\frac{x}{R} = \lambda \rightarrow x = \frac{\lambda R}{d} = \frac{500 \times 10^{-9} \times 2.0}{0.02 \times 10^{-3}}$$

$$= 5.0 \times 10^{-2} \text{ m}$$

중심 극대값의 폭은 $2x$이므로 10 cm이다.

■ 이중 슬릿에 의한 회절

그림 8-4에서와 같이 슬릿 중심 사이의 간격이 a, 슬릿의 폭이 b인 이중 슬릿(double slit)에 의해 관측점 P에 나타나는 회절 현상에 대하여 공부해 보기로 하자. 단일 슬릿의 경우에서와 마찬가지로 프라운호퍼 회절이므로 관측점 P가 광원으로부터 매우 멀리 떨어져 있어서 $R \gg a,\ b$이고 $r \simeq R - y\sin\theta$로 근사할 수 있으며 식 (8-9)로부터 미소선분 dy에 의한 관측점 P에서의 전기장은

$$dE = \frac{\varepsilon_L}{R}\, e^{i(\omega t - kr)}\, dy$$

로 표현할 수 있다.

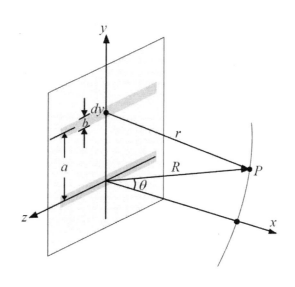

그림 8-4. 이중 슬릿에 의한 회절

그러므로 슬릿 중심 사이의 간격이 a, 폭이 b인 이중 슬릿에 의한 관측점 P에서의 전기장은 다음과 같이 계산된다.

$$E(r,\,t) = \frac{\varepsilon_L}{R} \int_{-\frac{1}{2}b}^{\frac{1}{2}b} e^{i(\omega t - kr)}\, dy + \frac{\varepsilon_L}{R} \int_{a-\frac{1}{2}b}^{a+\frac{1}{2}b} e^{i(\omega t - kr)}\, dy \tag{8-15}$$

$$= \frac{\varepsilon_L}{R} \int_{-\frac{1}{2}b}^{\frac{1}{2}b} e^{i[\omega t - k(R - y\sin\theta)]}\, dy + \frac{\varepsilon_L}{R} \int_{a-\frac{1}{2}b}^{a+\frac{1}{2}b} e^{i[\omega t - k(R - y\sin\theta)]}\, dy$$

식 (8-15)에서 $ky\sin\theta \equiv u$로 치환하여 적분을 계산하면 다음과 같이 정리할 수 있다. 단, 여기서 $\alpha \equiv \frac{1}{2}ka\sin\theta$, $\beta \equiv \frac{1}{2}kb\sin\theta$ 이다.

$$E(r,\,t) = \frac{2\varepsilon_L b}{R}\, e^{i(\omega t - kR)} e^{i\alpha} \frac{\sin\beta}{\beta}\cos\alpha \tag{8-16}$$

관측점 P에서의 회절무늬의 강도 $I(\theta) = |E(r,\,t)|^2$ 이므로,

$$I(\theta) = 4\left(\frac{\varepsilon_L b}{R}\right)^2 \left(\frac{\sin\beta}{\beta}\right)^2 \cos^2\alpha = 4I_0 \left(\frac{\sin\beta}{\beta}\right)^2 \cos^2\alpha \tag{8-17}$$

가 된다.

사라진 차수

그림 8-5는 슬릿 중심 사이의 거리 a와 슬릿 폭이 $b(a = 5b)$인 이중 슬릿에 의한 회절무늬 강도를 보여주는 그림으로 단일 슬릿에 의해 형성된 회절무늬와 영의 이중 슬릿에 의한 간섭무늬가 합성되어 있는 것을 볼 수 있다.

그림 8-5에서 회절무늬 봉우리의 최소값은

$$\beta = \pm\pi,\ \pm 2\pi,\ \pm 3\pi,\ \cdots = m\pi\ (m = \pm 1,\ \pm 2,\ \pm 3,\ \cdots)$$

$$b\sin\theta = m\lambda\ (m = \pm 1,\ \pm 2,\ \pm 3,\ \cdots)$$

이다. 반면에 이중 슬릿의 간섭에 의한 간섭무늬($\cos^2\alpha$)의 최대값은

$$\alpha = 0,\ \pm\pi,\ \pm 2\pi,\ \pm 3\pi,\ \cdots\ = n\pi\ (n = 0,\ \pm 1,\ \pm 2,\ \pm 3,\ \cdots)$$

$$\alpha \sin\theta = n\lambda\ (n = 0,\ \pm 1,\ \pm 2,\ \pm 3,\ \cdots)$$

가 된다. 그런데 $a = pb$ $(p = 1, 2, 3, \cdots)$인 특별한 경우를 생각해 보자. 만약 그림 8-5에서와 같이 $p = 5$이면 5 번째 간섭무늬 극대와 회절무늬 봉우리의 최소값이 만나게 되어 5 번째 간섭무늬 극대가 사라지게 된다. 이것을 사라진 차수(missing order)라고 한다.

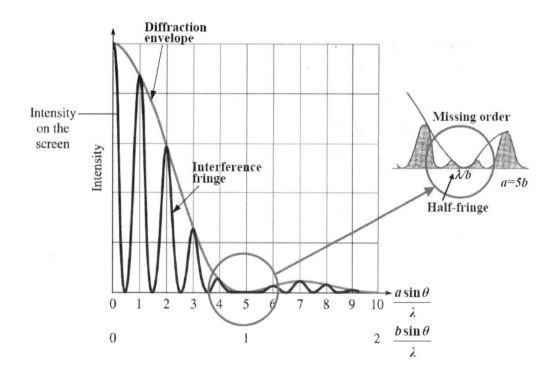

그림 8-5. 이중 슬릿에 의한 회절무늬와 사라지는 차수($a = 5b$)

예제 8.2 사라진 차수

그림 8-5에서와 같이 $a = 5b$인 경우 중앙의 큰 회절무늬 봉우리 내에 있는 간섭무늬 극대는 몇 개가 있겠는가?

풀이 $a = pb \, (p = 1, 2, 3, \cdots)$인 경우 사라진 차수를 감안하면 중앙의 큰 회절무늬 봉우리 내에는 $2p$ 개의 간섭무늬 극대가 존재한다. 그림 8-5에서 보는 바와 같이 $p = 5$이면 10 개의 간섭무늬 극대가 존재한다.

즉, 봉우리의 오른쪽에 4 개, 왼쪽에 4 개, 중앙에 1 개, 그리고 사라진 차수는 $0.5 \times 2 = 1$ 개로 각각의 회절무늬 봉우리 내에 10 개의 간섭무늬 극대가 존재하게 된다.

예제 8.3 이중 슬릿에 의한 회절

이중 슬릿에 의한 회절 실험에서 슬릿으로부터 스크린 사이의 거리가 50 cm, 사용한 광원의 파장이 500 nm, 슬릿 중심 사이의 간격은 0.1 mm, 슬릿의 폭이 0.02 mm일 때 (a) 이웃하는 밝은 무늬 사이의 간격을 구하시오. (b) 회절무늬의 주요 최대값(중심 극대값)과 첫 번째 최소 위치 사이의 거리를 구하시오.

풀이 (a) 이웃하는 밝은 무늬 사이의 간격은 영의 간섭실험의 결과와 같다. 따라서 간섭무늬의 밝은 무늬 조건은 식 (5-10)으로 주어진다.

$$r_2 - r_1 \simeq \frac{ya}{L} = m\lambda$$

$$y_{m+1} - y_m = \frac{\lambda L}{a} = \frac{500 \times 10^{-9} \times 0.5}{0.1 \times 10^{-3}}$$

$$= 2.5 \times 10^{-3} \text{ m}$$

(b) 회절무늬의 중심 극대값은 $y = 0$에서 나타나고, 회절무늬의 첫 번째 최소조건은 $b\sin\theta = \lambda \to \sin\theta = \lambda/b$이다. 그러므로 회절무늬의 첫 번째 최소지점 y_1은

$$y_1 = L\tan\theta \simeq L\sin\theta$$

$$= 0.5 \times \frac{500 \times 10^{-9}}{0.02 \times 10^{-3}} = 1.25 \times 10^{-2} \text{ m}$$

■ 다중 슬릿에 의한 회절

그림 8-6에서와 같이 슬릿 중심 사이의 간격이 a, 슬릿의 폭이 b, 그리고 슬릿의 개수가 N인 다중 슬릿(grating)에 의해 관측점 P에 나타나는 회절 현상에 대해 알아보기로 하자. 프라운호퍼 회절로 가정하면 관측점 P가 광원으로부터 매우 멀리 떨어져 있어서 $R \gg a$, b이고 $r \simeq R - y\sin\theta$로 근사할 수 있으며 식 (8-9)로부터 미소선분 dy에 의한 관측점 P에서의 전기장은

$$dE = \frac{\varepsilon_L}{R} e^{i(\omega t - kr)} dy$$

로 표현할 수 있다. 따라서 슬릿의 개수가 N인 다중 슬릿에 의한 관측점 P에서의 전기장은 다음과 같이 계산된다.

$$E(r, t) = \frac{\varepsilon_L}{R} \int_{-\frac{1}{2}b}^{\frac{1}{2}b} e^{i(\omega t - kr)} dy + \frac{\varepsilon_L}{R} \int_{a-\frac{1}{2}b}^{a+\frac{1}{2}b} e^{i(\omega t - kr)} dy + \cdots$$

$$\cdots + \frac{\varepsilon_L}{R} \int_{(N-1)a-\frac{1}{2}b}^{(N-1)a+\frac{1}{2}b} e^{i(\omega t - kr)} dy \tag{8-18}$$

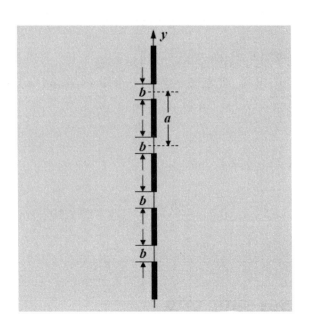

그림 8-6. 다중 슬릿(grating)에 의한 회절

앞의 단일 및 이중 슬릿과 비슷한 방법으로 적분을 수행하면 식 (8-19)의 결과를 얻을 수 있다. 단, $r = R - y\sin\theta$, $\delta = ka\sin\theta = 2\alpha$, $\beta \equiv \dfrac{1}{2}kb\sin\theta$이다.

$$E(r,\, t) = \frac{\varepsilon_L b}{R}\, e^{i(\omega t - kR)}\, e^{i(N-1)\alpha}\, \frac{\sin\beta}{\beta}\left(\frac{\sin N\alpha}{\sin\alpha}\right) \tag{8-19}$$

관측점 P에서의 회절무늬의 강도 $I(\theta) = |E(r,\, t)|^2$ 이므로,

$$I(\theta) = I_0\left(\frac{\sin\beta}{\beta}\right)^2\left(\frac{\sin N\alpha}{\sin\alpha}\right)^2 \tag{8-20}$$

가 된다. 여기서 I_0는 슬릿 하나가 관측점에 만드는 강도이다.

그림 8-7은 $N = 6$, $a = 4b$인 다중 슬릿에 의한 회절무늬 강도를 보여주는

그림으로 $\left(\dfrac{\sin\beta}{\beta}\right)^2$가 만드는 회절무늬 봉우리 내에 $\left(\dfrac{\sin N\alpha}{\sin\alpha}\right)^2$의 간섭무늬 항이 합성되어 나타난다. 회절무늬 강도의 주요 최대값(principal maxima)은 $\alpha = 0,\ \pm\pi,\ \pm2\pi,\ \cdots$인 경우$(\sin N\alpha/\sin\alpha = N)$로

$$a\sin\theta_{\max} = m\lambda\ (m = 0,\ \pm1,\ \pm2,\ \pm3,\ \cdots)$$

을 만족할 때 나타난다.

반면 최소값은 간섭항 $\left(\dfrac{\sin N\alpha}{\sin\alpha}\right)^2 \to 0$인 경우에 해당된다. 즉,

$$\sin N\alpha = 0$$
$$N\alpha = \pm\pi,\ \pm2\pi,\ \cdots = p\pi\ (p \neq 0,\ N,\ 2N,\ \cdots)$$

의 조건에 해당된다. 여기서 p는 정수이다.

만약 $p = 0,\ N,\ 2N,\ \cdots$이면 $\alpha = 0,\ \pm\pi,\ \pm2\pi,\ \cdots$가 되어 간섭항의 분모도 0이 되며 로피탈 정리에 의해 주요 최대값 조건이 된다. 따라서 최소 조건은 $\alpha = \dfrac{p}{N}\pi\ (p \neq 0,\ N,\ 2N,\ \cdots)$으로

$$a\sin\theta_{\min} = \frac{p}{N}\lambda$$

가 된다. 인접한 주요 최대값 사이에는 $N-1$ 개의 최소값과 $N-2$ 개의 보조 최대값(subsidiary maxima)이 존재함을 알 수 있다.

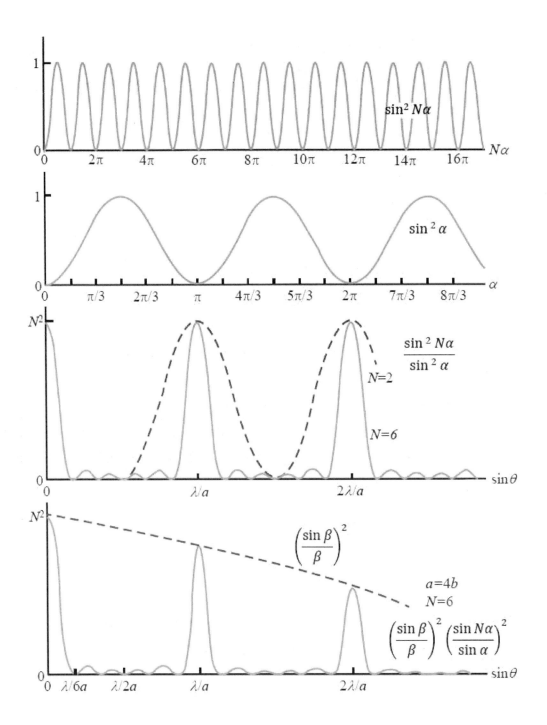

그림 8-7. $N=6$, $a=4b$인 다중 슬릿에 의한 회절무늬 강도

■ 직사각영 Aperture에 의안 외절

x축 방향으로 진행하는 평면파가 그림 8-8에서와 같이 임의의 형태의 회절 슬릿에 입사할 경우 관측점 P에서의 회절 무늬 강도를 생각해 보자. 회절 슬릿 내부의 미소면적 dS는 구면파를 방출하는 아주 작은, 무수히 많은 가간섭 이차 파원들의 group으로 간주할 수 있다. 만일 단위면적 당 광원의 세기 ε_A가 회절 슬릿의 전 영역에서 균일하다고 가정하면 미소면적 dS에 의한 관측점 P에서의 전기장 세기는

$$dE = \frac{\varepsilon_A}{r} e^{i(\omega t - kr)} dS$$

로 나타낼 수 있다. 여기서 r은 dS로부터 관측점 P까지의 거리이며 R은 $R = \left(X^2 + Y^2 + Z^2\right)^{\frac{1}{2}}$ 로서 O에서 P까지의 거리이다.

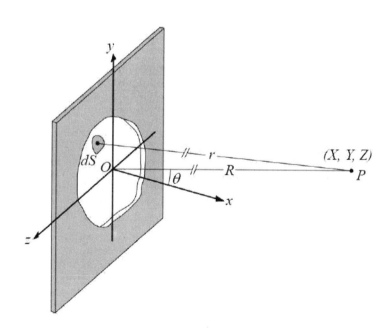

그림 8-8. 임의의 형태의 회절 슬릿에 의한 회절

앞의 수식을 다음 그림 8-9의 직사각형 슬릿에 대하여 프라운호퍼 회절의 조건을 적용하면 다음과 같은 결과를 얻을 수 있다. 여기서 $dS = dy\,dz$, $\alpha' = kaZ/2R$, $\beta' = kbY/2R$이고, $A = ab$는 직사각형 슬릿의 면적이다.

$$E = \iint_S \frac{\varepsilon_A}{r} e^{i(\omega t - kr)} dS \simeq \frac{\varepsilon_A}{R} A e^{i(\omega t - kR)} \left(\frac{\sin\alpha'}{\alpha'} \right) \left(\frac{\sin\beta'}{\beta'} \right) \qquad (8\text{-}21)$$

그러므로 관측점 P에서의 회절무늬의 강도 $I(X, Y) = |E(X, Y, t)|^2$는 다음과 같다. $I(0)$는 점 $P_0(Y=0,\ Z=0)$에서의 회절무늬 강도이다.

$$I(Y,\ Z) = I(0) \left(\frac{\sin\alpha'}{\alpha'} \right)^2 \left(\frac{\sin\beta'}{\beta'} \right)^2 \qquad (8\text{-}22)$$

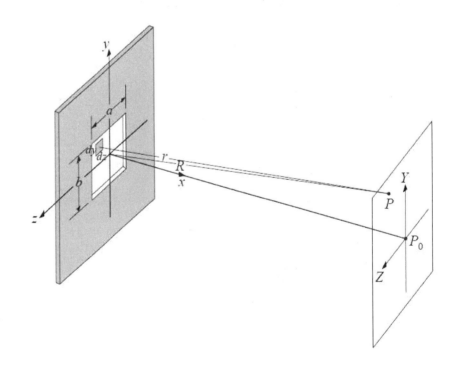

그림 8-9. 직사각형 형태의 회절 슬릿에 의한 회절

■ 원형 Aperture에 의안 외절

그림 8-10에서와 같이 반경이 a인 원형 aperture에 의해 관측점 P에 나타나는 회절 현상을 살펴보기로 하자. Aperture 중심에서 관측점까지의 거리를 R이라고 하면, 프라운호퍼 회절이므로 $R \gg a$이고 $r \simeq R - y\sin\theta$로 근사할 수 있다. 원형 aperture를 두께가 dy인 단일 슬릿의 집합으로 생각하면, aperture의 중심으로부터 y지점에 있는 슬릿은 두께 dy, 길이 $2\sqrt{a^2 - y^2}$인 단일 슬릿이 된다.

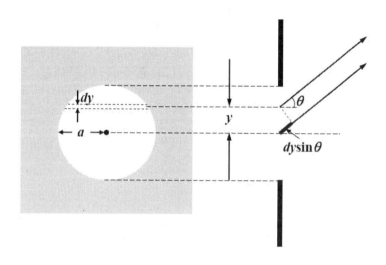

그림 8-10. 원형 aperture에서 일어나는 회절의 구도

두께 dy, 길이 $2\sqrt{a^2 - y^2}$인 미소 단일 슬릿에 의한 관측점 P에서의 전기장은

$$dE = \frac{\varepsilon_A}{R} e^{i(\omega t - kr)} dA$$

이 된다. 여기서 ε_A는 원형 aperture에 있어서 단위면적 당 광원의 강도를

나타내며 dA는 두께 dy, 길이 $2\sqrt{a^2 - y^2}$인 미소 단일 슬릿의 면적이다. 여기서 다음과 같이 u와 ρ를 정의하자.

$$u = y/a, \ \rho = ka\sin\theta \qquad (8\text{-}23)$$

관측점 P에서의 전기장은 다음과 위의 미소 단일 슬릿에 의한 전기장을 적분하여 구할 수 있다.

$$E = \int dE = 2\pi \frac{\varepsilon_A}{R} a^2 e^{i(\omega t - kR)} \frac{J_1(\rho)}{\rho} \qquad (8\text{-}24)$$

식 (8-24)의 $J_1(\rho)$은 베셀(Bessel) 1차 함수를 나타내는 적분이다. 즉,

$$\int_{-1}^{1} e^{i\rho u} \sqrt{1-u^2}\, du = \pi J_1(\rho)/\rho$$

이다.

회절무늬의 강도 $I(\rho)$는 전기장 크기의 제곱이므로 다음과 같다.

$$I(\rho) = |E|^2 = I_0 \left(\frac{2J_1(\rho)}{\rho} \right)^2 \qquad (8\text{-}25)$$

식 (8-25)에서 I_0는 θ 또는 ρ가 0인 경우의 회절무늬 강도이며 $I_0 = \left(\dfrac{\varepsilon_A}{R} \pi a^2 \right)^2$이다. ρ를 변화시키면서 식 (8-25)의 값을 그려보면 그림 8-11과 같이 된다. 이것은 단일 슬릿에 의한 회절무늬와 비슷한 것 같으나 실제로 회절무늬를 스크린에서 관찰하면 원형 대칭성을 가진다. 중앙의 밝은 영역을 에어리 원판(Airy disk)이라고 부르며, 이를 중심으로 동심원 형태의 밝은 무늬들이 나타나고 있다.

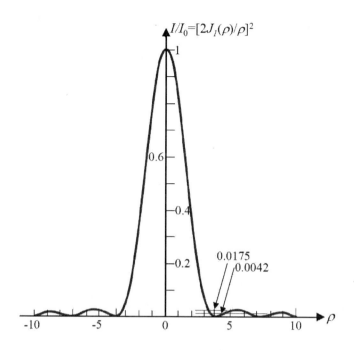

그림 8-11. 원형 aperture에서 회절된 빛의 공간적인 강도 분포

에어리 원판의 반경을 회절무늬 강도가 처음으로 0이 되는 지점까지의 거리로 정의하면, 에어리 원판의 반경은 1차 베셀 함수가 최초로 0이 되는 ρ의 값에 의해 결정된다. 이 값을 컴퓨터를 이용하여 계산해 보면 약 3.83이다. 에어리 원판의 각 반지름(angular radius)을 θ_{airy}라고 하면

$$\sin\theta_{airy} \simeq \theta_{airy} = \frac{3.83}{ka} = \frac{3.83\lambda}{2\pi a} \simeq 1.22\frac{\lambda}{D} \tag{8-26}$$

로 표현할 수 있다. 식 (8-26)에서 D는 $2a$로서 바로 원형 aperture의 지름이고, $\lambda \ll D$ 이므로 $\sin\theta_{airy} \simeq \theta_{airy}$로 근사하였다.

레일레이 규준

그림 8-12 (a)는 서로 가까이 있는 두 광원이 원형 aperture를 통과하여

생긴 회절무늬이다. 광원이 두 개이므로 원형 aperture에 의한 회절무늬가 두 개임을 알 수 있다. 그림 8-12 (b)는 (a)보다도 두 광원이 더욱 가깝게 인접하고 있는 경우이다. 이 경우에는 회절무늬가 겹쳐서 두 개의 에어리 원판이 분리되어 보이지 않으므로 광원이 두 개인지 한 개인지 알기가 어렵다. Aperture에서 회절이 발생하는 것과 마찬가지로, 지름이 D인 렌즈를 통과한 빛에서도 역시 같은 크기의 aperture를 통과하는 빛과 같은 회절현상을 관찰할 수 있다.

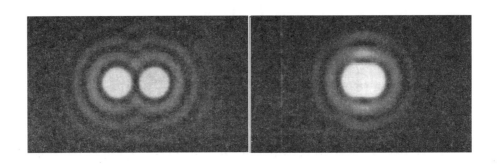

그림 8-12. 원형 aperture에 의한 두 광원의 회절무늬. (a) 광원들이 어느 정도 떨어져 있는 경우 (b) 두 광원이 서로 매우 가깝게 인접해 있는 경우

그렇다면 두 점을 구분할 수 있는 한계는 어떻게 정할 수 있겠는가? 일반적으로 '한 점의 회절무늬의 중심이 다른 점의 회절무늬의 에어리 원판의 끝에 바로 겹쳐질 때 두 점은 분해되었다.'는 규준을 따르는데 그것을 레일레이 규준(Rayleigh criterion)이라고 한다.

이것을 다른 말로 하면, 한 점의 회절무늬의 중심이 다른 점의 회절무늬의 에어리 원판의 내부에 있으면 두 점은 서로 구분되지 않는다. 에어리 원판의 각 반지름(angular radius) θ_{airy}가 $1.22\lambda/D$ 이므로, aperture에서 보았을 때 두 점이 이루는 각도가 $1.22\lambda/D$ 이상 이면 두 점은 스크린(혹은 회절무늬가 나타나는 상면)에서 서로 구분될 수 있다. 이렇게 두 점이 구분되는 경우 이것을 분해(resolution)가 가능하다고 하고, 반대의 경우를 두 점이 서로 분해되지 않았다고 한다.

예제 8.4 레일레이 규준

궤도를 도는 허블 우주망원경의 주 거울은 지름이 2.40 m이다. (a) 분해가 가능한 최소 점광원(두 개의 별)의 각도는 얼마인가? 이 때 빛의 파장은 550 nm이다. (b) 만일 이 두 별들이 지구로부터 약 2백만 광년만큼 떨어진 곳에 있다면, 두 별들이 분해될 수 있는 서로 간의 최소 거리는 얼마인가?

풀이

(a) 레일레이 기준의 분해 가능한 최소각은 $\theta = 1.22\lambda/D$ 이므로, 분해가 가능한 최소 각도 θ는

$$\theta = 1.22\frac{550 \times 10^{-9}}{2.4} = 2.8 \times 10^{-7}\,(\text{rad})$$

이다.

(b) 관측점으로부터 거리 r 만큼 멀리 떨어진 곳에 있고 관측점으로부터 각 θ를 이루고 있는 두 별 사이의 거리 $d = r\theta$ 이므로

$$d = 2.0 \times 10^6 \times 2.80 \times 10^{-7} = 0.56\,(\text{ly})$$

이다.

8.3 프레넬 회절

광원이나 관측점 또는 양자 모두 회절 슬릿에 가까이 있어서 파면의 곡률을 난순히 상수로 취급할 수가 없는 경우의 회절을 **프레넬 회절**이라고 한다.

경사인자

호이겐스-프레넬 원리에서 만일 2차 파면에서 발생한 새로운 구면파들이 모든 방향으로 균일하게 방출된다면 원래의 방향으로 진행하는 파동(그림 8-13의 $\vec{k}$ 방향)뿐 아니라 2차 파원에서 1차 파원 쪽으로 거꾸로 진행하는 구면파도 존재하게 될 것이다.

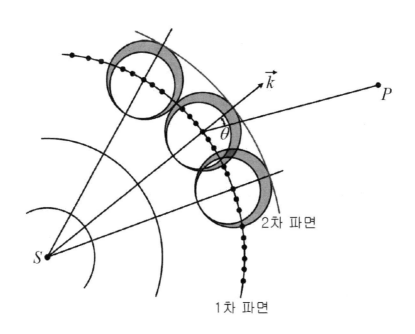

그림 8-13. 1차 파원에 의해 생성된 2차 파원과 경사인자

그러나 실제적으로 그런 파동은 존재하지 않으므로, 2차 파원에 의한 구면파 방출의 방향성을 기술하기 위하여 프레넬과 키르히호프는 **경사인자**(obliquity or inclination factor)로 알려진 함수 $K(\theta)$를 다음과 같이 정의하

였다.

$$K(\theta) = \frac{1}{2}(1 + \cos\theta) \tag{8-27}$$

식 (8-27)은 키르히호프가 스칼라 회절이론을 설명하면서 수학적으로 증명하였다. 그림 8-13은 2차 파원과 경사인자를 설명하기 위한 그림으로 θ는 1차 파면에 수직한 벡터 $\vec{k}$와 관측점 P가 이루는 각이다. 경사인자는 원래의 방향으로 진행하는 파동에 대해 $K(0) = 1$이며 반대 방향에 대해서는 $K(\pi) = 0$이므로 반대 방향으로 진행하는 파동은 존재하지 않는다는 것을 의미한다.

■ 프레넬의 반주기대

그림 8-14 (a)는 점광원 S에서(1차 파원) 방출된 구면파의 파면을 근사적으로 나타낸 그림이다. 구면상의 모든 점은 2차 파원으로 생각할 수 있으며, 관측점 P에서 무수히 많은 연속된 파원들의 다중간섭에 대한 현상을 관찰하기 위하여 $\overline{SO} = a_0$, $\overline{OP} = b_0$라고 하자. 점 O를 중심으로 하여 반경이 s_1, s_2, s_3, $\cdots$인 원형의 띠를 가정하고 $\overline{s_1 P}$, $\overline{s_2 P}$, $\overline{s_3 P}$, $\cdots$가 $b_0 + \frac{\lambda}{2}$, $b_0 + \lambda$, $b_0 + \frac{3}{2}\lambda$, $\cdots$의 조건을 만족하도록 구성된 띠를 **프레넬 반주기대**(Fresnel's zone plate)라고 한다.

먼저 m 번째 반주기대의 면적을 계산해 보자. 그림 8-14 (b)에서 경로 SQP는 경로 $SOP + \Delta$와 같으며 프레넬 반주기대의 반경 s는 $s \ll a_0$, b_0이므로 다음과 같이 근사할 수 있다.

$$a_m \simeq \sqrt{s_m^2 + a_0^2}, \quad b_m \simeq \sqrt{s_m^2 + b_0^2} \tag{8-28}$$

$a_0 \gg s_m$, $b_0 \gg s_m$이므로,

$$a_m \simeq a_0 + \frac{s_m^2}{2a_0}, \;\; b_m \simeq b_0 + \frac{s_m^2}{2b_0} \qquad (8\text{-}29)$$

로 쓸 수 있으며, 이것을 정리하면

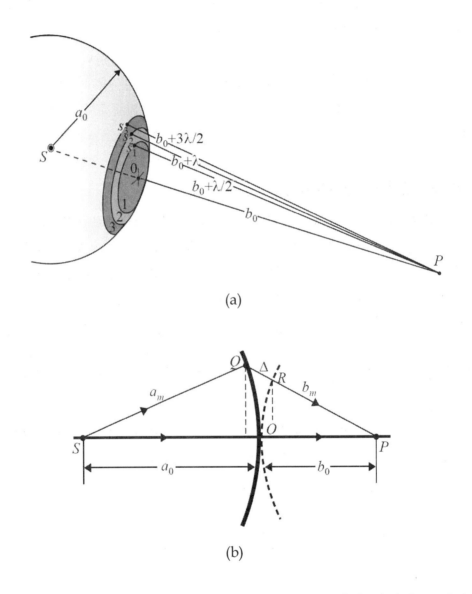

(a)

(b)

그림 8-14. (a) 점광원 S에서(1차 파원) 방출된 구면파의 파면과 프레넬 반주기대 (b) 프레넬 반주기대의 기하학적 모형

$$\Delta = (a_m + b_m) - (a_0 + b_0) = m\frac{\lambda}{2} \simeq s_m^2 \left(\frac{a_0 + b_0}{2a_0 b_0} \right) \qquad (8\text{-}30)$$

를 얻는다. 식 (8-30)을 다시 정리하여 다음과 같이 쓸 수도 있다.

$$s_m^2 = m\frac{\lambda}{2} \left(\frac{2a_0 b_0}{a_0 + b_0} \right) = m\lambda \left(\frac{1}{a_0} + \frac{1}{b_0} \right)^{-1} = m\lambda L \qquad (8\text{-}31)$$

이다. 여기서 L은 $L = \left(\dfrac{1}{a_0} + \dfrac{1}{b_0} \right)^{-1}$ 이다. 식 (8-31)을 이용하여 m 번째 프레넬 반주기대의 면적 S_m을 계산하면

$$S_m = \pi \left(s_m^2 - s_{m-1}^2 \right) = \pi\lambda L$$

로서 m과 무관하며 근사적으로 각각의 반주기대들의 면적이 동일함을 알 수 있다 (근사 값을 줄이고 더 정밀한 계산을 하면 m 값이 증가함에 따라 반주기대의 면적이 미미하게 증가한다).

호이겐스 원리에 따르면 같은 파면에서 발생한 파원의 위상은 동일 위상이라고 할 수 있으므로, 같은 반주기대에서 발생하여 관측점에 도달한 파원들 사이의 위상차는 π 이하가 된다. m 번째의 반주기대에서 나오는 빛의 합성진폭 E_m은 연속해 있는 반주기대에 의한 합성진폭 E_{m-1}이나 E_{m+1}과 서로 부호가 반대로 되는데 이것은 위상이 π만큼 변해서 진폭벡터의 방향이 바뀌는 것을 의미한다.

그러므로 임의의 슬릿에 의한 관측점에서의 합성진폭 E는

$$E = E_1 - E_2 + E_3 - E_4 + \cdots\cdots + (-1)^{m-1} E_m \qquad (8\text{-}32)$$

로 나타낼 수 있다. 각 반주기대에서 온 빛의 진폭은 반주기대와 관측점 P 사이의 평균거리에 반비례하기 때문에 m이 증가함에 따라 크기가 조금씩

감소한다. 이 사실을 고려하면 관측점 P에 있어서의 합성진폭은 m이 홀수일 때와 짝수일 경우 각각 그 표현이 달라진다. 우선 m이 홀수일 경우는 식 (8-32)로부터

$$E = \frac{E_1}{2} + \left(\frac{E_1}{2} - E_2 + \frac{E_3}{2}\right) + \left(\frac{E_3}{2} - E_4 + \frac{E_5}{2}\right) + \cdots + \frac{E_m}{2} \tag{8-33}$$

$$= E_1 - \frac{E_2}{2} - \left(\frac{E_2}{2} - E_3 + \frac{E_4}{2}\right) - \left(\frac{E_4}{2} - E_5 + \frac{E_6}{2}\right) - \cdots - \frac{E_{m-1}}{2} + E_m$$

으로 나타낼 수 있다. 여기서 진폭 E_1, E_2, E_3, $\cdots$는 일정한 비율로 감소하지 않으며 m 번째 반주기대의 진폭 E_m은 그 전후 반주기대의 진폭의 산술평균보다 작다. 즉, $\dfrac{E_{m-1} + E_{m+1}}{2} - E_m > 0$ 이므로 식 (8-33)의 ( ) 안의 값은 (+) 값을 가지지만 0에 가깝다. 따라서

$$\frac{E_1}{2} + \frac{E_m}{2} < E < E_1 - \frac{E_2}{2} - \frac{E_{m-1}}{2} + E_m$$

이고 $E_1 \simeq E_2$, $E_{m-1} \simeq E_m$이므로 E는 다음과 같이 쓸 수 있다.

$$E \simeq \frac{E_1}{2} + \frac{E_m}{2} \tag{8-34}$$

같은 방법으로 m이 짝수일 경우에는 다음과 같은 결과를 얻는다.

$$E \simeq \frac{E_1}{2} - \frac{E_m}{2} \tag{8-35}$$

이웃하는 프레넬 반주기대에 의한 관측점에서의 합성진폭은 각각의 반주기대에서 발생한 파원들 사이에 평균적으로 π의 위상차가 생기기 때문에

서로 상쇄하려는 경향이 있다. 만일 모든 짝수 번째 또는 홀수 번째 반주기대를 차단한다면 관측점 P에서의 회절무늬 강도가 엄청나게 증가됨을 알 수 있다. 이와 같이 프레넬 반주기대에서 반주기대를 하나씩 걸러서 차단함으로써 빛의 진폭 또는 위상을 변조하는 스크린을 **원형띠판**(zone plate)이라고 한다.

그림 8-14 (b)에서 프레넬 반주기대를 임의의 광학계로 간주하면

$$\frac{1}{a_0} + \frac{1}{b_0} = \frac{m\lambda}{s_m^2} = \frac{1}{f}$$

로 표현할 수 있으며 식 (8-31)로부터 초점 f는 $a_0 = \infty$에서 b_0의 값, 즉

$$f = \frac{s_m^2}{m\lambda} = \frac{s_1^2}{\lambda} \tag{8-36}$$

이다.

■ 사각형 슬릿에 의한 프레넬 회절

그림 8-15에서 임의의 점 A에 있는 면적소 dS의 좌표는 (y, z)이다. 광원 S로부터 a만큼 떨어진 지점에서의 1차 광파의 진폭은 ε_0/a이며, 면적소 dS 상의 2차 점광원들의 단위면적당 강도 ε_A는 ε_0/a에 비례한다. 자유전파의 경우 키르히호프-프레넬 이론에 따라 $\varepsilon_A a\lambda = \varepsilon_0$ 이다. 따라서 면적소 dS에 있는 2차 파원들이 점 P에 만드는 광파의 전기장 dE는 다음과 같다.

$$dE = \frac{\varepsilon_A}{r} K(\theta) e^{i[k(a+b)-\omega t]} dS = \frac{\varepsilon_0}{ab\lambda} K(\theta) e^{i[k(a+b)-\omega t]} dS \tag{8-37}$$

a_0, b_0에 비해 직사각형 슬릿의 크기가 작은 경우 $K(\theta) \simeq 1$, $\frac{1}{ab} \simeq \frac{1}{a_0 b_0}$로

근사할 수 있다. 피타고라스 정리와 이항정리를 이용하면

$$a = \left(a_0^2 + y^2 + z^2\right)^{\frac{1}{2}} \simeq a_0 + \frac{y^2 + z^2}{2a_0}, \quad b = \left(b_0^2 + y^2 + z^2\right)^{\frac{1}{2}} \simeq b_0 + \frac{y^2 + z^2}{2b_0} \quad (8\text{-}38)$$

이며 $(a+b)$는 $a + b \simeq a_0 + b_0 + \dfrac{\left(a_0 + b_0\right)\left(y^2 + z^2\right)}{2a_0 b_0}$ 로 근사할 수 있다.

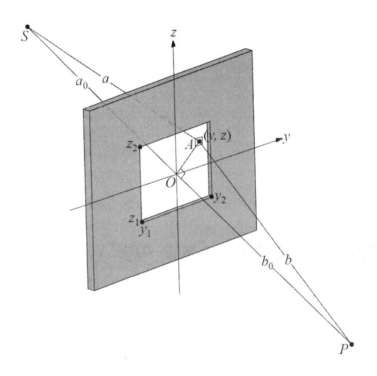

그림 8-15. 사각형 슬릿에 의한 프레넬 회절

따라서 면적소 dS에 의해 방출된 광파들에 의한 관측점 P에서의 합성진폭 dE는

$$dE \simeq \frac{\varepsilon_0}{a_0 b_0 \lambda} e^{i\left[k(a_0 + b_0) - \omega t\right]} e^{ik\left[\frac{(a_0 + b_0)(y^2 + z^2)}{2a_0 b_0}\right]} dy\,dz \quad (8\text{-}39)$$

로 표현할 수 있다. 관측점 P에서의 합성진폭을 얻기 위해 일단 다음과 같은 치환을 한다.

$$u = y \left[\frac{2(a_0 + b_0)}{a_0 b_0 \lambda} \right]^{\frac{1}{2}}, \quad v = z \left[\frac{2(a_0 + b_0)}{a_0 b_0 \lambda} \right]^{\frac{1}{2}}$$

이렇게 변수를 치환 후 식 (8-39)를 적분하여 관측점 P에서의 합성진폭 E_p를 구하면 다음과 같다.

$$E_p = E_1 \int_{u_1}^{u_2} e^{i\frac{\pi}{2}u^2} du \int_{v_1}^{v_2} e^{i\frac{\pi}{2}v^2} dv \tag{8-40}$$

식 (8-40)에서 $E_1 = \dfrac{\varepsilon_0}{2(a_0 + b_0)} e^{i[k(a_0 + b_0) - \omega t]}$ 로서 직사각형 슬릿이 없이 자유롭게 진행한 광파에 의해 점 P에 형성된 전기장 1/2이다. 식 (8-40)의 적분은 프레넬 적분으로 알려져 있는

$$\int_0^s e^{i\frac{\pi}{2}w^2} dw = C(s) + iS(s) \tag{8-41}$$

을 사용하여 계산할 수 있다. 식 (8-41)에서 $C(s)$와 $S(s)$는 다음과 같이 정의된 함수이다.

$$C(s) = \int_0^s \cos\left(\frac{\pi}{2}w^2\right) dw, \quad S(s) = \int_0^s \sin\left(\frac{\pi}{2}w^2\right) dw \tag{8-42}$$

따라서 점 P에서 합성진폭 E_p는

$$E_p = E_1 \left[C(u) + iS(u) \right]_{u_1}^{u_2} \left[C(v) + iS(v) \right]_{v_1}^{v_2} \qquad (8\text{-}43)$$

로 쓸 수 있다. 그림 8-16은 프레넬 적분 값을 횡축과 종축에 실수 값과 허수 값을 도해한 그림으로 **코르뉘 나선**(Cornu spiral)이라고 한다.

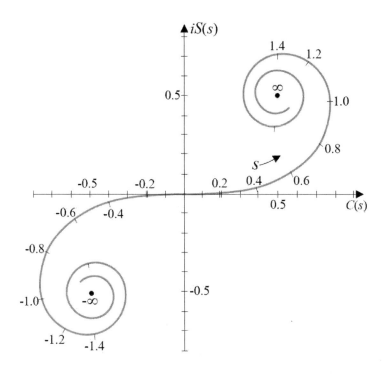

그림 8-16. 코르뉘 나선(s의 척도가 곡선 상에 표시되어 있음)

연습문제

호이겐스 원리와 빛의 회절

1. N 개의 가간섭 광원이 만드는 회절무늬의 강도 I는 식 (8-4)인

$$I(\theta) = I_0 \frac{\sin^2(N\delta/2)}{\sin^2(\delta/2)}$$

으로 표현할 수 있다. 만약 $N=2$인 경우에는 $I = 4I_0\cos^2(\delta/2)$와 같이 되어 영의 이중 슬릿에 의한 간섭의 결과와 일치함을 증명하시오.

풀이

주어진 식에서 $N=2$인 경우, $\sin^2(N\delta/2)$는 다음과 같이 쓸 수 있다.

$$\sin^2(2\delta/2) = 2\sin(\delta/2)\cos(\delta/2)$$

이 결과를 다시 원래 수식에 대입하면,

$$I = I_0 \frac{\sin^2(2\delta/2)}{\sin^2(\delta/2)} = I_0 \frac{4\sin^2(\delta/2)\cos^2(\delta/2)}{\sin^2(\delta/2)} = 4I_0\cos^2(\delta/2)$$

두 광원의 강도가 같을 때, 영의 이중 슬릿에 의한 간섭무늬의 강도 분포는 예제 5.7에 다음과 같이 주어져 있다.

$$I = 4I_0\cos^2(\theta/2)$$

위 식에서 θ는 관측점에서 두 광원으로부터 온 빛의 위상차이므로 이 문제에서 δ의 의미와 동일하다. 그러므로 $N=2$인 경우에는 영의 이중

슬릿에 의한 간섭의 결과와 일치하는 결과를 얻는다.

2. 광원의 간격이 a인 N 개의 가간섭 광원이 있다. 이 광원들이 임의의 관측점에 만드는 무늬의 강도 $I(\theta)$가 다음과 같이 주어질 때, 다음 물음에 답하시오.

$$I(\theta) = I_0 \frac{\sin^2 \frac{N\delta}{2}}{\sin^2 \frac{\delta}{2}}$$

여기서 I_0는 관측점에 도달하는 점광원 하나의 강도이며 δ는 각 광원간의 위상차이다.

(1) δ를 구하시오.
(2) $I(\theta)$가 최대가 될 조건을 구하시오.
(3) $I(\theta)$의 최대값을 구하시오.
(4) $N=2$일 때의 강도와 영의 간섭실험에서 만들어지는 간섭무늬의 강도를 물리적으로 비교 설명하시오.

풀이

(1) δ를 구하시오.

δ는 인접한 광원들 사이에서 발생하는 위상차(phase difference)를 의미한다. 그림 8-1을 보면 인접한 광선 간의 경로차는 $d\sin\theta$ 이다. 그러므로 스크린에 도달했을 때 인접한 광선 간의 위상차 δ는 다음과 같다.

$$\delta = kd\sin\theta = \frac{2\pi}{\lambda}d\sin\theta$$

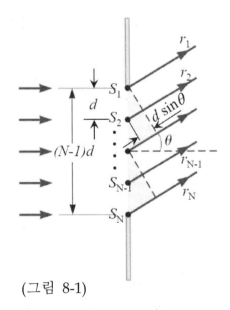

(그림 8-1)

(2) $I(\theta)$가 최대가 될 조건을 구하시오.

$I(\theta)$는 분모 $\sin(\delta/2) = 0$이 될 때 최대가 된다. 즉, $\dfrac{\delta}{2} = m\pi$일 때 $I(\theta)$은 최대가 된다. (이때, m은 임의의 정수).

* $\dfrac{\delta}{2} = m\pi$이면, $\dfrac{N\delta}{2} = Nm\pi$ 가 되므로 $I(\theta)$에서 분자인 $\sin(N\delta/2)$도 역시 0이 된다. 그러나 다음 그래프에서도 알 수 있듯이 이때의 $I(\theta)$ 는 최댓값을 가진다. 이 그래프는 $\dfrac{\sin(3\pi x)}{\sin(\pi x)}$를 그린 것으로 x가 정수 일 때 그 값이 최대가 됨을 알 수 있다. 그러므로 $I(\theta)$의 함수 역시 $\dfrac{\delta}{2} = m\pi$일 때 최댓값을 가짐을 알 수 있다.

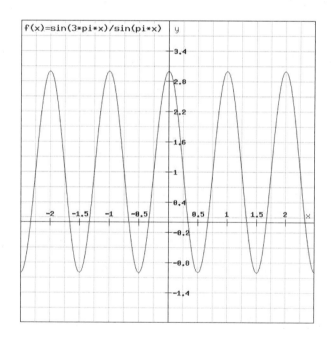

(3) $I(\theta)$의 최대값을 구하시오.

이 문제를 풀기 위해 다음과 같이 사인함수의 특성을 생각해 보자. 임의의 정수 m에 대해,

$$\sin(m\pi + \varepsilon) = \sin(m\pi)\cos\varepsilon + \cos(m\pi)\sin\varepsilon \qquad ①$$

$\sin(m\pi) = 0$, $\cos(m\pi) = (-1)^m$이므로 식 ①은 다음과 같이 쓸 수 있다.

$$\sin(m\pi + \varepsilon) = (-1)^m \sin\varepsilon \qquad ②$$

테일러 전개를 이용하면 $\varepsilon \ll 1$일 때, $\sin\varepsilon \simeq \varepsilon$ 이므로, $\varepsilon \ll 1$인 경우 식 ②는 다음과 같이 근사적으로 쓸 수 있다.

$$\sin(m\pi + \varepsilon) = (-1)^m \sin\varepsilon \simeq (-1)^m \varepsilon \qquad ③$$

마찬가지로 임의의 자연수 N과 임의의 정수 m에 대해,

$$\sin\{N(m\pi + \varepsilon)\} = \sin(Nm\pi)\cos(N\varepsilon) + \cos(Nm\pi)\sin(N\varepsilon) \qquad ④$$

$\sin(Nm\pi) = 0$, $\cos(m\pi) = (-1)^{Nm}$ 이므로 식 ①은 다음과 같이 쓸 수 있다.

$$\sin\{N(m\pi + \varepsilon)\} = (-1)^{Nm} \sin(N\varepsilon) \qquad ⑤$$

테일러 전개를 이용하면 $N\varepsilon \ll 1$일 때, $\sin(N\varepsilon) \simeq N\varepsilon$ 이므로, $N\varepsilon \ll 1$인 경우 식 ⑤는 다음과 같이 근사적으로 쓸 수 있다.

$$\sin\{N(m\pi + \varepsilon)\} = (-1)^{Nm} \sin(N\varepsilon) \simeq (-1)^{Nm} N\varepsilon \qquad ⑥$$

식 ③과 식 ⑥을 이용하면, 자연수 N 및 정수 m 값에 관계없이 ε 이 충분히 작을 경우에 다음과 같은 근사가 성립한다.

$$\frac{\sin\{N(m\pi+\varepsilon)\}}{\sin(m\pi+\varepsilon)} \simeq \frac{(-1)^{Nm}N\varepsilon}{(-1)^m\varepsilon} = (-1)^{(N-1)m}N \qquad ⑦$$

식 ⑦이 의미하는 것은 다음과 같다.

$$\lim_{x\to m\pi}\frac{\sin(Nx)}{\sin x} \simeq (-1)^{(N-1)m}N \qquad ⑧$$

원 식의 $I(\theta)$가 최대가 되는 때는 $(\delta/2)=m\pi$가 될 때이므로 식 ⑧의 결과를 이용하면,

$$\lim_{\delta/2\to m\pi} I(\theta) = \lim_{\delta/2\to m\pi} I_0\left[\frac{\sin\frac{N\delta}{2}}{\sin\frac{\delta}{2}}\right]^2 = I_0\left[(-1)^{(N-1)m}N\right]^2 = N^2I_0 \qquad ⑨$$

* 식 ⑧의 극한값은 다음과 같이 로피탈의 정리를 이용하여 구할 수도 있다.

$$\lim_{x\to m\pi}\frac{\sin(Nx)}{\sin x} = \lim_{x\to m\pi}\frac{N\cos(Nx)}{\cos x} = \frac{N\cos(Nm\pi)}{\cos(m\pi)}$$

$$= \frac{N(-1)^{Nm}}{(-1)^m} \simeq (-1)^{(N-1)m}N$$

(4) $N=2$일 때의 강도와 영의 간섭실험에서 만들어지는 간섭무늬의 강도를 물리적으로 비교 설명하시오.

원 식에서 $N=2$인 경우를 살펴보면,

$$I = I_0\frac{\sin^2(2\delta/2)}{\sin^2(\delta/2)} = I_0\frac{4\sin^2(\delta/2)\cos^2(\delta/2)}{\sin^2(\delta/2)} = 4I_0\cos^2(\delta/2) \qquad ⑩$$

식 ⑩은 문제 1번과 같은 결과이고, 이것이 영의 간섭실험에서 두 광원의 강도(intensity)가 같을 때 만들어지는 간섭무늬의 강도와 동일하다는 것 역시 문제 1번에서 언급을 하였다.

3. 광원들 사이의 간격이 a이고 파장이 λ이고 서로 위상이 일치하는 가간섭적 점광원 4 개가 있다. 이 점광원들이 만드는 회절무늬 강도 $I(\theta)$를 주극대와 최소점을 계산하여 개략적으로 그리시오. 광원들 사이의 간격 a는 $a \gg \lambda$인 조건을 만족하며 관측점은 점광원으로부터 아주 멀리 있다고 가정한다.

풀이

문제에서 뜻하는 간섭무늬의 강도는 식 (8-4)에서 $N = 4$에 해당하므로 다음과 같다.

$$I(\theta) = I_0 \frac{\sin^2(N\delta/2)}{\sin^2(\delta/2)} = I_0 \frac{\sin^2(4\delta/2)}{\sin^2(\delta/2)} \tag{8-4}$$

식 (8-4)에서 $\delta = ka\sin\theta = \dfrac{2\pi}{\lambda}a\sin\theta$로서 인접한 점광원에서 나온 빛이 관측점에 도달했을 때 서로 간의 위상차를 의미한다. 문제 2번의 (2)에서 식 (8-4)의 최댓값은 $\dfrac{\delta}{2} = m\pi$일 때 나타난다. (m은 임의의 정수). 반면 $I(\theta)$의 최솟값은 $\sin(4\delta/2) = 0$ 이지만 $\sin(\delta/2) \neq 0$인 경우에 발생한다. 이러한 조건은 $\dfrac{\delta}{2} = \dfrac{p\pi}{4}$ 일 때 발생한다. 여기서 p는 정수이지만 4의 배수는 아니어야 한다.

이것을 정리하면, 간섭무늬의 강도가 0이 되는 곳은 $\delta = \dfrac{p\pi}{2}$ (이 때, p는 4의 배수가 아닌 정수)이고, 간섭무늬의 강도가 최대가 되는 곳은

$\delta = 2m\pi$ (m은 정수)일 때이다. $I(\theta)$를 그리기 위해 식 (8-4)에서 $N = 4$ 로 놓으면,

$$I(\theta) = I_0 \left[\frac{\sin(4\delta/2)}{\sin(\delta/2)} \right]^2 = I_0 \left[\frac{2\sin(2\delta/2)\cos(2\delta/2)}{\sin(\delta/2)} \right]^2 \qquad ①$$

$$= I_0 \left[\frac{4\sin(\delta/2)\cos(\delta/2)\cos(\delta)}{\sin(\delta/2)} \right]^2$$

$$= 16I_0 \left[\cos(\delta/2)\cos(\delta) \right]^2$$

이다. 원래 $I(\theta)$를 θ의 함수로 그리면 가장 좋겠지만, 앞서 살펴보았듯 $\delta = \dfrac{2\pi}{\lambda} a\sin\theta$ 이므로 $I(\theta)$를 δ의 함수로 보고 $I(\delta)$를 그려보자. 이렇게 하면, 식 ①을 바로 이용할 수 있어서 편리하다. 그래프의 x축을 π의 배율로 나타내도록 하겠다. 즉, 그래프의 x축에서 1이라는 숫자는 $\delta = \pi$ 임을 의미한다. 그래프의 y축은 I_0의 배율로 나타내도록 한다. 즉, 그래프의 y축에서 1이라는 숫자는 간섭무늬의 강도(intensity)가 I_0라는 의미 이다.

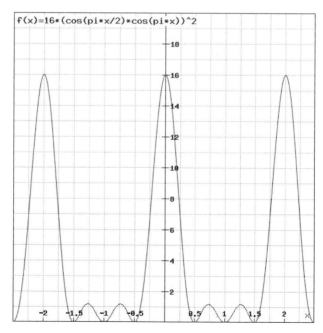

앞의 그림은 식 ①의 그래프이다. 그래프에서 알 수 있듯이 $x = 0, \pm 2, \cdots$ 일 때 즉, 다시 말해서 $\delta = 2m\pi$ (m은 정수)일 때 $I(\theta)$는 최대가 된다. 이는 이미 식 (8-4)의 특성을 분석하면서 예상한 결과와 일치한다. 또한 $I(\theta)$가 최솟값, 즉 0이 되는 지점들은 $x = \pm 0.5, \pm 1.0, \pm 1.5, \pm 2.5 \cdots$일 때 이다. 즉, 다시 말해서 $\delta = \dfrac{p\pi}{2}$ (이때, p는 4의 배수가 아닌 정수)일 때, $I(\theta)$는 최소가 된다. 이 역시 식 (8-4)의 특성을 분석하면서 예상한 결과와 일치한다.

* 그래프를 보면, $I(\theta)$가 최소가 되는 지점들의 사이에 다시 $I(\theta)$가 극대가 되는 지점들이 나타난다. 이 극대값이 나타나는 지점과 극대값의 크기를 정확히 알기 위해서는 추가적인 분석이 필요하다.

프라운호퍼 회절

4. 슬릿의 폭이 d인 단일 슬릿이 임의의 관측점에 만드는 회절무늬의 강도는 $I = I(0)\dfrac{\sin^2\beta}{\beta^2}$이다. 회절무늬의 강도가 극대가 될 조건을 구하시오. 단 $\beta = \dfrac{1}{2}kd\sin\theta$이다.

풀이

위의 식 이용하여 단일 슬릿에 의해 관측점에 나타나는 회절무늬의 강도 $I(\theta)$의 최대값을 구해 보자. 회절무늬 강도 $I(\theta)$는 θ와 β의 함수이므로 극값은 $dI/d\beta = 0$의 조건을 만족해야 한다. 따라서

$$\frac{dI}{d\beta} = I(0)\frac{2\sin\beta(\beta\cos\beta - \sin\beta)}{\beta^3} = 0$$

에서 $\sin\beta = 0$, $\beta\cos\beta - \sin\beta = 0$을 만족하는 β 값에서 $I(\theta)$의 극값을 얻

을 수 있다. 그런데 $\lim_{\beta \to 0} \dfrac{\sin\beta}{\beta} = 1$이므로 두 개의 극값 중에서 $\beta = 0$에서 극댓값(최댓값)을 가지며 $\sin\beta = 0$(단 $\beta \neq 0$)을 만족하는 경우에 최솟값을 갖는다. 즉,

$$\beta = \frac{1}{2}kd\sin\theta = m\pi \quad (\pm 1,\ \pm 2,\ \pm 3,\ \cdots) \qquad\qquad ①$$

$$d\sin\theta = m\lambda \quad (\pm 1,\ \pm 2,\ \pm 3,\ \cdots)$$

인 경우에 회절무늬 강도 $I(\theta)$는 최솟값 0을 갖는다. 또 다른 극값의 조건은 최댓값이 되는 조건으로

$$\beta\cos\beta - \sin\beta = 0,\ \text{또는 같은 의미로 } \tan\beta = \beta \qquad\qquad ②$$

이다. 식 ②의 해는 다음 그림과 같이 그래프를 그려서 결정할 수 있다. 곡선 $f_1(\beta) = \tan\beta$와 직선 $f_2(\beta) = \beta$의 교점에서 두 식은 같은 값을 가지므로 교점의 β 값이 식 ②의 해가 된다. 이 극값은 식 ①의 인접한 두 개의 최솟값 사이에만 존재하기 때문에 $I(\theta)$는 $\beta \approx \pm 1.4303\pi,\ \pm 2.4590\pi,\ \pm 3.4707\pi,\ \cdots$에서 보조 최댓값을 가진다.

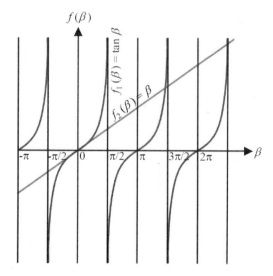

다음 그림은 이러한 결과를 바탕으로 β에 대해 $I(\theta)/I(0)$를 그린 그래프이다.

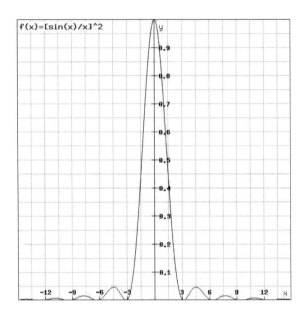

5. 파장이 632.8 nm인 He-Ne 레이저가 그림과 같이 평행광으로 0.5 mm의 폭을 가진 슬릿에 수직으로 입사하고 있다. 슬릿 바로 뒤에 위치한 초점거리가 50 cm인 렌즈가 초점거리에 위치한 스크린 위에 회절 광을 집속시켰다. 회절무늬의 중심(중심부의 최대치)에서 처음 최소점과 2차 극대값까지의 거리를 계산하시오.

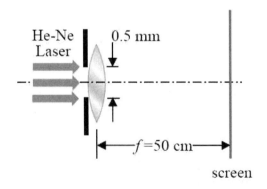

풀이

회절무늬의 강도 분포는 식 (8-12)에 의해 주어진다.

$$I(\theta) = I(0)\left(\frac{\sin\beta}{\beta}\right)^2 \tag{8-12}$$

슬릿의 폭을 d라고 할 때, $\beta = \frac{1}{2}kd\sin\theta = \frac{1}{2}\frac{2\pi}{\lambda}d\sin\theta = \frac{\pi}{\lambda}d\sin\theta$이다. 문제 4번에서 회절무늬의 강도가 최소가 되는 지점은 식 (8-13)에 의해 주어진다.

$$\beta = \frac{1}{2}kd\sin\theta = m\pi, \text{ 또는 } d\sin\theta = m\lambda \quad (m = \pm1, \pm2, \pm3, \cdots) \tag{8-13}$$

또한, 문제 4번을 보면 회절무늬는 다음의 경우에 최대값 또는 극대값을 가진다.

$$\beta\cos\beta - \sin\beta = 0, \text{ 또는 같은 의미로 } \tan\beta = \beta \tag{8-14}$$

식 (8-14)를 만족시키는 β값들 중 $\beta = 0$ 일 때 회절무늬의 강도는 최대가 되었고, 나머지 β값들에서는 회절무늬의 강도가 극대가 된다. 식 (8-14)를 만족시키는 0이 아닌 β값 몇 개의 예를 들어보면 $\beta \approx \pm1.4303\pi, \pm2.4590\pi, \pm3.4707\pi, \cdots$ 등이다.

문제에서 요구하는 처음 최소점 및 2차 극대값이 나타나는 지점을 다음 그림에서와 같이 각각 $x_{\min,1}$ 및 $x_{\max,2}$라고 하자. 또한, 슬릿의 중심에서 수평축과 $x_{\min,1}$ 및 $x_{\max,2}$지점으로의 방향이 이루는 각을 각각 θ_1, θ_2라고 하자. 그러면 최소값 및 극대값의 조건들에 의해 θ_1, θ_2는 각각 그에 해당하는 β_1 및 β_2와 다음과 같은 관계가 성립한다.

$$\beta_1 = \frac{1}{2}kd\sin\theta_1 = \pi \qquad\qquad ①$$

$$\beta_2 = \frac{1}{2}kd\sin\theta_2 \simeq 2.4590\pi \qquad\qquad ②$$

$k = 2\pi/\lambda$를 식 ①과 ②에 대입하면,

$$d\sin\theta_1 = \lambda \qquad\qquad ③$$
$$d\sin\theta_2 \simeq 2.4590\lambda \qquad\qquad ④$$

앞의 그림에서 $x = 0$ 지점에 있는 회절무늬의 강도가 최대가 되는 지점부터 처음 최소점까지의 거리 $x_{\min,1}$은 다음과 같이 쓸 수 있다.

$$x_{\min,1} = f\tan\theta_1 \qquad\qquad ⑤$$

$\theta_1 \ll 1$인 조건에서 $\tan\theta_1 \simeq \sin\theta_1$ 이라고 할 수 있고 또 식 ③을 이용하면, 식 ⑤는

$$x_{\min,1} = f\tan\theta_1 \simeq f\sin\theta_1 = \frac{f\lambda}{d} \qquad\qquad ⑥$$

마찬가지로 $x = 0$ 지점에 있는 회절무늬의 강도가 최대가 되는 지점부터 2차 극대값까지의 거리 $x_{\max,2}$은 다음과 같이 쓸 수 있다.

$$x_{\max,2} = f\tan\theta_2 \qquad\qquad ⑦$$

$\theta_2 \ll 1$인 조건에서 $\tan\theta_2 \simeq \sin\theta_2$ 이라고 할 수 있고 또 식 ④를 이용하면, 식 ⑦은

$$x_{\max,2} = f\tan\theta_2 \simeq f\sin\theta_2 \simeq 2.4590 \cdot \frac{f\lambda}{d} \qquad\qquad ⑧$$

문제에서 주어진 조건들을 식 ⑥에 대입하면,

$$x_{\min,1} \simeq \frac{f\lambda}{d} = \frac{(500\ \text{mm})(0.6328\ \mu\text{m})}{(500\ \mu\text{m})} \simeq 0.633\ \text{mm}$$

$$x_{\max,2} \simeq \frac{f\lambda}{d} = 2.4590 \cdot \frac{(500\ \text{mm})(0.6328\ \mu\text{m})}{(500\ \mu\text{m})} \simeq 1.556\ \text{mm}$$

을 얻는다. 그러므로 처음 최소점과 2차 극대값까지의 거리는 다음과 같다.

$$x_{\max,2} - x_{\min,1} = (1.556 - 0.633)\ \text{mm} = 0.923\,\text{mm}$$

6. 문제 5번의 실험에서 사용한 He-Ne 레이저 대신에 백색광원을 사용하여 실험을 할 경우, 어떤 파장에 대한 네 번째 극대값이 적색광($\lambda = 650$ nm)에 대한 세 번째 극대값과 일치하였다. 이때, 어떤 파장은 얼마이겠는가?

풀이

문제 5번에서 극대값이 나타날 조건은 다음과 같았다.

$$\beta\cos\beta - \sin\beta = 0,\ \text{또는 같은 의미로 } \tan\beta = \beta \qquad\qquad (8\text{-}14)$$

식 (8-14)에서 $\beta = 0$ 인 경우는 회절무늬의 중앙에 나타나는 최대값이 나타나는 경우에 해당하고, 식 (8-14)의 나머지 해들은 β의 절대값이 작은 순서부터 중앙의 가장 밝은 회절무늬에서 가까운 극대값들이라고 보면 된다. 식 (8-14)의 해를 구해보면 세 번째 극대값은 $\beta = \pm3.4707\pi$에서 나타나고, 네 번째 극대값은 $\beta = \pm4.4774\pi$에서 나타난다. 문제에서

- 363 -

언급한 어떤 파장을 λ'이라고 하고, 그 파장에 대한 β는 구분을 위해 β'로 표시하면 다음과 같은 식이 성립한다.

$$\beta = \frac{1}{2} kd \sin\theta = \frac{1}{2} \frac{2\pi}{\lambda} d \sin\theta = \frac{\pi}{\lambda} d \sin\theta \qquad ①$$

$$\beta' = \frac{1}{2} k'd \sin\theta = \frac{1}{2} \frac{2\pi}{\lambda'} d \sin\theta = \frac{\pi}{\lambda'} d \sin\theta \qquad ②$$

문제의 조건으로부터 같은 θ값에 대하여 $\beta = 3.4707\pi$가 되는 반면, $\beta' = 4.4774\pi$ 가 된다는 것을 알 수 있다. 식 ①을 ②로 나누면,

$$\frac{\beta}{\beta'} = \frac{\frac{\pi}{\lambda} d \sin\theta}{\frac{\pi}{\lambda'} d \sin\theta} = \frac{\lambda'}{\lambda} = \frac{3.4707\pi}{4.4774\pi}$$

가 된다. 그러므로

$$\lambda' = \frac{3.4707}{4.4774} \lambda = \frac{3.4707}{4.4774} (650 \ \text{nm}) \simeq 503.9 \, \text{nm}.$$

7. 파란색의 파장을 광원으로 사용하여 단일 슬릿에 의한 회절무늬를 스크린에서 관찰하였더니 회절무늬의 중심 극대 폭이 2.0 cm였다. 만일 빨간색의 파장을 광원으로 사용하였다면 회절무늬의 중심 극대 폭은 넓어지겠는가 아니면 좁아지겠는가?

풀이

예제 8.1로부터 단일 슬릿에 의한 회절무늬의 중심 극대 폭 Δx은 다음과 같다.

$$\Delta x = \frac{2\lambda R}{d}$$

위 식을 보면 $\Delta x \propto \lambda$ 임을 알 수 있다. 파란색보다는 빨간색의 파장이 더 크므로, 빨간색 광원을 사용할 경우 회절무늬의 중심 극대 폭은 2.0 cm보다 더 넓어지게 된다.

8. 파장이 500 nm인 빛을 슬릿의 폭이 0.5 mm인 단일 슬릿에 입사시켜 슬릿으로부터 2 m 떨어진 스크린에서 그림과 같은 회절무늬를 관찰하였다. 거리 S를 계산하시오.

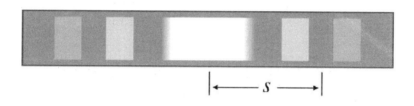

풀이

$x = S$ 지점은 회절무늬의 두 번째 극소점이 나타나는 지점에 해당하고 단일 슬릿에서의 회절무늬 강도를 나타내는 수식은 식 (8-12)이다.

$$I(\theta) = I(0)\left(\frac{\sin\beta}{\beta}\right)^2 \tag{8-12}$$

이 회절무늬의 극소점은 β가 다음과 같은 식을 만족시킬 때 나타난다.

$$\beta = \frac{1}{2}kd\sin\theta = m\pi, \ (m = \pm1,\ \pm2,\ \pm3,\ \cdots) \tag{8-13}$$

위의 그림에서 $x = S$ 지점은 회절무늬의 두 번째 극소점, 즉 식 (8-13)에서 $m = 2$인 경우이다. 그러므로 위의 그림에서

$$\beta = \frac{1}{2}\frac{2\pi}{\lambda}d\sin\theta = \frac{\pi}{\lambda}d\sin\theta = 2\pi \qquad\qquad ①$$

식 ①로부터,

$$\sin\theta = \frac{2\lambda}{d} \qquad\qquad ②$$

그림에서 $S = (2.0\ \text{m})\tan\theta$ 이고, $\theta \ll 1$ 일 때 $\tan\theta \simeq \sin\theta$ 이므로 식 ②를 이용하면 다음과 같이 S 값을 구할 수 있다.

$$S \simeq (2.0\ \text{m})\sin\theta = (2.0\ \text{m})\frac{2\lambda}{d} = (2.0\ \text{m})\frac{2(500\,\text{nm})}{(0.5\,\text{mm})} = 4\,\text{mm}.$$

9. 광축과 관측점은 30°의 각을 이루고 있다. 이 관측점에서 단일 슬릿에 의한 프라운호퍼 회절의 1차 최소가 나타나려면 슬릿의 폭은 파장의 몇 배가 되어야 하는가?

풀이

프라운호퍼 회절의 1차 최소가 나타나려면 식 (8-13)에서 $m = 1$인 경우이다.

$$\beta = \frac{1}{2}kd\sin\theta = \pi \qquad\qquad (8\text{-}13)$$

또한, 광축과 관측점이 30°의 각을 이루고 있으므로 $\theta = 30\,°$ 이다. 그러므로 식 (8-13)으로부터 다음과 같은 사실을 알 수 있다.

$$\beta = \frac{1}{2}\frac{2\pi}{\lambda}d\sin\theta = \frac{\pi}{\lambda}d\sin30\,° = \frac{\pi}{2\lambda}d = \pi \qquad\qquad ①$$

즉, 식 ①로부터 $\dfrac{d}{\lambda} = 2$, 즉 슬릿의 폭은 파장의 2배이다.

10. 폭이 0.1 mm인 슬릿에 단색광의 광원을 조사하였다. 슬릿으로부터 2 m 떨어진 스크린 위에 두 개의 2차 최소점들이 서로 2 cm 만큼 떨어져 있다. 광원의 파장을 계산하시오.

풀이

슬릿의 폭 $d = 0.1$ mm, 슬릿에서 스크린까지의 거리 $R = 2.0$ m, 두 개의 2차 최소점 사이의 거리가 2 cm이기 때문에 각 2차 최소점의 위치는 각각 $x_1 = -1.0$ cm, $x_2 = 1.0$ cm라고 할 수 있다. 프라운호퍼 회절의 2차 최소가 나타나려면 식 (8-13)에서 $m = 2$인 경우이므로

$$\beta = \frac{1}{2}\frac{2\pi}{\lambda}d\sin\theta = \frac{\pi}{\lambda}d\sin\theta = 2\pi \tag{8-13}$$

또한, 그림으로부터 $x_2 = R\tan\theta$ 이고 $\theta \ll 1$이므로 $\tan\theta \simeq \sin\theta$가 성립하므로, 식 (8-13)을 이용하면 다음과 같은 식이 성립한다.

$$x_2 = R\tan\theta \simeq R\sin\theta = \frac{2\lambda R}{d} \tag{①}$$

식 ①을 이용하면 다음과 같이 빛의 파장 λ를 구할 수 있다.

$$\lambda = \frac{x_2 d}{2R} = \frac{(1.0 \text{ cm})(0.1\,\text{mm})}{2(2.0 \text{ m})} = 250 \text{ nm}.$$

11. 파장이 500 nm인 단색 광원을 폭이 좁은 단일 슬릿에 조사시켰다. 회절무늬의 가장 밝은 곳의 좌우로 첫 번째 어두운 무늬들 사이의 각도가 1.0°였다. 단일 슬릿의 폭을 구하시오.

풀이

다음 그림의 단일 슬릿 프라운호퍼 회절에서 회절광의 1차 최소가 나타

나려면 식 (8-13)에서 $m = 1$인 경우이므로

$$\beta = \frac{1}{2}\frac{2\pi}{\lambda}d\sin\theta = \frac{\pi}{\lambda}d\sin\theta = \pi \tag{8-13}$$

이 성립한다. 또한, $\theta \ll 1$의 조건 및 식 (8-13)으로부터 다음과 같이 쓸 수 있다.

$$\sin\theta \simeq \theta = \frac{\lambda}{d} \qquad ①$$

회절무늬의 가장 밝은 곳의 좌우로 첫 번째 어두운 무늬들 사이의 각도는 2θ이므로

$$2\theta = 1° = \frac{\pi}{180} \qquad ②$$

식 ①과 ②로부터 슬릿의 폭 d는 다음과 같다.

$$d \simeq \frac{\lambda}{\theta} = \frac{360\lambda}{\pi} = \frac{360(500 \text{ nm})}{\pi} \simeq 57.3 \ \mu\text{m}.$$

12. 슬릿 중심 사이의 간격이 a, 슬릿의 폭이 b인 이중 슬릿이 만드는 회절무늬에서 중앙의 밝은 회절무늬 봉우리 내에 12 개의 밝은 무늬가 놓여 있을 조건을 구하시오.

풀이

예제 8.2를 보면 $a = pb \, (p = 1, 2, 3, \cdots)$인 경우 사라진 차수를 감안하면 중앙의 큰 회절무늬 봉우리 내에는 $2p$ 개의 간섭무늬 극대가 존재한다. 그러므로 중앙의 밝은 회절무늬 봉우리 내에 12 개의 밝은 무늬가 놓이

려면 $p = 6$가 되어야 한다. 그러므로 문제에서 요구하는 조건은 $a = 6b$ 이다.

13. 슬릿 중심 사이의 간격이 a, 슬릿의 폭이 b인 이중 슬릿에 의한 프라운 호퍼 회절에서 $a = mb$의 관계가 성립할 때(m은 2 이상의 자연수), 중심에 있는 밝은 회절무늬 봉우리 내부의 밝은 줄무늬의 개수가 $2m$임을 보이시오.

풀이

슬릿 중심 사이의 간격이 a, 폭이 b인 이중 슬릿에 의해 관측점 P에 나타나는 회절무늬의 강도 $I(\theta)$는 식 (8-17)과 같이 주어진다.

$$I(\theta) = 4I_0 \left(\frac{\sin\beta}{\beta} \right)^2 \cos^2\alpha \tag{8-17}$$

위 식에서 $\alpha \equiv \frac{1}{2}ka\sin\theta,\ \beta \equiv \frac{1}{2}kb\sin\theta$ 이다. 그림 8-5는 슬릿 중심 사이의 거리 a와 슬릿 폭이 $b(a = 5b)$인 이중 슬릿에 의한 회절무늬 강도를 보여주는 그림으로 단일 슬릿에 의해 형성된 회절무늬와 영의 이중 슬릿에 의한 간섭무늬가 합성되어 있는 것을 볼 수 있다. 그림 8-5에서 회절무늬 봉우리의 최소값, 즉 $I(\theta) = 0$은 β가 다음 조건을 만족할 때 나타난다.

$$\beta = p\pi \ (p = \pm1,\ \pm2,\ \pm3,\ \cdots)$$

반면, 이중 슬릿의 간섭에 의한 간섭무늬($\cos^2\alpha$)의 최대값은 α가 다음 조건일 때 나타나게 된다.

$$\alpha = q\pi \ (q = 0,\ \pm1,\ \pm2,\ \pm3,\ \cdots)$$

그런데 $a = mb$ $(m = 2, 3, 4, \cdots)$인 경우를 생각해보자. 만약 그림 8-5에서와 같이 $m = 5$이면 5 번째 간섭무늬 극대와 회절무늬 봉우리의 최소값이 만나게 되어 5 번째 간섭무늬 극대가 사라지게 된다. 이것을 사라진 차수(missing order)라고 한다. 사라진 차수를 감안하면 중앙의 큰 회절무늬 봉우리 내에는 10 개의 간섭무늬 극대가 존재한다. 그림 8-5에서 보는 바와 같이 $m = 5$이면 10 개의 간섭무늬 극대가 존재한다. 즉, 봉우리의 오른쪽에 4 개, 왼쪽에 4 개, 중앙에 1 개, 그리고 사라진 차수는 $0.5 \times 2 = 1$ 개로 각각의 회절무늬 봉우리 내에 10 개의 간섭무늬 극대가 존재하게 된다. 이런 식으로 임의의 2보다 큰 자연수 m에 대하여 $a = mb$가 되면 중앙의 큰 간섭무늬 봉우리의 오른쪽과 왼쪽에 각각 $(m-1)$개의 간섭무늬 극대가 나타나고, m 번째 간섭무늬 극대는 회절무늬 봉우리의 최소와 만나 사라진 차수가 되므로 $0.5 \times 2 = 1$ 개의 밝은 무늬로 계산한다. 그리고 가운데 큰 간섭무늬 봉우리 1 개를 감안하면, 중앙의 큰 회절무늬 봉우리 안에는 총 $2(m-1) + 0.5 \times 2 + 1 = 2m$ 개의 밝은 간섭무늬들이 존재한다.

14. 아래 그림과 같이 슬릿 중심 사이의 간격 a와 슬릿의 폭 b 사이에 $a = 3b$의 관계를 만족하는 이중 슬릿이 있다. 이 이중 슬릿이 만드는 회절무늬의 중앙 밝은 회절무늬 봉우리 내에 몇 개의 밝은 간섭무늬가 있겠는가?

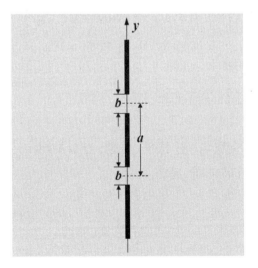

풀이

문제 13번에서 $m = 3$인 경우에 해당한다. 그러므로 중앙 밝은 회절무늬 봉우리 내에 $2m = 6$ 개의 밝은 간섭무늬가 존재한다.

15. 슬릿 간 간격이 $a = 4b$, 폭이 b인 이중 슬릿이 있다. 이 슬릿으로부터 거리 R 만큼 떨어진 관측점에서의 회절무늬 강도 $I(\theta)$가 다음과 같이 주어질 때, 다음 물음에 답하시오.

$$I(\theta) = 4I_0 \left(\frac{\sin\beta}{\beta} \right)^2 \cos^2\alpha$$

여기서 $\beta = \frac{1}{2}kb\sin\theta$, $\alpha = \frac{1}{2}ka\sin\theta$ 이다.

(1) 중앙의 회절무늬 봉우리 내에 몇 개의 간섭무늬 줄이 있겠는가?
(2) 극대 간섭무늬의 missing order를 구하시오.
(3) 슬릿의 폭이 0으로 된다면 $I(\theta)$는 어떻게 되겠는가?
(4) 슬릿 간의 간격이 0으로 된다면 $I(\theta)$는 어떻게 되겠는가?

풀이

(1) 중앙의 회절무늬 봉우리 내에 몇 개의 간섭무늬 줄이 있겠는가?
    문제 13번에서 $m = 4$인 경우에 해당한다. 그러므로 중앙 밝은 회절무늬 봉우리 내에 $2m = 8$ 개의 밝은 간섭무늬가 존재한다.

(2) 극대 간섭무늬의 missing order를 구하시오.
    $a = 4b$이므로 θ값이 같을 때 $\alpha = 4\beta$가 된다. 회절에 의해 $I(\theta)$가 0이 되는 경우는 $\sin\beta = 0$ 이 될 때이므로, β가 다음 조건을 만족하는 경우이다.

$$\beta = p\pi, \ (p\text{는 0이 아닌 정수}) \qquad \text{①}$$

한편, 간섭에 의해 $I(\theta)$가 극대값을 가지는 경우는 $\cos\alpha = \pm 1$ 이 될 때이므로, α가 다음 조건을 만족할 때이다.

$$\alpha = q\pi, \ (q\text{는 정수}) \hspace{3cm} ②$$

그러므로 간섭무늬의 극대가 회절무늬의 극소에 의해 사라질 조건은 다음과 같다.

$$\alpha = 4\beta = 4p\pi, \ (p\text{는 0이 아닌 정수}) \hspace{2cm} ③$$

식 ③은 간섭무늬의 missing order는 0이 아닌 4의 배수에서 일어나는 것을 보여준다. 즉, 간섭무늬의 missing order는 4차, 8차, 12차, …등 이다.

(3) 슬릿의 폭이 0으로 된다면 $I(\theta)$는 어떻게 되겠는가?

실제 $b = 0$이라면 사실상 슬릿이 완전히 막힌 경우이므로, 이 문제는 슬릿의 폭이 0에 매우 가깝다는 뜻으로 해석한다. b가 0으로 가깝게 접근할 때 $\beta = \frac{1}{2}kb\sin\theta$ 도 역시 0에 접근하므로, 원 식에 $\lim\limits_{\beta \to 0}\left(\dfrac{\sin\beta}{\beta}\right) = 1$ 임을 적용하면 다음 결과를 얻는다.

$$\lim_{\beta \to 0} I(\theta) = \lim_{\beta \to 0} 4I_0\left(\frac{\sin\beta}{\beta}\right)^2 \cos^2\alpha = 4I_0 \cos^2\alpha \lim_{\beta \to 0}\left(\frac{\sin\beta}{\beta}\right)^2$$

$$= 4I_0 \cos^2\alpha$$

위의 결과는 이중 슬릿을 이용한 영의 실험에서 간섭무늬의 강도분포와 같은 결과이다. 즉, 슬릿의 폭에 의한 회절효과가 사라짐으로써 간섭에 의한 효과만이 나타난 것으로 해석할 수 있다.

(4) 슬릿 간의 간격이 0으로 된다면 $I(\theta)$는 어떻게 되겠는가?

슬릿의 간격 $a = 0$ 라는 것은 두 슬릿이 서로 겹쳐진 것을 의미한다. 수학적으로는 $a = 0$ 일 때 $\alpha = \frac{1}{2}ka\sin\theta = 0$ 이므로 원 식에 $\alpha = 0$ 를 대입하면, $I(\theta)$는 다음과 같이 된다.

$$I(\theta) = 4I_0 \left(\frac{\sin\beta}{\beta} \right)^2$$

위의 결과는 단일 슬릿에서의 회절무늬의 강도분포와 같은 결과이다. 즉, 두 슬릿이 합쳐져 하나의 슬릿이 된 결과가 나타난 것으로 해석할 수 있다.

16. N 개의 groove를 가진 grating이 임의의 관측점에 만드는 회절무늬의 강도는 다음과 같이 주어진다. 여기서 groove의 폭은 b, groove의 간격은 a이다.

$$I(\theta) = I_0 \left(\frac{\sin\beta}{\beta} \right)^2 \left(\frac{\sin N\alpha}{\sin\alpha} \right)^2 \qquad (8\text{-}20)$$

여기서 $\alpha = \frac{1}{2}ka\sin\theta$, $\beta = \frac{1}{2}kb\sin\theta$이다.

(1) 슬릿 폭이 0에 가까워지면 회절무늬 강도 $I(\theta)$가 N 개의 가간섭 광원이 만드는 간섭무늬 강도와 같아짐을 보이시오.
(2) 회절무늬의 강도가 최대가 될 조건을 구하시오.
(3) 회절무늬의 강도가 최소가 될 조건을 구하시오.
(4) 인접하는 두 개의 최대 회절무늬 사이에 몇 개의 최소 회절무늬가 존재하는가?

풀이

(1) 슬릿 폭이 0에 가까워지면 회절무늬 강도 $I(\theta)$가 N 개의 가간섭 광원이 만드는 간섭무늬 강도와 같아짐을 보이시오.

슬릿 혹은 groove의 폭 b가 0에 근접하므로 식 (8-20)에서 β도 0에 가까워진다. 이때, 식 (8-20)에 $\lim\limits_{\beta \to 0}\left(\dfrac{\sin\beta}{\beta}\right) = 1$ 임을 적용하면 다음 결과를 얻는다.

$$\lim_{\beta \to 0} I(\theta) = \lim_{\beta \to 0} I_0 \left(\frac{\sin\beta}{\beta}\right)^2 \left(\frac{\sin N\alpha}{\sin\alpha}\right)^2 = I_0 \left(\frac{\sin N\alpha}{\sin\alpha}\right)^2 \qquad ①$$

식 (8-4)로부터 동일한 위상, 진동수, 진폭을 갖는 N 개의 가간섭 광원이 만드는 간섭무늬의 강도 $I(\theta)$는 다음과 같이 주어진다.

$$I(\theta) = I_0 \frac{\sin^2(N\delta/2)}{\sin^2(\delta/2)} \qquad (8\text{-}4)$$

식 (8-4)에서 δ는 인접한 두 광원에서 나온 빛들이 관측점에 도달했을 때 가지는 서로 간의 위상차로서 이 문제의 조건으로 환원하면 $\delta = ka\sin\theta$가 된다. 식 ①에서 $\alpha = \dfrac{1}{2}ka\sin\theta$ 이므로 식 ①은 식 (8-4)와 같게 되고, 따라서 슬릿 폭이 0에 가까워지면 회절무늬 강도 $I(\theta)$가 N 개의 가간섭 광원이 만드는 간섭무늬 강도와 같아짐을 알 수 있다.

(2) 회절무늬의 강도가 최대가 될 조건을 구하시오.

문제 2번의 식 ⑧을 다시 쓰면 다음과 같다. N이 자연수, m이 정수일 때,

$$\lim_{x \to m\pi} \frac{\sin(Nx)}{\sin x} \simeq (-1)^{(N-1)m} N \qquad ⑧$$

그러므로

$$\lim_{\alpha \to m\pi} \left(\frac{\sin N\alpha}{\sin \alpha} \right)^2 \simeq N^2 \qquad ②$$

식 (8-20) 및 식 ②로부터 회절무늬 강도의 주요 최대값(principal maxima)은 $\alpha = m\pi$ (m은 정수)인 경우에 나타난다는 것을 알 수 있다. $\alpha = \frac{1}{2} ka \sin\theta = \frac{\pi a \sin\theta}{\lambda}$ 이므로 회절무늬의 강도가 최대가 되는 조건을 만족시키는 각을 θ_{max}라고 하면 θ_{max}는 다음 식을 만족시킨다.

$$a \sin\theta_{max} = m\lambda \qquad ③$$

(3) 회절무늬의 강도가 최소가 될 조건을 구하시오.
식 (8-20)을 보면 $I(\theta)$가 최소값인 0이 되기 위한 조건은 $\sin\beta = 0$ (단, $\beta \neq 0$), 또는 $\sin N\alpha = 0$ (단, $\sin\alpha \neq 0$)이다. 그러므로 $I(\theta)$가 최소값이 되는 조건들은 다음과 같다.

$$\beta = q\pi \ (q\text{는 0이 아닌 정수}) \ \text{또는} \ \alpha = \frac{p\pi}{N} \quad (p \neq 0, N, 2N, \cdots) \qquad ④$$

$\alpha = \frac{1}{2} ka \sin\theta = \frac{\pi a \sin\theta}{\lambda}$, $\beta = \frac{1}{2} kb \sin\theta = \frac{\pi b \sin\theta}{\lambda}$ 이므로 회절무늬의 강도가 최소가 되는 조건을 만족시키는 각을 θ_{min}라고 하면 θ_{min}는 다음 식을 만족시킨다.

$$b \sin\theta_{min} = q\lambda, \ \text{또는} \ a \sin\theta_{min} = \frac{p}{N}\lambda \qquad ⑤$$

식 ④에서 q는 0이 아닌 정수이고, p는 N의 배수가 아닌 정수이다.

(4) 인접하는 두 개의 최대 회절무늬 사이에 몇 개의 최소 회절무늬가 존재하는가?

이 문제를 풀기 위해 그림 8-7을 다시 살펴보기로 하자.

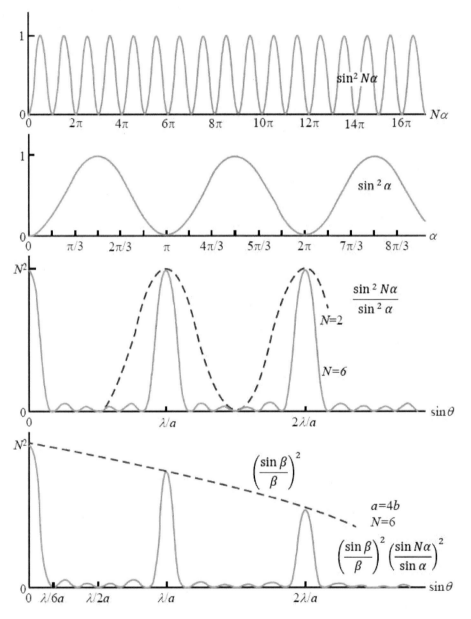

그림 8-7. $N=6$, $a=4b$인 다중 슬릿에 의한 회절무늬 강도

그림 8-7은 $N = 6$, $a = 4b$ 인 다중 슬릿에서 생성된 회절무늬의 강도 분포를 나타낸다. 그림 8-7에서 가장 마지막 그림에서 푸른색 점선은 식 (8-20)에서 $\left(\dfrac{\sin\beta}{\beta}\right)^2$ 부분에 의해 생기는 것으로서 빛의 회절 때문에 생긴 강도 분포 변화의 envelope를 나타낸다. 그리고 이 envelope(혹은 중앙의 큰 봉우리) 내의 오렌지색으로 된 실선은 실제 회절무늬의 강도 분포를 보여준다. 회절에 의해 생성되는 envelope내에서 가끔씩 보이는 매우 큰 봉우리들은 주요 최대값들 (principal maxima)로서 식 ②의 조건이 충족될 때 나타나게 된다. 주요 최대값들 사이에는 식 ④ 또는 식 ⑤의 조건이 충족될 때마다 $I(\theta) = 0$ 이 되는 최소값 지점들이 나타나게 된다. 인접한 주요 최대값들 사이에 몇 개의 최소값이 나타나는지 알아보기 위해 식 ② 에서 $m = 1$과 $m = 2$에 해당하는 주요 최대값들 사이에 몇 개의 최소값이 있는지 살펴보자.

최소값이 나타나는 곳은 $a\sin\theta = \dfrac{p}{N}\lambda$ (p는 N의 배수가 아닌 정수) 인 조건이 충족될 때다. $p = N$일 때는 $a\sin\theta = \lambda$ 이므로 주요 최대값이 나타나고, 그 다음 인접한 주요 최대값은 $p = 2N$일 때 이다. 그 사이에 $p = N+1, N+2, \cdots, N+(N-1)$인 지점에서는 $I(\theta) = 0$인 최소값이 나타난다. 그러므로 인접한 주요 최대값들 사이에서 나타나는 최소값은 모두 $(N-1)$ 개가 된다. 이런 사실은 그림 8-7과 같이 $N = 6$인 경우, 인접한 주요 최대값 사이에서 5 개의 최소값이 나타나는 점에서도 확인할 수 있다.

* 식 ⑤를 보면 $b\sin\theta = q\lambda$의 조건이 만족될 때에도 $I(\theta) = 0$이 되기는 하지만, 그림 8-7에서 알 수 있듯이 이것은 매우 완만히 변하는 회절에 의한 envelope가 최소값이 되는 조건이므로, 인접한 주요 최대값들 사이에 나타나는 최소값의 개수를 셀 때 특별히 고려할 사항은 아니다.

또한, 인접한 주요 최대값들 사이에는 그림 8-7에서 볼 수 있듯이 보조 최대값들(subsidary maxima)도 나타나게 된다. 하나의 보조 최대값은 인접한 최소값들 사이에서 나타나게 되므로, 인접한 주요 최대값들 사이에 나타나는 보조 최대값의 수는 $(N-2)$ 개가 된다.

17. 2차 회절광을 이용하는 grating으로 파장이 500 nm인 빛을 30°의 각도로 회절시킨다. 사용한 grating의 lines/mm 수를 계산하시오.

풀이

이 문제는 다중 슬릿에서의 회절로 해석하면 된다. 그러므로 문제 16번의 식 ②을 이용하면 이 문제를 풀 수 있다.

$$a \sin\theta_{max} = m\lambda \qquad\qquad ①$$

a는 슬릿들 사이의 간격 또는 grating line들 간의 간격으로 보면 된다. 2차 회절광을 이용하므로 식 ①에서 $m = 2$라고 놓을 수 있고, 그 회절광이 30° 방향으로 진행하므로 식 ①에서 $\theta_{max} = 30\,°$ 이다. 이러한 조건들을 식 ①에 대입하면,

$$a = \frac{m\lambda}{\sin\theta_{max}} = \frac{2(500 \ nm)}{\sin30\,°} = 2 \ \mu m$$

Grating line들의 간격이 2 μm 이므로 폭 1 mm 내의 line의 수 N은 다음과 같다.

$$N = \frac{1 \ mm}{2 \ \mu m} = 500$$

그러므로 이 grating은 500 lines/mm의 규격을 가지는 grating이다.

18. 눈동자의 지름이 10 mm인 눈으로 500 mm 떨어져 있는 두 물체를 구별하여 볼 수 있을 때 두 물체 사이의 최소 거리를 계산하시오. 단 빛의 파장은 500 nm로 할 것.

풀이

회절을 고려한 두 점의 분해가능성은 식 (8-26)의 레일레이 규준 (Rayleigh criterion)에 의해 그 가능 여부를 결정한다.

$$\sin\theta_{airy} \simeq \theta_{airy} = 1.22\frac{\lambda}{D} \tag{8-26}$$

위 식에서 θ_{airy}는 관측점에서 바라본 두 물체 사이의 각도이고 D는 관측에 사용된 개구(aperture)의 지름이다. 이 문제에서 D는 눈동자의 지름으로 보면 된다. θ_{airy}가 $1.22\frac{\lambda}{D}$보다 크면 두 물체가 서로 떨어져 있다고 인지할 수 있고, 그렇지 않으면 두 물체는 서로 붙은 것처럼 보여진다. 문제에서 주어진 조건들을 사용하면, θ_{airy}는 다음과 같다.

$$\theta_{airy} = 1.22\frac{\lambda}{D} = 1.22\frac{500 \text{ nm}}{10 \text{ mm}} = 6.1 \times 10^{-5}$$

눈동자와 물체 사이의 거리를 r, 두 물체끼리의 거리를 d라고 하면 $d = r\theta_{airy}$이므로 d는 다음과 같다.

$$d = r\theta_{airy} = (500 \text{ mm})(6.1 \times 10^{-5}) = 30.5 \ \mu m$$

19. Suerat의 'La Grande Jatte 섬의 일요일 오후'는 점을 찍어서 그린 특이한 장르의 그림이다. 그림에서 이웃해 있는 두 점들 사이의 간격은 ~2 mm 정도 이다. 만약 사람들의 눈동자 직경이 평균 ~2 mm 정도라면 사람들이 그림의 점들을 구별할 수 없는 최소거리를 계산하시오.

풀이

바로 앞의 문제 18번과 마찬가지로 이 문제 역시 레일레이 규준 (Rayleigh criterion)과 관련되어 있다.

$$\sin\theta_{\text{airy}} \simeq \theta_{\text{airy}} = 1.22\frac{\lambda}{D} \tag{8-26}$$

D는 눈동자의 직경으로 보면 되고, 파장 λ는 가시광의 평균적인 파장인 500 nm로 가정한다. 두 점들 사이의 간격은 d라고 하고, 눈동자부터 그림까지의 거리는 r이라고 하자.

그림의 점들을 구분할 수 있는 최소 각도는 식 (8-26)에 의해

$$\theta_{\text{airy}} = 1.22\frac{\lambda}{D} = 1.22\frac{500 \text{ nm}}{2 \text{ mm}} = 3.05\times10^{-4}$$

이다. $d = r\theta_{\text{airy}}$ 이므로 두 점들을 구분할 수 있는 최대거리 r은

$$r = \frac{d}{\theta_{\text{airy}}} = \frac{2 \text{ mm}}{3.05\times10^{-4}} \simeq 6.6 \text{ m}$$

이다. 이 거리가 레일레이 규준에서 기준이 되는 거리이므로 두 점을 구분 가능한 최대거리라고 할 수도 있고, 같은 의미로 구분이 불가능한 최소거리라고 할 수 있다.

20. 베셀함수의 기본적인 특성 중의 하나인 $\dfrac{d}{du}[u^m J_m(u)] = u^m J_{m-1}(u)$를 이용하여 다음 물음에 답하시오.

(1) $J_0(u) = \dfrac{d}{du}J_1(u) + \dfrac{J_1(u)}{u}$ 임을 보이시오.

(2) $J_o(0)$의 값을 구하시오.

(3) $J_1(0)$의 값을 구하시오.

(4) $\dfrac{J_1(u)}{u} = \dfrac{d}{du} J_1(u) = \dfrac{1}{2}$ 임을 보이시오.

풀이

(1) $J_0(u) = \dfrac{d}{du} J_1(u) + \dfrac{J_1(u)}{u}$ 임을 보이시오.

문제에서 주어진 베셀함수의 기본특성에서 $m = 1$로 놓으면 다음 식이 성립한다.

$$\frac{d}{du}[uJ_1(u)] = uJ_0(u)$$

위 식에 미분의 규칙을 적용하면,

$$J_1(u) + u\frac{dJ_1(u)}{du} = uJ_0(u)$$

와 같이 되고, 다시 양변을 u로 나누면 다음과 같은 결과를 얻을 수 있다.

$$J_0(u) = \frac{d}{du} J_1(u) + \frac{J_1(u)}{u}$$

(2) $J_o(0)$의 값을 구하시오.

0차 베셀함수는

$$J_0(u) = \frac{1}{2\pi} \int_0^{2\pi} e^{iu\cos v} dv$$

로 주어진다. 따라서 $J_0(0) = 1$이다.

(3) $J_1(0)$의 값을 구하시오.

m차 베셀함수는

$$J_m(u) = \frac{i^{-m}}{2\pi} \int_0^{2\pi} e^{i(mv + u\cos v)} dv$$

로 주어진다. $m = 1$일 경우

$$J_1(u) = \frac{i^{-1}}{2\pi} \int_0^{2\pi} e^{i(v + u\cos v)} dv$$

이며 $J_1(0) = \dfrac{i^{-1}}{2\pi} \displaystyle\int_0^{2\pi} e^{iv} dv$ 이므로 $J_1(0) = 0$이다.

(4) $\dfrac{J_1(u)}{u} = \dfrac{d}{du} J_1(u) = \dfrac{1}{2}$ 임을 보이시오.

$J_0(u) = \dfrac{d}{du} J_1(u) + \dfrac{J_1(u)}{u}$ 의 양변에 $\displaystyle\lim_{u \to 0}$의 극한값을 취하면

$$\lim_{u \to 0} J_0(u) = \lim_{u \to 0} \left\{ \frac{d}{du} J_1(u) + \frac{J_1(u)}{u} \right\} = 1$$

$$\frac{d}{du} J_1(0) + \lim_{u \to 0} \frac{J_1(u)}{u} = 1$$

$\displaystyle\lim_{u \to 0} \frac{J_1(u)}{u}$ 는 로피탈 정리를 이용하여 계산하면 $\dfrac{d}{du} J_1(u)$이 된다. 따라서

$$\lim_{u \to 0}\left\{\frac{d}{du}J_1(u)\right\}+\lim_{u \to 0}\left\{\frac{J_1(u)}{u}\right\}=1$$

$$\frac{d}{du}J_1(u)+\frac{d}{du}J_1(u)=1$$

$$\frac{d}{du}J_1(u)=\frac{J_1(u)}{u}=\frac{1}{2}$$

프레넬 회절

21. m 개의 반주기대로 이루어진 원형구멍이 있다. 각 반주기대의 면적이 일정함을 증명하시오.

풀이

그림 8-14 (a)는 점광원 S에서(1차 파원) 방출된 구면파의 파면을 근사적으로 나타낸 그림이다. 구면상의 모든 점은 2차 파원으로 생각할 수 있으며, 관측점 P에서 무수히 많은 연속된 파원들의 다중간섭에 대한 현상을 관찰하기 위하여 $\overline{SO}=a_0$, $\overline{OP}=b_0$라고 하자. 점 O를 중심으로 하여 반경이 s_1, s_2, s_3, $\cdots$인 원형의 띠를 가정하고 $\overline{s_1P}$, $\overline{s_2P}$, $\overline{s_3P}$, $\cdots$ 가 $b_0+\frac{\lambda}{2}$, $b_0+\lambda$, $b_0+\frac{3}{2}\lambda$, $\cdots$의 조건을 만족하도록 구성된 띠를 프레넬 반주기대(Fresnel's zone plate)라고 한다. 이제 m번째 반주기대의 면적을 계산해 보자. 그림 8-14 (b)에서 경로 SQP는 경로 $SOP+\Delta$와 같으며 프레넬 반주기대의 반경 s는 $s \ll a_0$, b_0이므로 다음과 같이 근사할 수 있다.

$$a_m \simeq \sqrt{s_m^2+a_0^2}, \ b_m \simeq \sqrt{s_m^2+b_0^2} \tag{8-28}$$

이항정리 공식 $(1+x)^n=1+nx+\frac{1}{2!}n(n-1)x^2+\cdots$을 이용하여 식 (8-28)을 간단히 정리하면

$$a_m \simeq a_0 + \frac{s_m^2}{2a_0}, \quad b_m \simeq b_0 + \frac{s_m^2}{2b_0} \tag{8-29}$$

로 쓸 수 있으며 식 (8-29)를 이용하면

$$\Delta = (a_m + b_m) - (a_0 + b_0) = \frac{s_m^2}{2a_0} + \frac{s_m^2}{2b_0} \simeq s_m^2 \left(\frac{a_0 + b_0}{2a_0 b_0} \right) \tag{8-30}$$

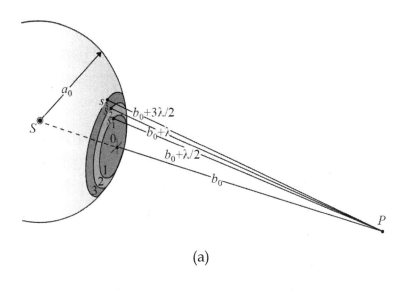

(a)

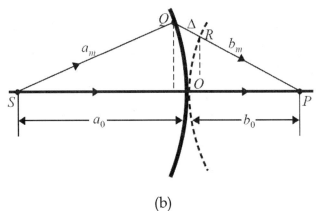

(b)

그림 8-14. (a) 점광원 S에서(1차 파원) 방출된 구면파의 파면과 프레넬 반주기대 (b) 프레넬 반주기대의 기하학적 모형

이다. b_m은 $b_m = b_0 + m\dfrac{\lambda}{2} = b_0 + \Delta$이므로 식 (8-30)으로부터

$$\Delta = s_m^2 \left(\frac{a_0 + b_0}{2a_0 b_0} \right) = m\frac{\lambda}{2}$$

이며

$$s_m^2 = m\frac{\lambda}{2} \left(\frac{2a_0 b_0}{a_0 + b_0} \right) = m\lambda \left(\frac{1}{a_0} + \frac{1}{b_0} \right)^{-1} = m\lambda L \tag{8-31}$$

이다. 여기서 L은 $L = \left(\dfrac{1}{a_0} + \dfrac{1}{b_0} \right)^{-1}$이다. 식 (8-31)을 이용하여 m 번째 프레넬 반주기대의 면적 S_m을 계산하면

$$S_m = \pi\left(s_m^2 - s_{m-1}^2 \right) = \pi\lambda L$$

로서 m과 무관하며 근사적으로 각각의 반주기대들의 면적이 동일함을 알 수 있다.

22. 프레넬 반주기대에 의한 관측점 P에 있어서의 합성진폭은 아래 그림과 같이 m(홀수일 때와 짝수일 경우)의 값에 따라 달라지며 m이 홀수일 경우는 E는

$$E \simeq \frac{E_1}{2} + \frac{E_m}{2} \tag{8-34}$$

으로 나타낼 수 있다. m이 짝수일 경우, 관측점 P에 있어서의 합성진폭이 식 (8-35)로 표현됨을 보이시오.

$$E \simeq \frac{E_1}{2} - \frac{E_m}{2} \tag{8-35}$$

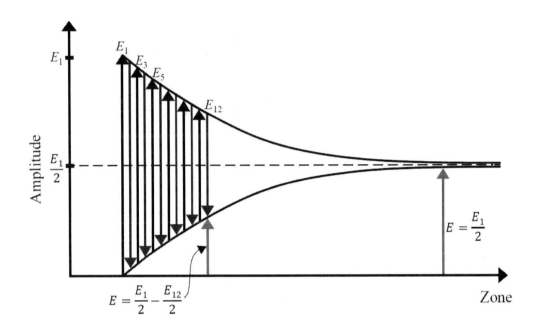

그림. 프레넬 반주기대에 의한 합성진폭의 벡터 합

풀이

임의의 슬릿에 의한 관측점에서의 합성진폭을 E라고 하면

$$E = E_1 - E_2 + E_3 - E_4 + \cdots\cdots + (-1)^{m-1} E_m \tag{①}$$

로 나타낼 수 있다. m을 짝수라고 하자. 그럼 $m = 2k$ (k는 자연수)로 놓을 수 있고 식 ①은 다음과 같이 쓸 수 있다.

$$E = E_1 - E_2 + E_3 - E_4 + \cdots\cdots - E_m \tag{②}$$
$$= E_1 - E_2 + E_3 - E_4 + \cdots\cdots - E_{2k}$$

m이 짝수인 경우 식 ②를 다시 쓰면,

$$E = \frac{E_1}{2} + \left(\frac{E_1}{2} - E_2 + \frac{E_3}{2} \right) + \left(\frac{E_3}{2} - E_4 + \frac{E_5}{2} \right) + \cdots \qquad ③$$

$$+ \left(\frac{E_{2k-3}}{2} - E_{2k-2} + \frac{E_{2k-1}}{2} \right) + \frac{E_{2k-1}}{2} - E_{2k}$$

인접한 전기장들의 크기는 비슷하다고 보면 식 ③에서 괄호 안에 든 항들은 0으로 근사할 수 있고, 또한 $E_{2k-1} \simeq E_{2k}$로 볼 수 있으므로

$$\frac{E_{2k-1}}{2} - E_{2k} \simeq -\frac{E_{2k}}{2} = -\frac{E_m}{2} \qquad ④$$

이라고 할 수 있다. 식 ④를 식 ③에 대입하면, m이 짝수일 때 다음과 같은 근사가 가능함을 알 수 있다.

$$E \simeq \frac{E_1}{2} - \frac{E_m}{2}$$

23. 제1반주기대와 제2반주기대로 나누어진 원형구멍이 있다. 각 반주기대를 6 개의 sub-zone으로 나누었을 때, 다음 물음에 답하시오. 단, 제1반주기대가 관측점에 만드는 진폭의 크기를 A라고 가정할 것.
   (1) 제1반주기대의 2 번째 작은 원형 띠와 4 번째 작은 원형 띠가 관측점에 만드는 진폭벡터들 간의 위상차를 구하시오.
   (2) 하나의 작은 원형 띠가 관측점에 만드는 진폭의 크기를 구하시오.
   (3) 각 작은 원형 띠들이 관측점에 만드는 진폭들의 크기가 같다면, 4 번째 작은 원형 띠까지 관측점에 만드는 진폭의 크기를 구하시오.
   (4) 각각의 작은 원형 띠들이 관측점에 만드는 진폭들의 크기가 같다면, 이 원형구멍이 관측점에 만드는 총 진폭의 크기를 구하시오.

풀이

(1) 제1반주기대의 2 번째 작은 원형 띠와 4 번째 작은 원형 띠가 관측점에 만드는 진폭벡터들 간의 위상차를 구하시오.

제1반주기대 전체에서 나오는 빛의 최대 위상차는 π (혹은 180°)이므로 인접한 sub-zone들에서 나오는 빛은 서로 평균 $\pi/6$ (혹은 30°)만큼 위상차가 있다고 볼 수 있다. 따라서 2 번째 sub-zone과 4 번째 sub-zone이 관측점에 만드는 진폭벡터는 $(\pi/6)\times 2 = \pi/3$ (혹은 60°)만큼 서로 위상차가 생긴다.

(2) 하나의 작은 원형 띠가 관측점에 만드는 진폭의 크기를 구하시오.

각 sub-zone들부터 관측점까지의 거리가 거의 비슷하므로 각 sub-zone에서 나오는 빛들이 관측점에서 형성하는 전기장의 진폭의 크기는 같다고 해도 무방하다. 이 진폭의 크기를 E_o라고 하면, 서로 인접한 sub-zone에서 나오는 빛의 위상은 $\pi/6$만큼 차이가 난다. 그러므로 제1반주기대가 관측점에 만드는 전기장의 진폭 E_1은 6 개의 sub-zone에서 나오는 전기장들의 중첩으로 다음과 같이 표현할 수 있다.

$$E_1 = E_o + E_o e^{i\frac{\pi}{6}} + E_o e^{i\frac{2\pi}{6}} + E_o e^{i\frac{3\pi}{6}} + E_o e^{i\frac{4\pi}{6}} + E_o e^{i\frac{5\pi}{6}} \qquad ①$$

$$= E_o e^{i\frac{3\pi}{6}} \left[e^{-i\frac{3\pi}{6}} + e^{-i\frac{2\pi}{6}} + e^{-i\frac{\pi}{6}} + 1 + e^{i\frac{\pi}{6}} + e^{i\frac{2\pi}{6}} \right]$$

$e^{i\frac{3\pi}{6}} = e^{i\frac{\pi}{2}} = i,\ e^{-i\frac{3\pi}{6}} = e^{-i\frac{\pi}{2}} = -i$ 및 $e^{i\theta} + e^{-i\theta} = 2\cos\theta$ 임을 이용하여 식 ①을 간단히 하면,

$$E_1 = iE_o\left(-i + e^{-i\frac{\pi}{3}} + e^{-i\frac{\pi}{6}} + 1 + e^{i\frac{\pi}{6}} + e^{i\frac{\pi}{3}}\right) \qquad ②$$

$$= iE_o\left(-i + 2\cos\frac{\pi}{3} + 2\cos\frac{\pi}{6} + 1\right)$$

$$= iE_o(-i + 1 + \sqrt{3} + 1)$$

$$= iE_o(2 + \sqrt{3} - i)$$

식 ②의 복소수 E_1의 크기(modulus)가 바로 제1반주기대가 관측점에 형성한 빛의 진폭의 크기 A이다. 즉,

$$A = |E_1| \hspace{4cm} ③$$

식 ③의 양변을 제곱하면,

$$A^2 = |E_1|^2 = E_1 \cdot E_1^* \hspace{3cm} ④$$

식 ④에서 E_1^*는 복소수 E_1의 켤레복소수(complex conjugate)이다. 그러므로 식 ④를 계속 계산하면 다음과 같다.

$$A^2 = E_1 \cdot E_1^* = \left[iE_o(2 + \sqrt{3} - i) \right] \left[-iE_o(2 + \sqrt{3} + i) \right] \hspace{1cm} ⑤$$

$$= E_o^2 \left[(2 + \sqrt{3})^2 - i^2 \right] = E_o^2 \left[8 + 4\sqrt{3} \right]$$

식 ⑤로부터,

$$E_o = \frac{A}{\sqrt{8 + 4\sqrt{3}}} = \frac{A}{\sqrt{6 + 2\sqrt{12} + 2}} \hspace{2cm} ⑥$$

$$= \frac{A}{\sqrt{6} + \sqrt{2}} = \frac{A(\sqrt{6} + \sqrt{2})}{4} \simeq 0.26\,A$$

따라서 하나의 작은 원형 띠, 즉 하나의 sub-zone이 관측점에 만드는 진폭의 크기는 약 $0.26\,A$ 이다.

(3) 각 작은 원형 띠들이 관측점에 만드는 진폭들의 크기가 같다면, 4 번째 작은 원형 띠까지 관측점에 만드는 진폭의 크기를 구하시오. 제1반주기대의 6 개의 sub-zone 중 4 번째 sub-zone까지 관측점에 만드는 전기장의 진폭을 E_f라고 하자. 바로 앞의 문항에서와 비슷한 방법으로 생각하면 E_f는 다음과 같다.

$$E_f = E_o + E_o e^{i\frac{\pi}{6}} + E_o e^{i\frac{2\pi}{6}} + E_o e^{i\frac{3\pi}{6}} \qquad \text{⑦}$$

$$= E_o\left(1 + e^{i\frac{\pi}{6}} + e^{i\frac{\pi}{3}} + e^{i\frac{\pi}{2}}\right)$$

$$= E_o\left(1 + \cos\frac{\pi}{6} + i\sin\frac{\pi}{6} + \cos\frac{\pi}{3} + i\sin\frac{\pi}{3} + i\right)$$

$$= E_o\left(1 + \frac{\sqrt{3}}{2} + i\frac{1}{2} + \frac{1}{2} + i\frac{\sqrt{3}}{2} + i\right)$$

$$= \frac{E_o}{2}\left\{3 + \sqrt{3} + i(3 + \sqrt{3})\right\}$$

식 ⑦에서 주어진 진폭의 크기를 A_f라고 하면,

$$|A_f|^2 = E_f \cdot E_f^* \qquad \text{⑧}$$

$$= \left\{\frac{E_o}{2}\left[3 + \sqrt{3} + i(3 + \sqrt{3})\right]\right\}\left\{\frac{E_o}{2}\left[3 + \sqrt{3} - i(3 + \sqrt{3})\right]\right\}$$

$$= \frac{E_0^2}{4}\left\{(3 + \sqrt{3})^2 + (3 + \sqrt{3})^2\right\}$$

$$= E_0^2\left(6 + 3\sqrt{3}\right)$$

가 되고 따라서

$$A_f = \sqrt{6+3\sqrt{3}}\, E_o \qquad ⑨$$

이다. 식 ⑥을 식 ⑨에 적용하면, 첫 번째 sub-zone부터 네 번째 sub-zone 원형 띠들이 관측점에 만드는 진폭의 크기는 다음과 같다.

$$A_f = \frac{\sqrt{6+3\sqrt{3}}}{\sqrt{6}+\sqrt{2}}\, E_o \simeq 0.87\, E_o \qquad ⑩$$

(4) 각각의 작은 원형 띠들이 관측점에 만드는 진폭들의 크기가 같다면, 이 원형구멍이 관측점에 만드는 총 진폭의 크기를 구하시오.

이 원형구멍은 두 개의 반주기대로 형성되어 있으므로, 각 반주기대에서 관측점에 만드는 빛의 진폭의 크기가 같다면 계산을 하지 않아도 두 빛이 서로 소멸간섭을 하기 때문에 총 진폭의 크기는 0이될 것임을 짐작할 수 있다. 이러한 논리적 추측을 실제 계산을 통해서 확인해 보도록 하자. 앞서 (2)번에서 하나의 반주기대가 관측점에 만드는 전기장의 진폭을 알아본 것과 같은 방법으로 두 번째 반주기대 역시 6 개의 sub-zone으로 분할하여 생각하자. 그러면, 관측점의 전기장 E_t는 총 12 개의 sub-zone들에서 나오는 전기장의 중첩으로 볼 수 있고, 이를 수학적으로 표현하면 다음과 같다.

$$E_t = E_o + E_o e^{i\frac{\pi}{6}} + E_o e^{i\frac{2\pi}{6}} + E_o e^{i\frac{3\pi}{6}} + E_o e^{i\frac{4\pi}{6}} + E_o e^{i\frac{5\pi}{6}} \qquad ⑪$$

$$+ E_o e^{i\frac{6\pi}{6}} + E_o e^{i\frac{7\pi}{6}} + E_o e^{i\frac{8\pi}{6}} + E_o e^{i\frac{9\pi}{6}} + E_o e^{i\frac{10\pi}{6}} + E_o e^{i\frac{11\pi}{6}}$$

식 ⑪을 각 반주기대별로 묶어서 정리하면,

$$E_t = E_o \left(e^{i\frac{\pi}{6}} + e^{i\frac{2\pi}{6}} + e^{i\frac{3\pi}{6}} + e^{i\frac{4\pi}{6}} + e^{i\frac{5\pi}{6}} \right) \qquad ⑫$$

$$+ E_o e^{i\pi} \left(e^{i\frac{\pi}{6}} + e^{i\frac{2\pi}{6}} + e^{i\frac{3\pi}{6}} + e^{i\frac{4\pi}{6}} + e^{i\frac{5\pi}{6}} \right)$$

와 같이 쓸 수 있다. 식 ⑫에서 $e^{i\pi} = -1$ 임을 이용하면, 각 반주기대의 전기장들이 서로 상쇄되어 다음과 같이 0이 됨을 알 수 있다.

$$E_t = E_o\left(e^{i\frac{\pi}{6}} + e^{i\frac{2\pi}{6}} + e^{i\frac{3\pi}{6}} + e^{i\frac{4\pi}{6}} + e^{i\frac{5\pi}{6}}\right)$$

$$- E_o\left(e^{i\frac{\pi}{6}} + e^{i\frac{2\pi}{6}} + e^{i\frac{3\pi}{6}} + e^{i\frac{4\pi}{6}} + e^{i\frac{5\pi}{6}}\right)$$

$$= 0$$

그러므로 두 개의 반주기대로 구성된 이 원형구멍이 관측점에 만드는 총 진폭의 크기는 0이다.

24. $dS = 2\pi a_0^2 \sin\varphi\, d\varphi$를 이용하여 m 번째 반주기대의 면적이

$$S_m = \frac{\lambda\pi a_0}{a_0 + b_0}\left\{b_0 + \frac{(2m-1)\lambda}{4}\right\}$$

임을 증명하시오.

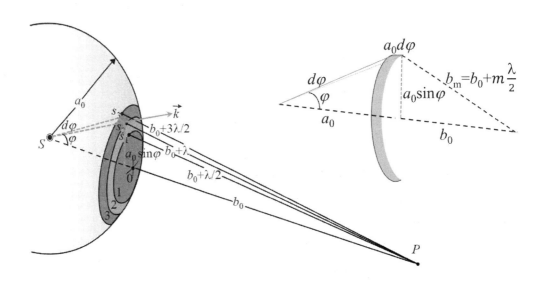

풀이

m 번째 반주기대에 있는 미소면적 dS는 위 그림으로부터 $dS = 2\pi a_0^2 \sin\varphi d\varphi$로 나타낼 수 있다. 따라서 m 번째 반주기대까지의 면적 S는

$$S = 2\pi a_0^2 \int_0^\varphi \sin\varphi d\varphi \qquad\qquad ①$$

$$= 2\pi a_0^2 (1 - \cos\varphi)$$

이다. 위 그림에서 cos 제 2 법칙을 적용하면

$$b_m^2 = a_0^2 + (a_0 + b_0)^2 - 2a_0(a_0 + b_0)\cos\varphi \qquad\qquad ②$$

$$2a_0(a_0 + b_0)\cos\varphi = a_0^2 + (a_0 + b_0)^2 - b_m^2$$

$$\cos\varphi = \frac{a_0^2 + (a_0 + b_0)^2 - b_m^2}{2a_0(a_0 + b_0)}$$

이며 식 ②의 $\cos\varphi$를 식 ①에 대입하면

$$S = 2\pi a_0^2 (1 - \cos\varphi) = 2\pi a_0^2 - 2\pi a_0^2 \frac{a_0^2 + (a_0 + b_0)^2 - b_m^2}{2a_0(a_0 + b_0)}$$

$$= 2\pi a_0^2 - \pi a_0 \frac{\left(2a_0^2 + 2a_0 b_0 - m\lambda b_0 - \dfrac{m^2\lambda^2}{4}\right)}{(a_0 + b_0)}$$

이다. m 번째 반주기대의 면적 S_m는

$$S_m = S - S_{m-1}$$

이다.

$$S_m = S - S_{m-1} \qquad \text{③}$$

$$= \left\{ 2\pi a_0^2 - \pi a_0 \frac{\left(2a_0^2 + 2a_0 b_0 - m\lambda b_0 - \dfrac{m^2\lambda^2}{4} \right)}{(a_0 + b_0)} \right\}$$

$$\quad - \left\{ 2\pi a_0^2 - \pi a_0 \frac{\left(2a_0^2 + 2a_0 b_0 - (m-1)\lambda b_0 - \dfrac{(m-1)^2\lambda^2}{4} \right)}{(a_0 + b_0)} \right\}$$

$$= \frac{\lambda \pi a_0}{a_0 + b_0} \left(b_0 - \frac{\lambda}{4} + \frac{2m\lambda}{4} \right) = \frac{\lambda \pi a_0}{a_0 + b_0} \left\{ b_0 + \frac{(2m-1)\lambda}{4} \right\}$$

25. 구면파에 대한 m 번째 프레넬 반주기대의 면적은 문제 24번의 식 ③으로 주어진다. 파장이 $\lambda = 600$ nm, 슬릿으로부터 관측점까지의 거리 $b_0 = 50$ cm이고 입사하는 광파가 평면파일 경우, 첫 번째 프레넬 반주기대의 면적을 계산하시오.

풀이

문제 24번에 의해 m 번째 반주기대의 면적은 다음과 같다.

$$S_m = \frac{\lambda \pi a_0}{a_0 + b_0} \left\{ b_0 + \frac{(2m-1)\lambda}{4} \right\} \qquad \text{③}$$

입사광이 평면파이므로 입사광 파면의 곡률반경 a_0는 무한대로 봐야 한다. 문제에서 주어진 조건들($m = 1$, $\lambda = 600$ nm, $b_0 = 50$ cm, $a_0 \rightarrow \infty$)을 식 ③에 넣어주면, 첫 번째 프레넬 반주기대의 면적은 다음과 같다.

$$S_1 = \lim_{a_0 \to \infty} \frac{\lambda \pi a_0}{a_0 + b_0} \left\{ b_0 + \frac{(2-1)\lambda}{4} \right\} = \lambda \pi \left\{ b_0 + \frac{(2-1)\lambda}{4} \right\}$$

$$= (600 \text{ nm})\pi\left\{(0.50 \text{ m}) + \frac{(600 \text{ nm})}{4}\right\}$$

$$\simeq 942478 \ \mu\text{m}^2 \simeq 0.94 \text{ mm}^2$$

26. 파장이 $\lambda = 624$ nm인 평면파가 반경이 2.09 mm인 원형 슬릿에 수직 (입사각 $\theta = 0°$)으로 입사하고 있다. 원형 슬릿으로부터 1 m 떨어져 있는 스크린에 회절무늬가 형성되었다. 원형 슬릿의 크기를 프레넬 반주기대의 개수로 표시하고 회절무늬 중앙점에서의 회절무늬 형태를 기술하시오.

풀이

이 원형 슬릿이 m 개의 프레넬 반주기대로 구성되어 있다고 하자. 식 (8-31)을 보면 m 번째 반주기대의 반지름 s_m은 다음과 같다.

$$s_m^2 = m\frac{\lambda}{2}\left(\frac{2a_0 b_0}{a_0 + b_0}\right) = m\lambda\left(\frac{1}{a_0} + \frac{1}{b_0}\right)^{-1} = m\lambda L \qquad (8\text{-}31)$$

식 (8-31)에서 L은 $L = \left(\dfrac{1}{a_0} + \dfrac{1}{b_0}\right)^{-1}$ 이다. 입사광이 평면파이므로 입사광 파면의 곡률반경 a_0는 무한대이고 따라서 $\dfrac{1}{a_0} = 0$이 되고, $L = \left(\dfrac{1}{b_0}\right)^{-1} = b_0$가 된다. 슬릿으로부터 스크린까지의 거리가 1 m이므로 $b_0 = 1.00$ m이다. 원형 슬릿의 반경이 2.09 mm이므로 $s_m = 2.09$ mm가 된다. 식 (8-31)을 이용하면, 다음과 같이 m을 구할 수 있다.

$$m = \frac{s_m^2}{\lambda L} = \frac{s_m^2}{\lambda b_0} = \frac{(2.09 \text{ mm})^2}{(624 \text{ nm})(1.00 \text{ m})} \simeq 7$$

그러므로 이 원형 슬릿은 모두 7 개의 반주기대로 구성되어 있다. 반주기대의 수가 홀수이므로 회절무늬 중앙점에서 극대값을 가지게 된다.

27. 파장이 $\lambda = 624$ nm인 평면파가 반경이 2.09 mm인 원형 슬릿에 수직 (입사각 $\theta = 0°$)으로 입사하고 있다. 광축의 어떤 점 P에 대하여 원형 슬릿이 첫 번째 반주기대의 1/4 만큼 열려 있을 때, P에서의 회절무늬 강도를 I_0 항으로 표현하시오. I_0는 평면파를 가리는 원형 슬릿이 없을 때 P에서의 빛의 강도를 나타낸다.

풀이

평면파의 진폭을 E_o라고 하자. 만약 장애물이 없다면 입사파가 그대로 관측점에 도달하므로 관측점에서 전기장의 진폭 E는

$$E = E_o \qquad\qquad\qquad\qquad ①$$

라고 할 수 있다. 이 때 관측점 P에서의 회절무늬의 강도(intensity) I_o는 진폭의 제곱이 된다.

$$I_o = |E_o|^2 \qquad\qquad\qquad\qquad ②$$

식 (8-34)와 (8-35)에서 보면 원형 슬릿의 프레넬 반주기대의 수 m이 홀수 혹은 짝수인가에 따라 관측점에서 전기장의 진폭 E는

$$E \simeq \frac{E_1}{2} + \frac{E_m}{2} \quad \text{혹은} \quad E \simeq \frac{E_1}{2} - \frac{E_m}{2} \qquad\qquad ③$$

가 된다. 여기서 E_1은 첫 번째 반주기대에서 나오는 빛이 관측점에 형성한 전기장의 진폭이고, E_m은 마지막 반주기대에서 나오는 빛이 관측점에 형성한 전기장의 진폭이다. 장애물이 없는 경우는 식 ③에서 m이 매우 큰 경우라고 해석할 수 있다. 인접한 반주기대에서 나오는 빛이 관

측점에 형성하는 전기장의 진폭의 크기는 거의 비슷하기는 하지만 m이 커질수록 조금씩 감소하기 때문에, $m \to \infty$인 경우에 $E_m \simeq 0$으로 봐도 무방하다. 그러므로 장애물이 없는 경우에는 식 ③으로부터,

$$E \simeq \frac{E_1}{2} \qquad\qquad ④$$

식 ①과 ④로부터,

$$E_1 = 2E_o \qquad\qquad ⑤$$

가 된다. 즉, 첫 번째 반주기대를 통과한 빛이 관측점에 형성하는 전기장 진폭의 크기는 평면파 전기장 진폭의 2 배가 됨을 알 수 있다. 이제 첫 번째 반주기대의 1/4을 통과한 빛이 관측점에서 형성하는 전기장의 진폭을 E_q라고 하자. 문제 23번과 비슷한 방법으로 첫 번째 반주기대를 모두 4 개의 sub-zone으로 나누어서 각 sub-zone에서 나오는 빛들이 관측점에서 서로 합쳐지는 상황을 생각해 보자. 우선 인접한 sub-zone에서 나오는 빛은 관측점에서 위상이 서로 $\frac{\pi}{4}$만큼 차이가 난다. 그리고 4 개의 빛이 모두 합쳐지면 결국은 첫 번째 반주기대를 통과한 빛이 관측점에 형성한 전기장과 같아진다. 그러므로 다음 식이 성립한다.

$$E_1 = E_q + E_q e^{i\frac{\pi}{4}} + E_q e^{i\frac{2\pi}{4}} + E_o e^{i\frac{3\pi}{4}} = E_q\left(1 + e^{i\frac{\pi}{4}} + e^{i\frac{\pi}{2}} + e^{i\frac{3\pi}{4}}\right) \qquad ⑥$$

$$= E_q\left(1 + \frac{1}{\sqrt{2}} + \frac{i}{\sqrt{2}} + i - \frac{1}{\sqrt{2}} + \frac{i}{\sqrt{2}}\right)$$

$$= E_q\left\{1 + (1+\sqrt{2})i\right\}$$

식 ⑤에서 $E_1 = 2E_o$ 이므로 이것을 식 ⑥에 적용하면,

$$E_q = \frac{2}{1+(1+\sqrt{2})i}E_o \qquad \text{⑦}$$

를 얻는다. 만일 원형 슬릿을 첫 번째 반주기대의 1/4만 열게 되면 관측점에서의 빛의 강도 I_q는 다음과 같다.

$$I_q = |E_q|^2 = E_q \cdot E_q^* \qquad \text{⑧}$$

$$= \frac{2E_o}{1+(1+\sqrt{2})i} \cdot \frac{2E_o^*}{1-(1+\sqrt{2})i}$$

$$= \frac{4|E_o|^2}{4+2\sqrt{2}} = (2-\sqrt{2})|E_o|^2$$

$$= (2-\sqrt{2})I_o \simeq 0.586\,I_o$$

식 ⑧로부터 원형 슬릿을 첫 번째 반주기대의 1/4만 열게 되면 관측점에서의 빛의 강도는 장애물이 없을 때 관측점에서의 빛의 강도의 약 58.6%라는 것을 알 수 있다.

28. 파장이 $\lambda = 450$ nm인 평면파가 반경이 1.0 mm와 1.414 mm인 환형(고리모양 또는 반지모양)의 슬릿에 수직(입사각 $\theta = 0\,°$)으로 입사하고 있다. 환형 슬릿으로부터 2.222 m 떨어진 점에서의 합성진폭을 입사진폭 E_0의 항으로 나타내시오.

풀이

m 번째 반주기대의 반지름 s_m은 식 (8-31)에서 알 수 있다.

$$s_m^2 = m\frac{\lambda}{2}\left(\frac{2a_0b_0}{a_0+b_0}\right) = m\lambda\left(\frac{1}{a_0}+\frac{1}{b_0}\right)^{-1} = m\lambda L \qquad (8\text{-}31)$$

식 (8-31)에서 L은 $L = \left(\dfrac{1}{a_0} + \dfrac{1}{b_0} \right)^{-1}$ 이다. 입사광이 평면파이므로 입사광

파면의 곡률반경 a_0는 무한대이고 따라서 $\dfrac{1}{a_0} = 0$이 되고,

$L = \left(\dfrac{1}{b_0} \right)^{-1} = b_0$가 된다. 슬릿으로부터 스크린까지의 거리가 2.222 m이

므로 $b_0 = 2.222$ m이다. 식 (8-31)에 의해 반경이 1.0 mm인 원형슬릿은

$$m = \frac{s_m^2}{\lambda L} = \frac{(1.00 \text{ mm})^2}{(450 \text{ nm})(2.222 \text{ m})} \simeq 1$$

이 되므로 첫 번째 반주기대에 해당한다. 마찬가지로 반경이 1.414 mm 인 원형슬릿은

$$m = \frac{s_m^2}{\lambda L} = \frac{(1.414 \text{ mm})^2}{(450 \text{ nm})(2.222 \text{ m})} \simeq 2$$

이 되므로 두 번째 반주기대에 해당한다. 그러므로 문제에서 주어진 환형 슬릿은 두 번째 반주기대만 개방되어 있는 슬릿이라고 볼 수 있다. 평면파의 진폭을 E_o라고 하자. 만약 장애물이 없다면 입사파가 그대로 관측점에 도달하므로 관측점에서 전기장의 진폭 E는

$$E = E_o \qquad\qquad\qquad ①$$

라고 할 수 있다. 식 (8-34)와 (8-35)에서 보면 원형 슬릿의 프레넬 반주 기대의 수 m이 홀수 혹은 짝수인가에 따라 관측점에서 전기장의 진폭 E는

$$E \simeq \frac{E_1}{2} + \frac{E_m}{2} \quad \text{혹은} \quad E \simeq \frac{E_1}{2} - \frac{E_m}{2} \qquad\qquad ②$$

가 된다. 여기서 E_1은 첫 번째 반주기대에서 나오는 빛이 관측점에 형성한 전기장의 진폭이고, E_m은 마지막 반주기대에서 나오는 빛이 관측점에 형성한 전기장의 진폭이다. 장애물이 없는 경우는 식 ②에서 m이 매우 큰 경우라고 해석할 수 있다. 인접한 반주기대에서 나오는 빛이 관측점에 형성하는 전기장의 진폭의 크기는 거의 비슷하기는 하지만 m이 커질수록 조금씩 감소하기 때문에, $m \rightarrow \infty$인 경우에 $E_m \simeq 0$으로 봐도 무방하다. 그러므로 장애물이 없는 경우에는 식 ②로부터,

$$E \simeq \frac{E_1}{2} \qquad\qquad ③$$

식 ①과 ③으로부터,

$$E_1 = 2E_o \qquad\qquad ④$$

가 된다. 즉, 첫 번째 반주기대를 통과한 빛이 관측점에 형성하는 전기장 진폭의 크기는 평면파 전기장 진폭의 2 배가 됨을 알 수 있다. 서로 인접한 반주기대에서 나오는 빛이 관측점에 형성하는 전기장의 진폭은 거의 같으므로, 두 번째 반주기대를 통과한 빛이 관측점에 형성하는 전기장의 진폭을 E_2라고 하면

$$|E_2| = |E_1| = 2E_o \qquad\qquad ⑤$$

라고 할 수 있다. 이때, E_1과 E_2는 서로 180°만큼의 위상차가 있으므로 $E_2 = -E_1 = -2E_o$라고 할 수 있다. 이 환형 슬릿은 두 번째 반주기대만 개방되어 있는 슬릿이므로, 진폭 E_o인 빛이 이 환형 슬릿에 입사할 때, 관측점에 형성된 빛의 진폭은 $-2E_o$가 된다.

CHAPTER 9

레이저 입문

19세기 전반까지도 인공적인 빛이라고는 불꽃이 유일한 것이었다. 횃불, 초, 그리고 천연가스 불꽃들이 실내조명에 사용되었고, 가스 램프들이 도시 거리를 밝히는데 사용되었다. 보다 진보된 장치에서는, 산화칼슘으로 구성된 석회 덩어리를 태움으로써 산소와 수소 가스의 혼합물이 연소되면서 불꽃이 일어나기도 하였다.

19세기의 마지막 10년 동안에는 백열전구가 등장하였고, 널리 퍼져있는 전력망 덕분에 각 개인 가정과 사무실에서 이것을 사용할 수 있었다. 이것은 사람들의 생활양식까지도 변화시키게 되었다. 처음에 백열전구는 필라멘트를 투명한 유리 공 내부를 진공으로 만들어 그 안에 넣는 방식이었으나, 계속 발전하여 오늘날에는 비활성 기체가 들어있는 우유 빛 유리 전구를 사용하고 있다. 오늘날 교실이나 사무실에서 아주 흔한 형광등으로부터 수은 및 나트륨 가스램프를 이용하는 현대적인 형태의 많은 광원들이 개발되어 왔다.

최근 이룩된 가장 중요한 혁신은 확실하게 레이저라고 할 수 있는데, 일상적으로 사용되는 열광원들과는 달리 레이저의 출력은 가간섭적인 특성이 있고 열광원들에 비하면 훨씬 더 강한 에너지를 가지고 있다. 이 chapter에서는 발광다이오드(LED: Light-Emitting Diode)와 같은 작은 반도체 레이저부터 초강력 출력을 가지는 기체 레이저 시스템에 이르기까지 다양한 형태의 레이저에 관해 소개할 것이다. 또한, 어떤 원리로 그러한 레이저가 동작되는지 알아보기로 하자.

9.1 열 복사

그림 9-1은 특정한 절대온도 T에서 흑체(black body)인 물체가 방출하는 복사의 스펙트럼을 보여주고 있다. 이러한 복사 스펙트럼의 강도 분포는 식 (9-1)로 주어지는 **스테판-볼츠만 법칙**(Stefan-Boltzmann law)을 따른다.

$$P(\lambda) = \frac{2\pi c^2 h}{\lambda^5} \frac{1}{e^{hc/\lambda k_B T} - 1} \tag{9-1}$$

여기서 $P(\lambda)$는 파장 λ에서의 복사 스펙트럼의 강도, c는 자유공간에서의 빛의 속도, h는 플랑크 상수로 6.626×10^{-34} J·s, k_B는 1.381×10^{-23} J/K의 값을 가지는 볼츠만 상수, 그리고 T는 절대온도이다. 복사출력 곡선에서 최대 출력이 나오는 파장은 식 (9-2)와 같은 빈(Wien)의 천이 이론에 의해 주어진다.

$$\lambda_{\max} T = 2.898 \times 10^{-3} \ (\text{m} \cdot \text{K}) \tag{9-2}$$

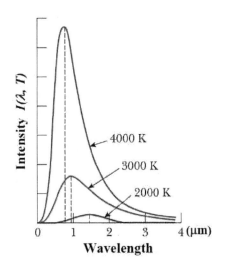

그림 9-1. 온도에 따른 흑체복사의 스펙트럼 분포. 온도가 상승함에 따라 가시광선 영역에 점점 더 많은 빛이 나타나게 된다.

예제 9.1 스테판-볼츠만의 법칙

실온(20℃)에서 스테판-볼츠만 곡선의 최대값이 되는 파장은 얼마인가?

풀이 빈의 천이공식 식 (9-2)와 실온 20℃가 절대온도로 293 K 임을 이용하면,

$$293\lambda_{max} = 2.898 \times 10^{-3} \text{ m} \cdot \text{K}$$

이다. 그러므로 $\lambda_{max} = 9.9 \ \mu m$ 임을 얻을 수 있다. 이 파장은 물론 확실히 적외선 영역에 속한다. 우리가 상식적으로 알고 있듯이, 실온에서 물체들은 그다지 많은 양의 가시광선을 방출하지는 않기 때문이다.

9.2 복사의 방출과 흡수

기본적으로 빛은 물질 내부에서 진행되는 모종의 과정에 대한 결과물이며, 마이켈슨 간섭계를 이용하여 빛이 나오는 과정에 대해 어느 정도의 이해를 할 수 있다. 마이켈슨 간섭계의 한쪽 팔이 다른 쪽 팔과 수 cm 정도의 길이차이가 생기게 되면 열광원으로부터 만들어진 간섭무늬는 사라지게 된다. 이것은 광원에서 개별적으로 방출된 빛의 가간섭 길이(coherence length)가 수 cm 이내라는 것을 의미한다. 이것을 시간적인 관점에서 보면 가간섭 시간(coherence time)이 $\Delta \ell/c$ 라고 해석할 수 있다. 여기서 $\Delta \ell$ 은 간섭계 두 팔의 길이차이이다. 만일 $\Delta \ell = 10$ cm라면, 가간섭 시간은 약 0.3 ns가 되는데 이 정도의 시간이라면 원자 내부에서 일어나는 전자적인 과정에 걸리는 시간과 일치한다. 즉, 원자 내부에서 일어나는 전자들의 천이가 바로 광 복사의 근원이 됨을 짐작할 수 있다.

원자들 내의 전자들은 각 원자가 가지는 고유한 성질에 따라서 정해진 에너지 상태들을 점유하고 있다. 모든 전자들이 핵에 가능한 한 가장 근접해서 모여 있는 상태로서 원자의 가장 낮은 에너지 상태를 **기저상태**(ground state)라고 한다. 에너지 보존법칙에 따르면 어떤 원자에서 하나의 전자가 보다 높은 에너지 준위로 올라가기 위해서는 두 준위들 사이의 에너지 차이에 해당하는 에너지를 흡수해야 한다. 같은 맥락으로, 한 전자가 **여기상태**(excited state)에서 보다 낮은 에너지 상태로 돌아갈 때 원자는 일반적으로 두 상태의 에너지 차이만큼의 광자를 방출한다.

상온의 일상적인 조건에서도 원자를 여기 시키는데 필요한 열에너지가 항상 존재하고 있다. 스테판-볼츠만 법칙에서 알 수 있듯이, 온도가 충분히 높으면 원자는 맨 눈으로도 관찰이 가능할 만큼 충분한 에너지의 가시광도 방출이 가능하다. 에너지 준위들이 중첩(degeneracy)이 없는 경우, 임의의 절대온도 T에서 여기된 원자들의 수와 여기 되지 않은 원자들의 수 사이에는 다음과 같은 평형관계가 성립한다.

$$\frac{N_e}{N_g} = e^{-\Delta E/k_B T} \tag{9-3}$$

여기서 N_e은 여기상태에 있는 원자들의 수, N_g는 기저상태에 있는 원자들의 수, k_B는 1.381×10^{-23} J/K 또는 8.63×10^{-5} eV/K의 값을 가지는 볼츠만 상수이다.

예제 9.2에서 나타난 에너지 준위의 차이인 2 eV는 가시광의 에너지 영역에 해당하기 때문에, 상온에서 이러한 여기상태에 있는 원자의 비율이 매우 작은 것은 놀랄만한 일은 아니다. 그것은 물체들이 일반적으로는 상온에서 사람이 관찰할 수 있을 만큼 많은 가시광을 방출하지 않는다는 사실과 일치한다. 온도 T가 매우 큰 값으로 증가하게 되면, 식 (9-3)의 우변이 1로 접근하게 된다. 그러나 열적인 평형상태에서는 아주 높은 온도에서도 여기상태에 있는 원자들의 수가 에너지가 낮은 상태에 있는 원자들의 수보다 커지지는 않는다.

예제 9.2 기저상태와 여기상태의 원자 수 비

　기저상태와 여기상태의 에너지 차이가 2 eV라고 하면, 기저상태에 있는 원자들의 수에 대한 여기상태에 있는 원자들의 수의 비율은 얼마인가? 온도는 상온, 즉 295 K라고 가정한다.

풀이

　　식 (9-3)에서 볼츠만 상수를 eV로 표현하여 이용하면 다음과 같은 결과가 나온다.

$$\frac{N_e}{N_g} = \exp\left[-\frac{2}{8.63 \times 10^{-5} \times 295}\right] = 7.61 \times 10^{-35}$$

　　이 결과를 보면, 상온에서 여기상태에 있는 원자들의 비율은 극히 낮으며 대부분의 원자들은 기저상태에 있음을 알 수 있다.

　낮은 에너지 상태에 있는 원자들은 비탄성충돌이나 또는 딱 맞는 에너지를 가진 광자를 흡수함으로써 ΔE를 얻게 된다. 여기상태에서 다시 안정화된 상태로 가는 천이(decay, or de-excitation)는 또 다른 충돌을 통하거나 아니면 자연방출이나 유도방출 중의 하나의 복사과정을 통해서 일어나게 된다. 첫 번째 복사과정은 확률적으로 제멋대로 발생하는 천이로서 **자연방출**(spontaneous emission)이라고 한다. 여기상태가 유지되는 평균적인 지속시간(life time)은 준위들 사이의 에너지 차이와 초기 및 나중상태의 상호관계에 의해 달라진다. 준위 사이에서 천이(transition), 즉 붕괴가 일어날 때, 지속시간은 대부분의 경우에는 $\sim 10^{-9}$ s 정도이다. 그러나 금지된 천이(forbidden transition)라고 알려진 다른 종류의 천이에서는 지속시간은 훨씬 더 길어질 수 있다.

두 번째 복사 천이과정은 **유도방출**(stimulated emission)이라고 하는데, 이것은 원자가 천이에 필요한 에너지를 가진 광자가 가까이 있으면서 방출을 유도함으로써 일어난다. 압력 혹은 밀도가 낮은 가스 내에서는 원자들의 충돌이 상대적으로 매우 낮기 때문에 복사에 의한 천이(radiative transition)들이 천이의 주된 과정이 된다. 유도방출은 자연방출과는 다른 특성을 가진다. 유도방출의 경우에는 발생되는 광자들의 진행 방향이 제멋대로가 아니라 자극을 주는 광자와 나란하게 되며 또 그 위상도 자극을 주는 광자와 같아진다.

그림 9-2는 자연방출과 유도방출에 대한 복사과정들을 요약해서 보여주는 그림이다. 광자를 방출하는 복사 방출과정에서는 자연방출과 유도방출이라는 두 개의 과정이 존재하지만 광자를 흡수하여 여기상태로 가는 복사여기과정(radiative excitation process)에서는 광자 흡수(photon absorption : pumping)라는 한 개의 과정만 있다.

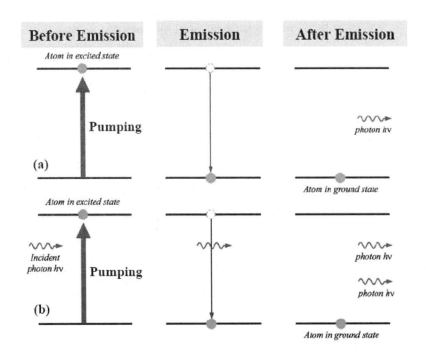

그림 9-2. 두 원자 준위들 사이의 복사과정 (a) 자연방출, (b) 유도방출

9.3 레이저

레이저는 유도방출을 통한 광의 증폭(LASER : Light Amplification by the Stimulated Emission of Radiation)이라는 말의 약어이다. 레이저의 동작에 필요한 비평형상태들은 많은 물질에서 다양한 방법으로 만들어 낼 수 있다. 레이저 매질에는 하나의 기저상태와 하나의 여기상태라는 두 상태 이외에 더 많은 에너지 상태들이 존재하고 있다. 따라서 직접적으로 레이징에 관여를 하는 에너지 준위의 수에 따라 3-준위 혹은 4-준위 시스템으로 분류한다.

레이저가 발진하는 동작 형태에 따라서 연속(cw: continuous wave)형과 펄스형으로 분류할 수 있으며 여기과정에 따라서 플래시 여기(flash-excited)형, 가스 방전형, LD형, 또는 레이저 여기형으로 분류할 수 있다. 또한 레이저에 사용되는 매질에 따라서 고체, 액체, 그리고 가스형으로도 분류할 수 있다.

여기서 레이저들을 일일이 다 열거하는 것은 불가능하므로 3-준위 및 4-준위 레이저 시스템의 예를 들어 레이저의 기본적인 동작 mechanism을 살펴보도록 하겠다.

■ 레이저의 원리와 특성

반전분포

레이저는 자연방출된 광자를 seed로 삼아 유도방출에 의한 광증폭을 의미한다. 정상상태에서는 기저상태의 원자수가 여기상태의 원자수보다 훨씬 많으므로, 유도방출에 의한 광증폭을 지속적으로 유지하기 위해서는 여기상태의 원자수가 기저상태의 원자수보다 많은 상태를 인위적으로 만들어 주어야 한다. 이러한 상태를 **반전분포**(population inversion)하고 한다.

레이저의 기본 구조와 발진

그림 9-3은 레이저 발진기의 구성을 간다하게 도해한 그림이다. 레이저 빔을 발생시키는 장치를 레이저 발진기(공진기)라고 하며 그림 9-3에서 보는 바와 같이 레이저 매질, 여기원, 그리고 공진기 거울로서 이루어져 있

다. 레이저 매질은 고체, 액체, 기체 등이 있으며 매질의 종류에 따라 고체 레이저, 액체 레이저, 기체 레이저로 분류하기도 한다. 레이저 매질에는 활성원자(또는 분자)가 균일하게 분포되어 있으며 여기원으로부터 에너지를 공급받아서 기저상태에서 여기상태로 천이한다.

여기상태에 있는 원자는 불안정하므로 여기상태에 오래 머물지 못하고 바로 기저상태로 다시 천이하게 된다. 이때 여기상태에서 가지고 있는 에너지를 빛의 형태로 외부에 방출하면서 다시 기저상태로 돌아가서 안정적인 상태를 유지하려고 한다. 이 때, 방출되는 빛은 원자들이 자발적으로 무질서하게 천이가 일어나기 때문에 자연방출과정이 되는데, 자연방출된 광자를 발진기의 레이저 매질 내로 왕복시켜 여기상태에 있는 원자들로부터 유도방출을 일으켜 증폭된 레이저 빔을 얻게 되는 것이다.

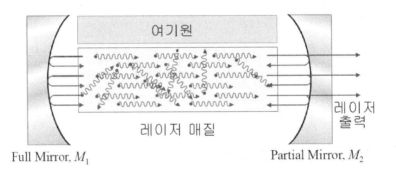

그림 9-3. 레이저 발진기(공진기)의 구성

레이저의 특성

레이저 빔은 자연광선이나 일반 광원과는 아주 다른 특성이 있다. 여러 가지 특성 중에서 레이저의 대표적인 특성인 단색성, 가간섭성, 고 에너지 밀도, 그리고 지향성에 대해 알아보기로 하자.

(1) 단색성

자연광선이나 일반 광원은 넓은 범위의 파장이 존재하지만 레이저 빔의 파장은 단일 파장의 빛(엄밀하게 말하면 매우 좁은 범위의 파장)만을 방출한다. 일반 광원의 빛과 레이저 빔을 프리즘에 입사시켜서 분광을 하면 일반 광원의 빛과 레이저 빔의 퍼지는 정도를 쉽게 알 수 있다. 일례로 태양광이나 전구의 빛을 프리즘에 통과시키면 무지개와 같이 여러 가지 색깔의 빛으로 분리되어 나타나는 데 반하여 레이저 빔은 프리즘을 통과하여도 원래의 색과 같게 보인다. 이것은 레이저 빔의 파장이 단일 파장이라는 것을 말하여 주는 것이다. 레이저에 따라서는 몇 개의 단색광을 방출하는 것도 있다.

(2) 가간섭성

자연광선이나 일반 광원에서 방출되는 빛은 고온으로 가열된 원자나 분자 하나하나에서 무질서하게 방출되는 빛으로 넓은 범위의 파장을 가지며 각각의 광자들 사이에 간섭성도 없다. 각각의 광파들 사이의 위상차가 시간이나 공간적으로 일정한 값을 가지는 경우를 가간섭성이 있다고 정의한다. 레이저 빔은 자연방출된 광자가 유도방출의 seed가 되어서 광증폭된 광파이므로 seed와 동일한 초기 위상을 가지게 되며 가간섭성을 가진다.

(3) 고 에너지 밀도

일반적으로 레이저의 출력은 입력 에너지의 ~수 % 이하로 효율이 높지 않다. 그러나 레이저 빔은 지향성이 우수하기 때문에 초점거리가 짧은 렌즈를 사용할 경우 파장의 수배 이내의 직경으로 집속시킬 수 있다. 이 때 초점에서의 에너지 밀도는 대단히 큰 값이 된다. 레이저 빔의 에너지 밀도가 높다는 것은 초점에서의 광자 밀도가 높다는 것을 의미한다. 태양 빛을 렌즈로 집속시키면 종이나 나무를 태울 수 있는 정도이지만, 레이저 빔을 집속하면 에너지 밀도가 훨씬 높기 때문에 철판도 쉽게 녹일 수 있다.

(4) 지향성

레이저 빔은 레이저 발진기의 양쪽 거울에 의해 결정되는 광축에 평행한 방향으로 진행하는 빛을 증폭하기 때문에 모든 방향으로 퍼져 나가는 일반 광원과 달리 특정한 방향으로만 직진하는 지향성이 우수하다. 그러나 레이저 빔도 파동의 성질을 가지고 있기 때문에 회절현상에 의한 발산(divergence) 각을 가진다.

■ 3-준위 시스템

최초로 동작된 레이저는 루비 레이저인데, 이것은 이해하기가 가장 간단한 레이저 시스템이다. 루비는 결정형태를 가지는 알루미나(Al_2O_3) 격자 안에 크롬 이온들이 doping되어 있는 광물질이다. 루비레이저는 3-준위 레이저 시스템이며 그림 9-4는 3-준위 레이저 시스템의 에너지 준위를 설명하는 그림이다.

여기서 펌핑은 사진기사가 쓰는 flash와 비슷한 flash-lamp가 사용되는데 빛의 강도 측면에서 flash-lamp가 flash 보다 훨씬 더 강하다. 그림 9-4에서 준위-2로 여기된 크롬 원자들은 준위-1로 빠르게 붕괴한다. 준위-1에서 기저상태(ground state)로의 천이는 준위-2에서 준위-1로의 천이와 비교하여 매우 천천히 일어난다. 그래서 준위-1에 있는 크롬 원자들의 수가 늘어나게 되며 마침내 기저상태에 있는 크롬 원자의 수보다도 많아지게 된다. 준위-1에 있는 여기된 크롬 원자들은 처음에는 자연방출 과정을 통하여 기저상태로 붕괴하는데, 이때 발생된 초기 광자들은 다른 여기된 크롬 원자들이 유도방출을 통하여 기저상태로 돌아가도록 하는 역할을 한다.

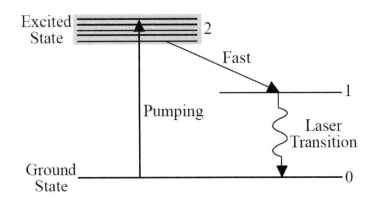

그림 9-4. 루비 레이저의 3-준위 시스템

루비 레이저는 펄스형으로 동작되는데, 그 출력광은 파장이 694.3 nm로 이는 스펙트럼에서 붉은 부분에 해당한다. Flash-lamp의 펄스 빈도(pulse rate)가 출력 광펄스의 빈도를 결정한다. 1초에 몇 개 정도의 펄스를 발생시키는 조건에서 이 레이저는 10 W 정도의 출력을 낼 수 있다. Flash-lamp에 의한 여기는 언제나 펄스 형태의 레이저광을 만든다.

■ 4-준위 시스템

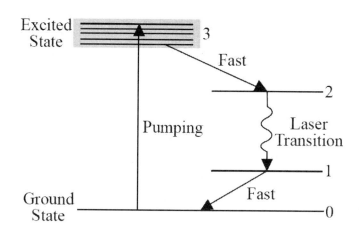

그림 9-5. 4-준위 시스템에서의 천이

　오늘날 가장 흔한 레이저 중 하나는 바로 헬륨-네온 (He-Ne) 레이저이다. He-Ne 레이저는 100달러 미만으로도 구입이 가능하며 또한 교실에서의 실습이라든가 아니면 측량장치에서 조준용 광원과 같이 상업적으로도 아주 많이 활용되고 있다. He-Ne 레이저는 세상에 나온 두 번째 레이저로서 루비 레이저보다 불과 몇 개월 뒤에 나타났다. He-Ne 레이저는 4-준위 시스템으로 그림 9-5와 같은 에너지 준위를 가지고 있다.

　펌핑에 의해 원자는 준위-3으로 여기 되고 이후 원자는 빠르게 준위-2로 천이된다. 레이저광은 준위-2에서 준위-1로 천이가 느리게 일어나는 과정에서 발생하며 원자가 준위-1에서 기저상태로는 다시 빠르게 천이하므로 준위-1에 머물러 있는 원자들의 수는 매우 적다. 이것은 펌핑이 꾸준히 계속된다면 준위-2에 있는 원자들이 언제나 준위-1에 있는 원자들보다도 수가 많다는 것이다. 이렇게 되면 항상 더 높은 에너지에 있는 원자들의 수가 더 많으므로 레이저광도 역시 연속적으로 나올 수 있게 된다.

　He-Ne 레이저에서 능동형 매질은 네온 가스이다. 네온 가스는 레이저 관을 채운 내부 가스의 10% 정도를 차지하고 있고 나머지는 헬륨 가스가 차지하고 있다. He-Ne 레이저 시스템의 펌핑은 대단히 흥미롭다. 전류가 헬륨과 네온 가스의 혼합물을 지날 때 네온사인에서 일어나는 것과 비슷한 방전이 일어나고 헬륨 원자들이 자신의 첫 번째 여기상태로 올라간다. 그런데 헬륨 원자의 첫 번째 여기상태의 에너지는 그림 9-5에서 볼 때 네온 원자의 준위-3에 해당하는 에너지와 거의 같다.

레이저 관 내부에 헬륨이 네온보다 9배 정도 더 많기 때문에 가스들 사이의 충돌 시 네온 원자는 자신들끼리 보다는 헬륨과 충돌을 훨씬 더 많이 하게 된다. 이 충돌은 주로 비탄성충돌로서 헬륨 원자와 네온 원자의 여기 상태가 서로 교환된다. 이렇게 원자들 사이에 에너지가 전달되는 것이 네온을 준위-3으로 여기시키는 펌핑 역할을 하게 된다.

준위-3에 있는 네온 원자는 빠른 천이를 통해 준위-2로 붕괴하고 준위-2에서 준위-1로는 느리게 천이를 일으킨다. 준위-1에 있는 네온 원자들은 다시 빠른 천이를 통해 기저상태로 돌아간다. 가스의 방전이 연속적이므로 He-Ne 레이저는 루비 레이저와는 대조적으로 광 출력이 연속적이다. 정상석인 동작 조건 아래서는 준위-2에 있는 원자들의 수를 준위-1에 있는 원자들의 수보다도 항상 크도록 유지할 수가 있으므로 레이저의 동작도 연속적으로 가능한 것이다.

■ 대표적인 레이저의 소개

Nd:YAG 레이저

Nd:YAG(Neodymium-doped Yttrium Aluminum Garnet) 레이저는 대표적인 고체 레이저로서 Nd:YAG 결정을 레이저 매질로 사용하며 모든 분야에서 가장 유용하게 사용되는 레이저 중의 하나이다. Nd:YAG 결정은 $Y_3Al_5O_{12}$에 Nd^{+3} 이온을 doping시킨 물질로서 가장 널리 이용되고 있는 레이저 매질이다. 그림 9-6은 Nd:YAG 결정의 에너지 레벨을 나타내는 도식도로 Nd:YAG 레이저의 중심 파장인 $\lambda = 1.064~\mu m$의 값은 YAG에 doping된 Nd^{+3} 이온이 갖는 에너지 준위 중 $^4F_{3/2}$의 부준위인 R_2 준위에서 $^4I_{11/2}$ 준위로의 천이에서 생성되는 광자가 가지는 파장이다.

Nd:YAG 레이저의 기저상태는 $^4I_{9/2}$ 준위인데, 기저상태에서 펌핑대(pumping band)로 여기된 원자들은 빠르게 $^4F_{3/2}$ 준위로 천이된다. $^4F_{3/2}$ 준위에는 R_1과 R_2의 부준위가 있는데, 이 부준위에 존재하는 원자밀도의 비율

은 볼츠만의 법칙에 따라

$$\frac{N_{R_2}}{N_{R_1}} = e^{-\frac{\Delta E}{k_B T}} \simeq 0.656$$

이 된다. 여기서 k_B는 볼츠만 상수, ΔE는 R_1 준위와 R_2 준위 사이의 에너지 차, 그리고 T는 절대온도이다. 따라서 상온에서 R_1 준위에 40%, R_2 준위에 60%의 원자가 존재한다.

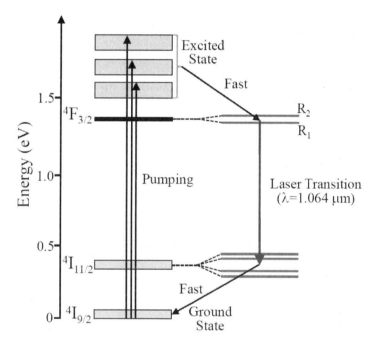

그림 9-6. Nd:YAG 결정의 에너지 레벨

레이저 발진이 시작되면 R_2 부준위의 원자가 $^4I_{11/2}$ 준위로 천이하게 되고 볼츠만 법칙을 만족시키기 위해 설명한 바와 같이 $R_1 \rightarrow R_2$ 천이에 의해서 R_2 부준위의 원자밀도를 공급한다. 따라서 기저상태로부터 펌핑대로 여기된 원자들 중에서 60%만이 $^4F_{3/2}$ 준위로부터 $^4I_{11/2}$ 준위로 발진하는데 기여하며, Nd:YAG 레이저의 중심 파장이 바로 이 천이에서 생기는 광자의 파장이다.

엑시머 레이저

엑시머(excimer) 레이저는 200 nm 이하의 자외선 영역의 파장대 까지 발진이 가능한 대표적인 기체 레이저이다. 엑시머란 excited dimer의 합성어로서 Xe_2, Kr_2, Ar_2처럼 동일한 원자 두 개로 만들어진 분자를 일컫는다. 엑시머 레이저는 일반적으로 dimer를 형성할 수 있는 불활성 기체인 Ar, Kr, Xe 등과 할로겐 이온인 F, Cl, Br 등이 혼합된 기체에 고전압의 전기 방전을 통해 에너지를 가해줌으로써 여기상태의 dimer를 형성한다. 이렇게 형성된 dimer의 life time(여기상태에 머물러 있는 시간)은 수 ns ~ 수백 ns 이며 이 시간이 지나면 dimer들은 유도방출로 자외선 영역의 빛을 방출하면서 각각의 단원자 상태로 돌아간다. 대표적인 엑시머 레이저로는 ArF (λ=193 nm), KrF(λ=248 nm), Xecl(λ=308 nm), XeF(λ=351 nm) 엑시머 레이저가 있다.

■ 광 검출기

광 검출기는 크게 두 종류로 구분할 수 있다. 첫 번째는 눈과 같이 상(image)을 검출하는 것이다. 이런 종류의 대표적인 검출기로는 사진필름이나 좀 더 현대적인 전하결합소자(CCD) 배열 등을 들 수 있다. 필름은 보통 사소하고 하찮은 재료로 여기는 사람들이 많지만 사실 이것이 사용된 지는 겨우 100 여년 정도 밖에 되지 않았다. 두 번째 종류는 점 검출기(point detector)로서 이것은 단순히 어떤 지점에 빛이 얼마나 있는지 만을 검출한다. 광통신기술이 크게 발달하면서 점 검출기들은 통신시스템에서 매우 중요한 역할을 하고 있다. 지난 40 여년에 걸친 반도체 기술의 발달은 광 검출 과정에 많은 변화를 가져왔을 뿐 아니라 가정용 TV 카메라와 같은 기기의 개발을 가능하게 했다.

광전효과(photoelectric effect)는 광 검출 과정을 이해하는데 있어 기초가 된다. 아인슈타인(Albert Einstein)은 광전효과를 밝히는데 중요한 역할을 함으로써 노벨상을 받았다. 흔히들 아인슈타인은 상대성이론으로 노벨상을 받았다고 믿고 있는데 상대성이론이 아니라 광전효과의 규명이 그에게 노벨상을 안겨 주었다는 것은 흥미로운 일이다.

복사에 대한 검출방법은 복사가 나타나는 스펙트럼이 어떤 영역인가에 따라서 달라진다. 자외선은 파장이 400 nm 이하의 빛으로 광자의 에너지가 큰 반면에, 광통신 시스템에서 사용되는 적외선은 1000 nm (1 μm) 이상의 파장을 가지고 있으며 광자의 에너지도 작아서 자외선에 비해 검출하기가 더 어렵다.

광전효과

빛이 어떤 금속의 표면에 닿을 때 일종의 전기적인 효과가 일어난다는 것은 20세기 초부터 알려져 있었다. 1887년 헤르츠(Hertz)는 전극에 자외선을 조사하면 좀 더 낮은 전압을 걸어주더라도 두 전극들 사이에서 스파크가 일어나는 것을 발견했다. 그림 9-7은 광전효과를 관찰할 수 있는 일반적인 실험장치의 도해도이다. 보통 알칼리 금속으로 코팅된 감광을 할 수 있는 금속판이 진공 상태인 chamber 내에 놓여있는데, 이것은 외부의 전압인가 장치 및 전류계와 직렬로 연결되어 있다. 표면이 빛을 받으면 전체 시스템에 전류가 흐르게 되고 다음과 같은 현상들이 관측된다.

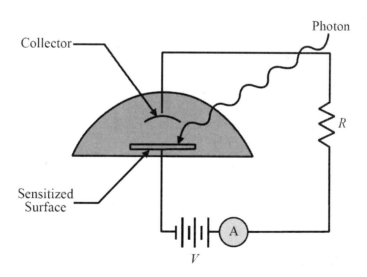

그림 9-7. 광전효과를 관찰할 수 있는 실험장치

1. 빛의 파장이 **끊어버림 파장**(cutoff wavelength)이라고 하는 특정한 파장보다 짧지 않은 경우에는 전류가 흐르지 않는다.
2. 일단 파장이 끊어버림 파장보다 짧아지면, 전류가 흐르는데 전류의 크기는 빛의 강도에 비례한다.
3. 끊어버림 파장은 감광표면의 금속이 무엇으로 구성되어 있느냐에 따라서 달라진다.

아인슈타인은 표면에 도달하는 빛이 플랑크 법칙에 의해 다음 식과 같이 주어지는 에너지를 가진 광자들이라고 가정을 세웠다.

$$E = hf = h\frac{c}{\lambda} \tag{9-4}$$

여기서 h는 플랑크 상수로 $6.63 \times 10^{-34} \text{J} \cdot \text{s}$ 또는 $4.14 \times 10^{-15} \text{eV} \cdot \text{s}$의 값을 가지며, f는 빛의 주파수이다.

예제 9.3 He-Ne 레이저의 광자 에너지
일반적인 He-Ne 레이저에서 나오는 파장 632.8 nm 광자 한 개의 에너지를 계산하시오.

풀이
플랑크(Plank)의 법칙을 이용하면 광자 한 개의 에너지 E는 다음과 같다.

$$E = hf = \frac{hc}{\lambda} = \frac{4.14 \times 10^{-15} \text{eV} \cdot \text{s} \times 3 \times 10^8 \text{m/s}}{632.8 \times 10^{-9} \text{m}}$$

$$= 1.96 \text{ eV}$$

광자들은 금속표면에서 전자들을 튀어나가게 만드는데, 물질에 따라서 전자를 튀어나가게 하는데 필요한 에너지가 달라지며 이 에너지를 **일함수** (work function)이라고 한다. 금속표면에서 탈출한 전자가 가지는 에너지는 다음과 같이 주어진다.

$$E = hf - \phi \tag{9-5}$$

여기서 ϕ는 주어진 금속의 일함수이다. 예를 들어, 나트륨(Na)의 경우 일함수는 2.28 eV이고, 백금의 경우는 6.35 eV이다. 광전효과 및 플랑크 법칙에 의하면, 짧은 파장을 가진 빛을 검출하는 것이 긴 파장의 빛을 검출하는 것보다 더 쉬울 것임을 알 수 있다.

예제 9.4 일함수

알루미늄의 일함수는 4.08 eV이다. 알루미늄의 끊어버림 주파수 및 파장을 계산하시오.

풀이

식 (9-4)로부터 $E_{\text{cutoff}} = h f_{\text{cutoff}}$이다. 따라서 끊어버림 주파수는

$$f_{\text{cutoff}} = \frac{4.08 \text{ eV}}{4.14 \times 10^{-15} \text{eV} \cdot \text{s}} = 0.99 \times 10^{15} \text{ Hz}$$

이고 끊어버림 파장은 다음과 같다.

$$\lambda_{\text{cutoff}} = \frac{c}{f_{\text{cutoff}}} = \frac{3 \times 10^8 \text{m/s}}{0.99 \times 10^{15} \text{Hz}} = 3 \times 10^{-7} \text{m}$$

연습문제

1. 최대출력이 나타나는 파장이 녹색 영역에 해당하는 550 nm가 되려면 물체의 온도가 얼마가 되어야 하는가?

풀이

물체로부터 나오는 빛의 파장 및 그 강도는 물체의 온도에 따라 달라지는데 이를 나타낸 것이 아래의 그림이다.

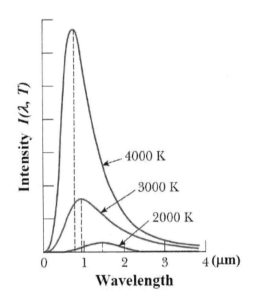

복사출력 곡선에서 최대출력이 나오는 파장은 식 (9-2)의 빈(Wien)의 천이 이론에 의해 주어지는데, 이것은 물체의 절대온도와 그 물체로부터 발생하는 빛의 최대출력이 나오는 파장과의 관계를 나타낸다.

$$\lambda_{max} T = 2.898 \times 10^{-3} \ (m \cdot K) \tag{9-2}$$

식 (9-2)로부터, $\lambda_{max} = 550$ nm일 때 물체의 절대온도는 다음과 같음을 알 수 있다.

$$T = \frac{2.898 \times 10^{-3} \text{ m} \cdot \text{K}}{\lambda_{max}} = \frac{2.898 \times 10^{-3} \text{ m} \cdot \text{K}}{(550 \text{ nm})} \simeq 5270 \text{ K}$$

2. 최대출력이 나오는 파장 λ_{max}가 붉은색 영역에 속하는 600 nm의 값을 가질 수 있도록 물체의 온도를 계산하시오.

풀이

문제 1번에서 $\lambda_{max} = 600$ nm로 변경하면, 물체의 절대온도는 다음과 같다.

$$T = \frac{2.898 \times 10^{-3} \text{ m} \cdot \text{K}}{\lambda_{max}} = \frac{2.898 \times 10^{-3} \text{ m} \cdot \text{K}}{(600 \text{ nm})} = 4830 \text{ K}$$

3. 어떤 푸른 별의 표면온도가 6800 K이다. 그렇다면 이 별이 일으키는 전자기 복사의 최대출력이 나오는 파장은 얼마가 되는가? 이 별을 푸른 별이라고 하는 것이 적절한가?

풀이

식 (9-2)에 의해 최대출력이 나오는 파장 λ_{max}와 물체의 온도와는 다음과 같은 관계가 있다.

$$\lambda_{max} T = 2.898 \times 10^{-3} \text{ (m} \cdot \text{K)} \tag{9-2}$$

$$\lambda_{max} = \frac{2.898 \times 10^{-3} \text{ m} \cdot \text{K}}{T} = \frac{2.898 \times 10^{-3} \text{ m} \cdot \text{K}}{6800 \text{ K}} \simeq 430 \text{ nm}.$$

430 nm 파장의 빛이 어떤 색깔을 가지는지 다음 링크에 가면 알아볼 수 있다.

https://academo.org/demos/wavelength-to-colour-relationship/

다음은 위 링크에서 파장에 430 nm의 숫자를 입력하여 본 해당 파장의 색깔이다.

Wavelength to Colour Relationship

A simple tool to convert a wavelength in nm to an RGB or hexadecimal colour.

Physics   Light   Colour

Wavelength

430   nm

Color:
rgb(61,0, 255)
Hex: #3d00ff

Open with CodePen

위의 그림에서 보듯이 430 nm는 파란색이다. 표면 온도가 6800 K인 별에서 나오는 전자기 복사는 파란색에서 최대출력이 나오므로 이 별을 푸른 별이라고 하는 것은 적절하다고 할 수 있다.

4. 일광에서 사용하는 사진필름은 색온도 6200 ℃에 최적화가 되어있다고 한다. 이 필름은 파장이 얼마일 때 감도가 최대가 되는가?

풀이

색온도 6200 ℃를 절대온도로 환산하면 $T = (6200 + 273)\,\mathrm{K} = 6473\,\mathrm{K}$ 이다. 이 필름은 온도가 6473 K인 물체에서 나오는 빛에 최적화되어 있으므로, 이 빛에서 가장 출력이 강한 파장에 대해 감도가 최대가 되었다고 볼 수 있다. 식 (9-2)에 의해,

$$\lambda_{\max} = \frac{2.898 \times 10^{-3} \text{ m} \cdot \text{K}}{T} = \frac{2.898 \times 10^{-3} \text{ m} \cdot \text{K}}{6473 \text{ K}} \simeq 448 \text{ nm}$$

이므로 이 필름은 448 nm에서 감도가 최대가 된다.

5. 문제 2번에 나오는 별의 반지름이 10^4 m라고 할 때 이 별로부터 나오는 복사의 출력을 계산하시오.

풀이

식 (9-1)의 스테판-볼츠만 법칙을 이용하여 절대온도 T인 흑체의 단위 면적에서 나오는 복사의 출력 ρ를 계산하면 다음과 같은 결과를 얻는다.[*]

$$\rho = \sigma T^4 \qquad\qquad\qquad ①$$

식 ①에서 σ는 약 볼츠만 상수(Boltzmann constant)라고 하며 다음과 같이 정의된다.

$$\sigma = \frac{2\pi^2}{15} \frac{k_B^4}{c^2 h^3} \simeq 5.67 \times 10^{-8} \text{ W/(m}^2\text{K}^4) \qquad\qquad ②$$

별의 반지름을 R_S이라 할 때, 그 표면적은 $4\pi R^2$이므로 이 별로부터 나오는 복사출력 P_S는 다음과 같다.

$$P_S = 4\pi R_S^2 \rho = 4\pi R_S^2 \sigma T^4 \qquad\qquad ③$$

식 ③에 이 문제에서 주어진 조건들을 대입하면,

$$P_S = 4\pi R_S^2 \sigma T^4$$

$$= 4\pi (10^4 \text{ m})^2 \{5.67 \times 10^{-8} \text{ W/(m}^2\text{K}^4)\}(6800\,\text{K})^4$$

$$= 1.52 \times 10^{17} \text{ W}$$

를 얻는다.

* 식 ①을 얻기 위해서는 식 (9-1)로부터 몇 단계의 과정을 거쳐야 하는데 여기서는 그 과정은 생략했다.

6. 2500 ℃에서 흔히 사용하는 백열전구로부터 나오는 빛의 최대출력이 나오는 파장을 계산하시오.

풀이

식 (9-2)에 의해 최대출력이 나오는 파장 λ_{max}와 물체의 온도와는 다음과 같은 관계가 있다.

$$\lambda_{max} T = 2.898 \times 10^{-3} \text{ (m} \cdot \text{K)} \tag{9-2}$$

사용 중인 백열전구의 절대온도 $T = (2500 + 273) \text{ K} = 2773\,\text{K}$ 이다. 그러므로 백열전구 빛의 최대출력이 나오는 파장 λ_{max} 는

$$\lambda_{max} = \frac{2.898 \times 10^{-3} \text{ m} \cdot \text{K}}{T} = \frac{2.898 \times 10^{-3} \text{ m} \cdot \text{K}}{2773 \text{ K}}.$$

$$\simeq 1.045 \ \mu\text{m}$$

가 된다. 이 파장은 사람의 눈으로는 볼 수 없는 적외선 영역의 빛이다.

7. 광자의 에너지에 대한 수치적인 감각을 익히는 의미에서 파장이 350 nm인 자외선 광자의 에너지와 파장이 2000 nm인 적외선 광자의 에너지를 각각 구하시오.

풀이

광자의 에너지는 식 (9-4)에 의해 다음과 같다.

$$E = hf = h\frac{c}{\lambda} \tag{9-4}$$

파장이 350 nm인 광자의 에너지를 E_1, 파장이 2000 nm인 광자의 에너지를 E_2라고 하면 식 (9-4)로부터 각 광자 한 개의 에너지는 다음과 같다.

$$E_1 = h\frac{c}{\lambda} = \frac{(6.63 \times 10^{-34} \text{ J} \cdot \text{s})(3.00 \times 10^8 \text{ m/s})}{(3.50 \times 10^{-7} \text{ m})}$$

$$= 5.68 \times 10^{-19} \text{ J} \simeq 3.55 \text{ eV}$$

$$E_1 = h\frac{c}{\lambda} = \frac{(6.63 \times 10^{-34} \text{ J} \cdot \text{s})(3.00 \times 10^8 \text{ m/s})}{(2.00 \times 10^{-6} \text{ m})}$$

$$= 9.95 \times 10^{-20} \text{ J} \simeq 0.621 \text{ eV}$$

8. 온도가 25 ℃일 때, 기저상태보다 10 eV 높은 에너지 준위로 여기되는 원자는 전체의 얼마만 한 비율이겠는가?

풀이

에너지 준위들이 중첩(degeneracy)이 없는 경우 여기된 원자들의 수에 대한 기저상태에 있는 원자들의 수는 식 (9-3)에 의해 주어진다.

$$\frac{N_e}{N_g} = e^{-\Delta E/k_B T} \tag{9-3}$$

식 (9-3)의 각 상수들은 다음과 같다 T는 절대온도이므로,

$$T = (25 + 273)\ \text{K} = 298\,\text{K} \qquad ①$$

$$\Delta E = 10\ \text{eV} \qquad ②$$

$$k_B = 8.63 \times 10^{-5}\ \text{eV/K} \qquad ③$$

식 ①, ②, ③을 식 (9-3)에 대입하면,

$$\frac{N_e}{N_g} = e^{-\Delta E/k_B T} = e^{-\frac{10\ \text{eV}}{(8.63 \times 10^{-5}\ \text{eV/K})(298\ \text{K})}}$$

$$\simeq e^{-389} \simeq 1.15 \times 10^{-169} \simeq 0$$

가 된다. 이것은 상온에서 기저상태보다 10 eV 높은 에너지 준위로 여기되는 원자들의 비율은 0이라는 것을 의미한다. 즉, 상온에서 기저상태에 있는 원자가 10 eV 높은 에너지 준위로 여기할 가능성은 없다.

9. 에너지가 기저상태에 비해 1 eV 만큼 높을 때, 문제 8의 비율은 얼마가 되는가?

풀이

에너지 준위들이 중첩(degeneracy)이 없는 경우 여기된 원자들의 수에 대한 기저상태에 있는 원자들의 수는 식 (9-3)에 의해 주어진다.

$$\frac{N_e}{N_g} = e^{-\Delta E/k_B T} \tag{9-3}$$

식 (9-3)의 각 상수들은 다음과 같다 T는 절대온도이므로,

$$T = (25 + 273)\ \text{K} = 298\,\text{K} \qquad ①$$

$$\Delta E = 1.0\ \text{eV} \qquad ②$$

$$k_B = 8.63 \times 10^{-5}\ \text{eV/K} \qquad ③$$

식 ①, ②, ③을 식 (9-3)에 대입하면,

$$\frac{N_e}{N_g} = e^{-\Delta E/k_B T} = e^{-\frac{1.00\ \text{eV}}{(8.63 \times 10^{-5}\ \text{eV/K})(298\ \text{K})}}$$

$$\simeq e^{-38.9} \simeq 1.28 \times 10^{-17}$$

가 된다. 이것은 상온에서 기저상태보다 1 eV 높은 에너지 준위로 여기되는 원자들의 비율이 1.28×10^{-17}이라는 것을 의미한다. 이 비율도 거의 0에 가까운 매우 작은 값이기는 하지만, 기저상태에 있는 원자들의 수가 10^{23} 이상 큰 경우가 많기 때문에 상온에서 기저상태에 있는 원자들 중 1 eV 높은 에너지 준위로 여기하는 것들이 실제로 많이 생긴다.

안승준

- 경북대학교 자연과학대학 물리학과(이학사)
- KAIST 물리학과 석사과정(이학석사)
- KAIST 물리학과 박사과정(이학박사)
- ㈜삼성전자 반도체연구소 선임연구원
- 현재 선문대학교 공과대학
  디스플레이반도체공학과 교수

안성준

- 서울대학교 자연과학대학 물리학과(이학사)
- KAIST 물리학과 석사과정(이학석사)
- KAIST 물리학과 박사과정(이학박사)
- ㈜삼성전자 반도체연구소 선임연구원
- 한국전력연구원 선임연구원
- 현재 선문대학교 공과대학 정보통신공학과 교수

한동환

- 서강대학교 자연과학대학 수학과(이학사)
- KAIST 응용수학과 석사과정(이학석사)
- KAIST 수학과 박사과정(이학박사)
- 한국전자통신연구소 선임연구원
- 현재 선문대학교 건강보건대학
  제약생명공학과 교수

응용광학해설

초판 인쇄 | 2020년 10월 22일
초판 발행 | 2020년 10월 26일

지은이 | 안승준·안성준·한동환
펴낸이 | 조승식
펴낸곳 | (주)도서출판 **북스힐**

등 록 | 1998년 7월 28일 제22-457호
주 소 | 서울시 강북구 한천로 153길 17
전 화 | (02) 994-0071
팩 스 | (02) 994-0073

홈페이지 | www.bookshill.com
이메일 | bookshill@bookshill.com

정가 18,000원

ISBN 979-11-5971-307-1